Gudrun Faller
Diversityorientiertes Betriebliches Gesundheitsmanagement

Gudrun Faller

Diversityorientiertes Betriebliches Gesundheitsmanagement

Integration von Gesundheit und Vielfalt in Arbeits- und Organisationskontexten

Die Autorin

Prof. Dr. Gudrun Faller ist Professorin für Kommunikation und Intervention im Kontext von Gesundheit und Arbeit im Department of Community Health der Hochschule für Gesundheit Bochum.

Dieses Buch ist erhältlich als:
ISBN 978-3-7799-7531-1 Print
ISBN 978-3-7799-7532-8 E-Book (PDF)

1. Auflage 2023

Herstellung: Ulrike Poppel
Satz: text plus form, Dresden
Druck und Bindung: Beltz Grafische Betriebe, Bad Langensalza
Beltz Grafische Betriebe ist ein klimaneutrales Unternehmen (ID 15985-2104-100)
Printed in Germany

Weitere Informationen zu unseren Autor:innen und Titeln finden Sie unter: www.beltz.de

Inhalt

Abkürzungsverzeichnis 11

1. Arbeit im Wandel 13

2. Arbeit – Organisation – Gesundheit – Vielfalt 19
2.1 Kapitelübersicht 19
2.2 Arbeit als Gegenstand gesellschaftlicher Konstitution 20
2.2.1 Zur Bedeutung von Arbeit für Gesundheit und Vielfalt 20
2.2.2 Atypische Arbeit 22
2.2.3 Arbeitsvertragliche Konstellationen und Gesundheit 23
2.3 Organisation als Gestaltungsfeld für Gesundheit und Vielfalt 25
2.3.1 Organisation als Vermittlungsinstanz zwischen Arbeit, Gesundheit und Vielfalt 25
2.3.2 Eigenschaften von Organisationen und ihre Bedeutung für Gesundheit und Vielfalt 27
2.4 Gesundheit als Gestaltungsziel im Kontext von Arbeit und Organisation 31
2.4.1 Gesundheit und Chancenungleichheit 31
2.4.2 Ressourcen und Gesundheitsbelastungen durch Arbeit 33
2.5 Vielfalt in der Arbeit 36
2.5.1 Verständnis und Bedeutung des Diversity-Begriffs 36
2.5.2 Diskriminierung als Gegenpol von Diversity 38
2.5.3 Erklärungsansätze zur Entstehung von Vorurteilen und Diskriminierung 39
2.5.4 Toleranz und Vielfalt als Gestaltungsziele in Organisationen 41
2.6 Zwischenfazit: Arbeit, Organisation, Gesundheit, Vielfalt 43

3. Gesundheitliche Lage verschiedener Gruppen in der Arbeitswelt 46
3.1 Allgemeine Überlegungen zu Diversität, Gesundheit und Arbeit 46
3.2 Gesundheit und Alter 47

3.2.1 Zur Bedeutung der Arbeitsfähigkeit im gesamten Erwerbsleben 47
3.2.2 Arbeitsunfälle im Altersvergleich 48
3.2.3 Arbeitsunfähigkeit im Altersvergleich 49
3.2.4 Subjektive Gesundheit im Verlauf des Erwerbslebens 50
3.2.5 Einflussfaktoren auf die Gesundheit im höheren Erwerbsalter 50
3.3 Gesundheit von Frauen und Männern bei der Arbeit 52
3.3.1 Arbeitsunfälle und Berufskrankheiten im Geschlechtervergleich 52
3.3.2 Arbeitsunfähigkeit im Geschlechtervergleich 54
3.3.3 Subjektive Gesundheit von Männern und Frauen im Arbeitskontext 55
3.3.4 Arbeitsbedingungen von Frauen und Männern 56
3.4 Arbeit und Gesundheit im Kontext von Herkunft und Migration 58
3.4.1 Vorbemerkung 58
3.4.2 Arbeitsunfälle und Berufskrankheiten 58
3.4.3 Arbeitsunfähigkeit 60
3.4.4 Subjektive Gesundheit 61
3.4.5 Arbeitsbezogene Einflussfaktoren auf die Gesundheit von Menschen mit Migrationshintergrund 63
3.5 Behinderungen und chronische Erkrankungen 64
3.5.1 Daten zu Gesundheit und Arbeit bei Menschen mit Behinderungen 64
3.5.2 Inklusion in den ersten Arbeitsmarkt 65
3.5.3 „Inklusionsbrücken" zur Arbeitswelt 67
3.5.4 Zwischenfazit zu Behinderung und Gesundheit im Arbeitsleben 70
3.6 Weitere Unterschiedsdimensionen im Kontext Arbeit 71
3.6.1 Bildungs- bzw. Ausbildungsstatus 71
3.6.2 Vertrags- bzw. Beschäftigungsform 72
3.6.3 Branchen- und Berufsgruppenzugehörigkeit 74
3.6.4 Arbeitslosigkeit 76
3.7 Zwischenfazit zur gesundheitlichen Lage verschiedener Gruppen in der Arbeitswelt 77

4. Theorien zur Bedeutung psychosozialer Arbeitseinwirkungen auf Gesundheit 80
4.1 Kapitelübersicht 80
4.2 Rahmentheorien zum Verhältnis von Arbeit und Gesundheit 81
4.2.1 Das Konzept des Arbeitssystems 81
4.2.2 Das Belastungs-Beanspruchungs-Konzept 83
4.3 Themenspezifische Theorien 85
4.3.1 Anforderungen und Handlungsspielräume bei der Arbeit 85
4.3.2 Gratifikationen und Gratifikationskrisen bei der Arbeit 88
4.3.3 Sozialkapital im Betrieb 89
4.3.4 Arbeitsanforderungen, Ressourcen und deren Zusammenwirken 91
4.3.5 Herausforderungen im Dienstleistungssektor: Das Konzept der Interaktionsarbeit 94
4.3.6 Interessierte Selbstgefährdung 96
4.4 Zwischenfazit: psychosoziale Arbeitseinflüsse und Gesundheit 101

5. Theorieansätze zur Vielfalt in der Arbeit 102
5.1 Zum Diversity-Begriff 102
5.2 Allgemeine Diversitätstheorien 103
5.2.1 Grundsätzliche Anmerkungen 103
5.2.2 Veränderbarkeit von Vielfalt: Das Modell der Four Layers of Diversity 105
5.2.3 Die intersektionale Perspektive 107
5.3 Spezifische Theorien zur Vielfalt in der Arbeit 109
5.3.1 Einleitende Anmerkungen 109
5.3.2 Alter, Generationen und Sorgearbeit 109
5.3.3 Gender in Arbeit und Organisation 117
5.3.4 Kulturelle Diversität in Arbeit und Organisation 124
5.3.5 „Behindert sein" oder „behindert werden" in Arbeit und Organisation 129
5.4 Zwischenfazit: Vielfalt in der Arbeit 134

6. Leitorientierungen der Organisationsveränderung 136
6.1 Kapitelübersicht 136
6.2 Grundlegende Veränderungskonzepte 136

6.2.1 Soziale Bedürfnisse als Gewinnerzielungsfaktor: Der Ansatz der Human Relations 136
6.2.2 Phasen des Veränderungsprozesses, Action Research und Survey Feedback 137
6.2.3 Technik – Organisation – Individuum als interdependente Systemkomponenten 139
6.2.4 Managementkonzepte der Organisationsveränderung 141
6.2.5 Einflüsse der Digitalisierung auf betriebliche Steuerungsprozesse 143
6.3 Gesundheitsfördernde Organisationsentwicklung und betriebliches Gesundheitsmanagement 147
6.3.1 Überblick 147
6.3.2 Betriebliche Gesundheitsförderung 147
6.3.3 Betriebliches Gesundheitsmanagement 149
6.3.4 Digitales betriebliches Gesundheitsmanagement 150
6.4 Strategien zugunsten von Vielfalt im betrieblichen Kontext 152
6.4.1 Schutz von Minderheiten und positive Diskriminierung 152
6.4.2 Diversität als Wettbewerbsfaktor 153
6.4.3 Diversity Management als systematischer Veränderungsprozess 155
6.4.4 Ambivalente Aspekte betrieblicher DiM-Aktivitäten 156
6.5 Zwischenfazit: Gesundheit und Diversity zwischen Humanität und Ökonomie 160

7. Gesetzliche Grundlagen zugunsten von Gesundheit und Diversity im Betrieb 161
7.1 Kapitelübersicht 161
7.2 Verantwortlichkeiten für Gesundheit und Vielfalt im Betriebskontext 162
7.2.1 Aufgaben von Arbeitgebenden 162
7.2.2 Aufgaben von Führungskräften 166
7.2.3 Aufgaben der Beschäftigtenvertretung 167
7.2.4 Aufgaben von Fachkräften für Arbeitssicherheit und Betriebsärzt*innen 169
7.2.5 Individuelle Partizipation von Beschäftigten 170
7.2.6 Sicherheitsbeauftragte sowie weitere Beauftragte im Arbeitsschutz 171
7.2.7 Arbeitsschutzausschuss 172

7.2.8 Aufgaben der Gesetzlichen Krankenkassen in der betrieblichen Gesundheitsförderung (BGF) 173
7.2.9 Weitere externe Akteur*innen in Arbeitsschutz und betrieblicher Gesundheitsförderung und deren Zusammenarbeit 174
7.3 Spezifische Bestimmungen zur Verwirklichung von Gesundheit und Vielfalt in Organisationen 176
7.3.1 Gesetzliche Regelungen mit Bezug auf das Lebensalter 176
7.3.2 Gesetzliche Regelungen mit dem Ziel der Geschlechtergleichstellung 178
7.3.3 Gesetzliche Regelungen für Beschäftigte mit Care-Aufgaben 180
7.3.4 Gesetzliche Regelungen bei Behinderungen und chronischer Erkrankung 182
7.4 Zwischenfazit: gesetzliche Grundlagen 186

8. Praxis des diversityorientierten betrieblichen Gesundheitsmanagements 188
8.1 Kapitelübersicht 188
8.2 Grundmodell des DGM 190
8.2.1 Commitment auf der Managementebene 190
8.2.2 Strukturentwicklung und Verantwortungsklärung 193
8.2.3 Datenbasierte Analyse 196
8.2.4 Definition globaler Ziele 197
8.2.5 Vertiefende Bedarfsanalyse 198
8.2.6 Kommunikationsmanagement 199
8.2.7 Partizipative Planung 200
8.2.8 Einbindung und Unterstützung der direkten Führungskräfte 202
8.2.9 Umsetzung und Differenzierung von Maßnahmenvorschlägen 203
8.2.10 Kontinuierliche Evaluation von Prozessen und Ergebnissen 204
8.3 Spezifische Ansätze mit Bezug auf gängige Diversitätskategorien 206
8.3.1 Allgemeine Anmerkungen 206
8.3.2 Spezifische Interventionen im Zusammenhang mit dem Lebensalter von Beschäftigten 207

8.3.3 Spezifische Interventionen im Zusammenhang mit der Geschlechtszugehörigkeit von Beschäftigten 214
8.3.4 Spezifische Interventionen mit dem Ziel der Vereinbarkeit von Beruf und Care-Aufgaben 219
8.3.5 Spezifische Interventionen im Zusammenhang mit der Herkunft von Beschäftigten 222
8.3.6 Spezifische Interventionen im Zusammenhang mit der Inklusion von Menschen mit Behinderungen und chronischen Erkrankungen 227
8.4 Zwischenfazit zur Umsetzung von DGM 231

9. Professionelles Handeln im Kontext gesellschaftlicher Verantwortung 233

Literatur 235

Abkürzungsverzeichnis

AGG	Allgemeines Gleichbehandlungsgesetz
ALG	Arbeitslosengeld
AOK	Allgemeine Ortskrankenkasse
ArbSchG	Gesetz über die Durchführung von Maßnahmen des Arbeitsschutzes zur Verbesserung der Sicherheit und des Gesundheitsschutzes der Beschäftigten bei der Arbeit; Arbeitsschutzgesetz
ArbStättV	Arbeitsstättenverordnung
ASiG	Gesetz über Betriebsärzte, Sicherheitsingenieure und andere Fachkräfte für Arbeitssicherheit; Arbeitssicherheitsgesetz – ASiG
ASR	Arbeitsstättenrichtlinien
ATB	Atypische Beschäftigungsverhältnisse
AU	Arbeitsunfähigkeit
BA	Bundesagentur für Arbeit
BAuA	Bundesanstalt für Arbeitsschutz und Arbeitsmedizin
BDA	Bundesvereinigung Deutscher Arbeitgeberverbände
BEEG	Gesetz zum Elterngeld und zur Elternzeit; Bundeselterngeld- und Elternzeitgesetz
BEM	Betriebliches Eingliederungsmanagement
BetrSichV	Verordnung über Sicherheit und Gesundheitsschutz bei der Verwendung von Arbeitsmitteln; Betriebssicherheitsverordnung
BetrVG	Betriebsverfassungsgesetz
BG RCI	Berufsgenossenschaft für Rohstoffe und chemische Industrie
BGF	Betriebliche Gesundheitsförderung
BGleiG	Bundesgleichstellungsgesetz
BioStoffV	Verordnung über Sicherheit und Gesundheitsschutz bei Tätigkeiten mit Biologischen Arbeitsstoffen; Biostoffverordnung
BGM	Betriebliches Gesundheitsmanagement
BKK	Betriebskrankenkasse
BMAS	Bundesministerium für Arbeit und Soziales
BMBF	Bundesministerium für Bildung und Forschung
BpB	Bundeszentrale für politische Bildung
BRD	Bundesrepublik Deutschland
BT	Deutscher Bundestag
BVPG	Bundesvereinigung Prävention und Gesundheitsförderung
BZgA	Bundeszentrale für gesundheitliche Aufklärung
CS	Cultural Studies

DAK	Deutsche Angestelltenkrankenkasse
DGM	Diversityorientiertes Gesundheitsmanagement
DGUV	Deutsche Gesetzliche Unfallversicherung
DiM	Diversity Management
DNBGF	Deutsches Netzwerk für betriebliche Gesundheitsförderung
DRV	Deutsche Rentenversicherung Bund
FPfZG	Familienpflegezeitgesetz
FüPoG	Führungspositionengesetz
GDA	Gemeinsame Deutsche Arbeitsschutzstrategie
GdB	Grad der Behinderung
GefStoffV	Verordnung zum Schutz vor Gefahrstoffen; Gefahrstoffverordnung
GKV	Gesetzliche Krankenversicherung
GIA	Gender Impact Assessment
GM	Gender Mainstreaming
HR	Human Relations
iga	Initiative Gesundheit und Arbeit
IHK	Industrie- und Handelskammer
IKK	Innungskrankenkasse/n
InbeQ	Individuelle betriebliche Qualifizierung
JArbSchG	Gesetz zum Schutze der arbeitenden Jugend; Jugendarbeitsschutzgesetz
KMU	Klein- und Mittelunternehmen
KSchG	Kündigungsschutzgesetz
MIT	Massachusetts Institute of Technology
MuSchG	Gesetz zum Schutz von Müttern bei der Arbeit, in der Ausbildung und im Studium; Mutterschutzgesetz
OE	Organisationsentwicklung
PflegeZG	Pflegezeitgesetz
PoC	People of Colour
RKI	Robert Koch Institut
SGB	Sozialgesetzbuch
SiFa	Fachkraft für Arbeitssicherheit
SOEP	Sozioökonomisches Panel
SUGA	Sicherheit und Gesundheit bei der Arbeit; Unfallverhütungsbericht Arbeit
TK	Techniker Krankenkasse
UB	Unterstützte Beschäftigung
UN BRK	Behindertenrechtskonvention der Vereinten Nationen
WfbM	Werkstatt für Menschen mit Behinderung
WHO	Weltgesundheitsorganisation
WZB	Wissenschaftszentrum Berlin für Sozialforschung

1. Arbeit im Wandel

Nach Angaben des Münchner ifo-Instituts mussten im Juli 2022 fast 50 Prozent der befragten Unternehmen aufgrund des Fachkräftemangels ihre Geschäfte einschränken. Das ist der höchste Wert seit der Erfassung dieses Konjunkturindikators, und eine weitere Verschärfung wird befürchtet (ifo Institut 2022). Die angesichts dieser Lage von der Bundesregierung beschlossene Fachkräftestrategie zielt u. a. darauf ab, Fachpersonal im In- und Ausland zu gewinnen, die Erwerbsbeteiligung bisher nicht im Erwerbsleben stehender Personen zu erhöhen und die Arbeitsqualität zu verbessern (Bundesregierung 2022a).

Abgesehen davon, dass die Strategie erst mit einer Verzögerung Resultate zeigen wird, ist davon auszugehen, dass die Rekrutierung zusätzlicher Arbeitskräfte allein nicht ausreicht, um die aktuellen Herausforderungen in Wirtschaft und Gesellschaft zu bewältigen. Wenn sich die neu gewonnenen Mitarbeiter*innen engagiert und kompetent einbringen sollen, sind auch geeignete Ansätze notwendig, die dazu beitragen, die neuen Kolleg*innen in die Belegschaften zu integrieren und ihren vielfältigen Ansprüchen und Bedürfnissen nachzukommen. Denn mit der Erschließung zusätzlicher Beschäftigtengruppen – etwa durch die Aktivierung von Menschen im höheren Erwerbsalter, von Menschen mit Behinderungen und gesundheitlichen Beeinträchtigungen, von Arbeitskräften mit gleichzeitiger Care-Verpflichtung oder durch die Anwerbung von Beschäftigten aus dem Ausland – steigt die Vielfalt und Verschiedenartigkeit ihrer Bedürfnisse und damit die Anforderungen an die Betriebe, Kompetenzen im Umgang mit Diversität[1] zu beweisen. Je vielfältiger Belegschaften sind, umso weniger kann als selbstverständlich vorausgesetzt werden, dass die Zusammenarbeit von selbst funktioniert. Damit Integration gelingt, Beschäftigte sich mit dem Unternehmen identifizieren, Kollegialität und Toleranz gelebt werden und Diskriminierung unterbleibt sind geeignete, bedarfsorientierte, systematische und nachhaltige Interventionen auf Basis eines schlüssigen Konzepts erforderlich.

Korrespondierend dazu hat das Bundeskabinett im Dezember 2022 einen Gesetzentwurf zur Ratifikation des Übereinkommens Nr. 190 der Internatio-

1 Die Begriffe Diversity, Diversität und Vielfalt werden in diesem Band synonym verwendet.

nalen Arbeitsorganisation über die Beseitigung von Gewalt und Belästigung aus dem Jahr 2019 beschlossen. Mit dem Übereinkommen sollen Arbeitnehmer*innen sowie andere Personen in der Arbeitswelt weitreichenden Schutz vor Gewalt und Belästigung in der Arbeitswelt erfahren. Gleichen Schutz genießen Personen, die die Befugnisse, Pflichten oder Verantwortlichkeiten einer Arbeitgeberin oder eines Arbeitgebers ausüben (BMAS 2022).

Viele Unternehmen sind heute bereits von den positiven Effekten eines Diversity Managements (DiM) überzeugt – verspricht es doch ein attraktives Unternehmensimage und damit die Aussicht neue Fachkräfte zu gewinnen. Eine im Auftrag der Europäischen Kommission durchgeführte Befragung ausgewählter Unternehmen in den Mitgliedsstaaten aus dem Jahr 2005 kommt zu dem Ergebnis, dass 48 % aller Unternehmen im Wirtschaftssektor auf die eine oder andere Weise die Vielfalt und Nichtdiskriminierung am Arbeitsplatz fördern. Allerdings verfügt weniger als ein Viertel über gut etablierte Verfahren, während der Großteil der befragten Unternehmen angab, aktuell dabei zu sein, entsprechende Maßnahmen einzuführen (EU Kommission 2005). Auch eine im Jahr 2007 durchgeführte Untersuchung der Bertelsmann Stiftung zur Umsetzungspraxis von DiM deutscher Top-Unternehmen zeigte, dass letztere im europäischen Vergleich einen signifikanten Nachholbedarf in allen erfassten Vielfaltsdimensionen aufweisen (Köppel 2010). Eine aktuelle, qualitative Studie an ausgewählten Beschäftigten deutscher Unternehmen weist darauf hin, dass diese zwar im Allgemeinen für das Thema sensibilisiert sind, aber über geringe Kompetenzen zum Umgang mit Diversität im Arbeitsalltag verfügen. Die Autor*innen der Studie führen dies auf mangelnde Erfahrung mit interkultureller Interaktion und fehlender Unterstützung durch die jeweiligen Organisationen bzw. Führungskräfte zurück. Beschäftigte mit Migrationshintergrund scheinen in diesem Kontext Gefühle der Isolation zu erleben (Genovka/Schreiber 2022).

Die hier aufgeworfenen Überlegungen zum Umgang mit der zunehmenden Vielfalt in Betrieben und Organisationen sind untrennbar mit Fragen der Gesundheit und des Wohlbefindens verbunden. Ein gelingendes Miteinander bei gleichzeitiger Akzeptanz von Verschiedenheit wirkt sich positiv auf Wohlbefinden und Gesundheit aus, während sich Gruppenbildung und Ausgrenzung in Form von Gesundheitsbeeinträchtigungen ebenso wie in Leistungsdefiziten manifestieren (u. a. Stacey/Lundberg-Love 2012; Weber et al. 2019; Zick 2022). Unabhängig davon tragen fundierte, systematische betriebliche Aktivitäten zugunsten von Prävention und Gesundheitsförderung zu einem positiven Unternehmensimage bei, fördern Gesundheit und Motivation und steigern dadurch Produktivität, Arbeitsqualität und Innovationsfähigkeit eines Unternehmens (u. a. Barthelmes 2019; Lenhardt 2005; Vinberg/Landstad 2022). Allerdings gilt für das BGM ebenso wie für das DiM, dass die benannten Ergebnisse eine adäquate Qualität bei der Umsetzung voraussetzen. Dabei reicht es nicht aus, Information und Aufklärung zu betreiben oder mit Verhaltensappellen an die Beschäftigten bzw. an Verantwortliche zu reagieren. Erforderlich sind vielmehr professionell moderierte und nachhaltige Konzepte, die auf die jeweiligen betrieblichen Besonderheiten abgestimmt sind, am Bedarf der Beschäftigten ansetzen, letztere an der Planung, Umsetzung und Bewertung beteiligen und fest in den betrieblichen Strukturen verankert sind. Entsprechende Veränderungsprogramme sollten dazu beitragen, betriebliche Strukturen und Prozesse so zu gestalten, dass

- Beschäftigte trotz unterschiedlicher Voraussetzungen bis ins höhere Erwerbsalter gesund und arbeitsfähig bleiben,
- Mitarbeitende nach längerer Krankheit erfolgreich reintegriert werden und trotz chronischer Erkrankungen oder Behinderung weiterhin einer sinn- und nutzenstiftenden Tätigkeit nachgehen können,
- neue Beschäftigtengruppen im Rahmen leistungs- und bedürfnisgerechter Arbeitskonstellationen erschlossen werden (z. B. Menschen mit Zuwanderungsgeschichte, Menschen mit chronischer Krankheit und Behinderung, Eltern während der Familienphase, Personen im Rentenalter),
- Verantwortliche, Entscheidungstragende und Teams Vielfalt als Chance sehen und die in ihr enthaltenen Potenziale konstruktiv gestalten, indem mögliche Interessenskonflikte frühzeitig bedarfs- und gesundheitsverträglich bearbeitet werden,
- sozial und gesundheitlich benachteiligte Beschäftigungsgruppen besonders gefördert und unterstützt werden,
- einmal gefundene Lösungen für die Sicherstellung der Gesundheit von Beschäftigten vor dem Hintergrund neuer Anforderungen der Arbeitswelt evaluiert und an geänderte Bedarfslagen und Entwicklungen angepasst werden,
- die interagierenden Entwicklungslinien einer diversen Arbeitsgesellschaft mit den veränderten technologischen und organisationalen Gegebenheiten in Beziehung gesetzt und innovative und gesundheitsorientierte Gestaltungsoptionen entwickelt werden,
- Betriebliche (Anreiz-)Strukturen und Prozesse den Anforderungen an Nachhaltigkeit sowie intra- und intergenerationeller Gerechtigkeit nachkommen,
- die systemrelevanten Rahmenbedingungen auf gesetzlicher und struktureller Ebene in Sinne der skizzierten Anforderungen optimiert werden.

Ausgehend von der Herausforderung, Gesundheit und Vielfalt als integratives Konzept zu bearbeiten, sind die Inhalte der vorliegenden Publikation im Spannungsfeld der Begriffe ‚Organisation', ‚Gesundheit', ‚Arbeit' und ‚Vielfalt' anzusiedeln. Dieser mehrdimensionale Ansatz basiert auf dem Befund, dass die Sicherung und Förderung von Gesundheit im Lebensbereich Arbeit nicht ohne die Anerkennung und Wertschätzung der Verschiedenheit von Menschen möglich ist, ebenso wie umgekehrt eine Auseinandersetzung mit Vielfalt in Organisationen die Berücksichtigung von Gesundheit und Wohlbefinden voraussetzt.

In der bisherigen Forschungs- und anwendungsbezogenen Fachliteratur werden die hier genannten Dimensionen – von wenigen Ausnahmen abgesehen – kaum in ihrer Verschränkung thematisiert. Aktuell vorliegende Ansätze konzentrieren sich zumeist entweder auf Gesundheit (BGM, BGF) oder auf Vielfalt (Diversity Management). Diffus bleibt gewöhnlich auch die konzeptionelle Verortung der postulierten Vorgehensweise bei der Organisationsveränderung. Der vorliegende Band gibt beiden Ebenen neue Impulse und thematisiert die Felder „Gesundheit" und „Vielfalt" als ineinander verwobene Gestaltungsfelder organisationalen Handelns im Kontext „Arbeit". Dabei werden unterschiedliche Paradigmen von Organisationsveränderungen herausgearbeitet und so die Möglichkeit zum bewussten und kritischen Umgang mit den, in der Anwendungsliteratur verbreiteten Praxisempfehlungen geschaffen. Abbildung 1 illustriert die relationale Zuordnung der in diesem Band behandelten Themen und macht damit die konzeptionelle Einordnung in die Ebenen der Organisation sowie der gesellschaftlichen Konstitution von Arbeit deutlich, auf das in diesem Zusammenhang rekurriert wird.

Abb. 1: Modell einer verwirklichten Integration von Gesundheit und Diversity in Arbeitsorganisationen (eigene Darstellung)

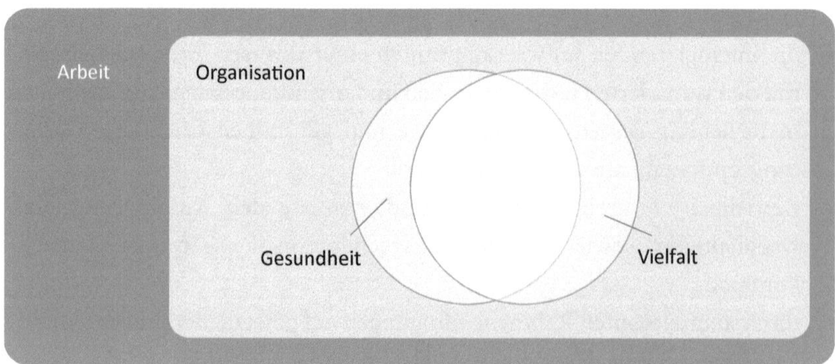

In Kapitel 2 des Bandes werden die genannten Themenfelder zunächst hinsichtlich ihrer jeweiligen Bedeutung für die hier behandelte Fragestellung charakterisiert und die für den vorliegenden Argumentationszusammenhang relevanten theoretischen Grundpositionen deutlich gemacht.

Wie die empirische Wirklichkeit hinsichtlich der Gesundheit diverser Beschäftigtenkollektive aussieht, ist Gegenstand von Kapitel 3. Anhand einer Zusammenstellung aktueller Daten wird hier gezeigt, wie sich die Gesundheit unterschiedlicher Gruppierungen im Arbeitsleben konstituiert, und es werden Überlegungen dazu angestellt, welche möglichen Einflussfaktoren für das Zustandekommen des jeweiligen Status Quo ausschlaggebend sein können. Neben häufig im Kontext des Diversity-Begriffs adressierten Kollektiven, die sich am Alter, Geschlecht, Migrationsstatus oder dem Vorliegen einer Behinderung bzw. chronischen Krankheit orientieren, werden weitere Differenzierungskategorien identifiziert, die im Arbeitskontext zur Konstitution gesundheitlicher Ungleichheiten beitragen.

Kapitel 4 gibt einen Überblick über ausgewählte theoretische Modelle, die Aussagen über mögliche Einflüsse spezifischer Arbeitskonstellationen auf Gesundheit machen. Die im ersten Teil des Kapitels vorgestellten Ansätze implizieren Überlegungen, wie Arbeit idealerweise gestaltet sein sollte und sie geben Antworten auf das – in der Ottawa-Charta der Weltgesundheitsorganisation (WHO 1986: 3) enthaltene – Desiderat, dass „Arbeit eine Quelle der Gesundheit und nicht der Krankheit“ sein sollte. Aus der Vielzahl der Theoriemodelle, die zum Zusammenhang von Arbeit und Gesundheit existieren, werden dabei zum einen diejenigen präsentiert, die generelle Aussagen über die Art und Weise der Einwirkung von Arbeit auf Gesundheit treffen, zum anderen werden Ansätze vorgestellt, die spezifische Belastungen oder ausgewählte Konstellationen von Arbeit im Blick haben.

Auch bezüglich der Theorieentwicklung zu Fragen der Vielfalt in der Arbeit lassen sich generalistische Ansätze von solchen unterscheiden, die sich auf einzelne Unterschiedskategorien beziehen. Mit dem Ziel, ein tiefergehendes Verständnis für Fragen der Vielfalt im Arbeitskontext zu gewinnen stellt Kapitel 5 im Anschluss an eine kritische Diskussion des Diversity-Begriffs die für die zentralen Fragestellungen dieses Bandes relevanten allgemeinen und spezifischen Theorien zusammen.

Die Frage, wie in Organisationen vorgegangen werden kann, um Arbeit stärker an Gesundheits- und Vielfaltsprämissen auszurichten, ist weder mit Theorien über die Qualität gesundheits- und vielfaltsfördernder Arbeit bereits beantwortet noch mit einer Bestandsaufnahme zum gesundheitlichen Status Quo verschiedener Beschäftigtengruppen. Vielmehr bedarf es geeigneter Vorgehensmodelle, deren Prämissen sich an den organisationalen Gegebenheiten und Möglichkeiten orientieren müssen. In der Vergangenheit wurden – je nach historischem Kontext und den damit korrespondierenden gesellschaftlichen, ökonomischen und politischen Rahmenbedingungen – verschiedene Konzepte der Organisationsveränderung etabliert, die – wie in Kapitel 6 gezeigt wird – Einfluss auf die entsprechenden Ansätze zur Förderung von Gesundheit und Diversity in Organisationen hatten. Aus Sicht der Autorin ist es wichtig, dass Fachleute der Organisationsveränderung ebenso wie organisationale Entscheidungsträger die diesen Konzepten zugrundeliegenden Prämissen kennen und unterscheiden können, damit sie eine Bewertung und Zuordnung von in der Praxis vorzufindenden Programmen vornehmen, und eine bewusste Entscheidung über das eigene Vorgehen treffen können.

Als Konsequenz aus den vorangegangenen Kapiteln formuliert Kapitel 8 ein integratives Rahmenmodell für ein kooperatives Vorgehen im Sinne eines diversityorientierten Gesundheitsmanagements (DGM). Zu diesem Zweck werden in dem, diesem vorausgehenden Kapitel 7 zunächst die einschlägigen gesetzlichen Postulate zugunsten einer gesundheits- und diversityorientierten Unternehmenspolitik vorgestellt und erläutert. Die weiteren Abschnitte des Kapitels 8 beschreiben im Sinne eines Prozessmodells für die Praxis ein idealtypisches Vorgehen, das die Belange von Gesundheit und Vielfalt in der Arbeit gleichermaßen berücksichtigt und diese in einen – verschiedene Paradigmen der Veränderung berücksichtigenden, transparenten Prozess einfließen lässt. Darüber hinaus enthält das Kapitel in einem zweiten Teil ergänzende Anforderungen an besondere Belange, die zugunsten spezifischer Dimensionen von Vielfalt zu berücksichtigen sind sowie deren Einordnung in ein integratives Vorgehen.

Kapitel 9 fasst die Überlegungen und Erkenntnisse aus den vorausgehenden Kapiteln zusammen, hebt die Bedeutung eines professionellen – im Sinne einer theoretisch fundierten reflektierenden – Vorgehens im DGM hervor und stellt dieses in einen größeren gesellschaftlichen Kontext.

2. Arbeit – Organisation – Gesundheit – Vielfalt

2.1 Kapitelübersicht

Das vorliegende Kapitel setzt sich vertieft mit den vier Begriffen auseinander, die die Eckpunkte dieses Bandes bilden. Dabei werden die terminologischen Prämissen sowie die theoretischen Grundannahmen formuliert, auf denen die weitere Argumentation basiert. So erfolgt im zweiten Kapitelabschnitt eine Auseinandersetzung mit dem Begriff der „Normalarbeit", wobei dieser vor dem Hintergrund seiner historischen Entstehungszusammenhänge, gesellschaftlichen Veränderungsdynamiken sowie sozial ungleich verteilten Gesundheitschancen diskutiert wird. Ausgehend von einem Organisationsverständnis als intermediärer Instanz, die zwischen der gesellschaftlichen und der individuellen Ebene vermittelt, liegen der Diskussion des Organisationsbegriffs im dritten Abschnitt dieses Kapitels kontingenztheoretische sowie systemische Überlegungen zugrunde. Darauf aufbauend werden typische Eigenschaften von Organisationen im Hinblick auf ihr Potenzial zugunsten einer Förderung von Gesundheit und Vielfalt untersucht.

Der Gesundheitsbegriff steht im Zentrum des vierten Kapitelabschnitts. Ausgehend von dem im Public Health Bereich weithin anerkannten Konzept der Mehrdimensionalität von Gesundheit und der von Antonovsky stammenden Vorstellung des Kontinuums setzt sich diese Sequenz grundsätzlich mit der Frage der arbeitsbedingten gesundheitlichen Ungleichheit auseinander, beschreibt den Wissensstand zu Gesundheitsbelastungen in der Arbeit und erläutert zentrale Dynamiken zum Zusammenhang zwischen arbeitsbedingtem psychischen Stress und Gesundheit. Der fünfte Abschnitt des vorliegenden Kapitels reflektiert das Thema Diversität. Ausgehend von einer Klärung der Entstehungshintergründe und Differenzierungen des Begriffs wird auf das grundlegende Konfliktfeld der Zuordnung von Menschen zu benachteiligten Gruppen hingewiesen. Ferner enthält der Abschnitt eine Diskussion des Begriffs der Diskriminierung sowie dessen Entwicklung und Differenzierungen. Der letzte Teil von Abschnitt 2.5 thematisiert Vielfalt als Gestaltungsziel von Organisationen und weist auf die Bedeutung expliziter sowie impliziter Verhaltensregeln hin. Ein Fazit in Abschnitt 2.6 greift nochmals die zentralen Gedanken des Kapitels auf und leitet zu Kapitel 3 über.

2.2 Arbeit als Gegenstand gesellschaftlicher Konstitution

2.2.1 Zur Bedeutung von Arbeit für Gesundheit und Vielfalt

In der westlichen Gesellschaft hat kaum ein anderer Lebensbereich für das Selbstkonzept, die soziale Zugehörigkeit und die gesellschaftliche Stellung eines Menschen eine vergleichbare Bedeutung wie seine oder ihre berufliche Arbeit. Demzufolge wird das Fehlen einer Berufstätigkeit zumeist als Stigma erlebt.

Mit der Verwendung des Begriffs „Arbeit" geht zumeist die Assoziation des so genannten „Normalarbeitsverhältnisses" einher. Gemeint ist damit ein unbefristetes, abhängiges Beschäftigungsverhältnis, das in Vollzeit oder in Teilzeit mehr als 20 Wochenstunden umfasst. Normalarbeitnehmer*innen üben ihre Tätigkeit direkt in dem Unternehmen aus, mit dem sie einen Arbeitsvertrag abgeschlossen haben. Auch sind sie umfassend in die Systeme der sozialen Absicherung integriert, indem sie über die von ihrem Arbeitseinkommen abgeführten Beiträge Ansprüche auf Leistungen erwerben (Statistisches Bundesamt 2020). Meist genießen sie die Sicherheit tarifvertraglicher Regelungen, einer Betriebsverfassung, einer Arbeitszeitregulierung sowie eines Kündigungsschutzes (Kendriza 2010).

Diese Normvorstellung von abhängiger Erwerbsarbeit stellt jedoch eine extreme Verengung dessen dar, was der Begriff der Arbeit darüber hinaus umfasst. So weist Eckert (2017) darauf hin, dass diese Konzeption von Arbeit in globaler Perspektive eher eine Ausnahme darstellt und vor allem die Verhältnisse in Westeuropa und den USA wiedergibt. Betrachtet man dagegen den Begriff der Arbeit nicht als abstrakte Kategorie, sondern als Aspekt konkreter Lebensumstände, dann ergeben sich unzählige Arbeitswelten, von denen der größte Teil „irregulär" verrichtet wird (Komlosy 2014; Osterhammel 2009: 958).

Auch in historischer Hinsicht ist das heutige Konzept der „Normalarbeit" ein relativ junges Phänomen, das sich historisch erst im Zuge der Industrialisierung des 19. und 20. Jahrhunderts herausgebildet hat (vgl. z. B. Osterhammel 2009). Mit den Bismarck'schen Sozialreformen der 1880er Jahren ist die Erwerbsarbeit zur tragenden Säule für die Etablierung des Sozialstaates geworden. Anspruchsgruppen gegenüber der Sozialversicherung waren und sind die Arbeitnehmenden – nicht die Bedürftigen (Kocka 2001). Problematische Konsequenzen dieser, auf eine bestimmte Konstellation abhängiger Erwerbsarbeit begrenzten Absicherung sozialer Risiken kommen heute verstärkt in den Blick, wenn sich Arbeit im Zuge von Flexibilisierung, Digitalisierung und Subjektivierung diversifiziert und Grenzen zwischen Privatleben und Erwerbsarbeit verschwimmen.

Unzureichend von dieser – auf das Normalarbeitsverhältnis ausgerichteten – Konzeption des sozialen Sicherungssystems erfasst sind beispielsweise Solo-Selbstständige mit geringem Einkommen, Minijobber*innen oder teilzeitbeschäftigte Frauen mit Familienaufgaben, insbesondere Alleinerziehende. Das geringe Einkommen der hier aufgeführten Personen ist zumeist weder in der Lage, eine sichere Versorgung für sich und die Angehörigen in der gegenwärtigen Lage sicherzustellen, noch dazu, ausreichende Beiträge für die Altersvorsorge anzulegen.

Die Beispiele zeigen auch, dass im Zuge der Herausbildung des (männlichen) Normalarbeitsverhältnisses andere – meist von Frauen geleistete – Formen von Arbeit, beispielsweise in Haushalt, Kindererziehung, Angehörigenpflege und -betreuung ausgeklammert wurden, obwohl es sich hier gleichermaßen um zentrale Kerne menschlicher Existenz handelt. Auch wenn zwischenzeitlich geringfügige Korrekturen in Form einer Anrechnung von Erziehungszeiten, Pflegetätigkeiten oder Minijobs für bestimmte Zweige der Sozialversicherung möglich sind (DRV 2022; Krankenkassen Zentrale 2021) sind sie gewöhnlich kaum in der Lage, ein existenzsicherndes Einkommen oder eine ausreichende Altersrente zu gewährleisten.

Die Folgen dieser einseitigen Verfasstheit von Arbeit und sozialer Absicherung treten zunehmend in Form massiver Versorgungsdefizite in der Pflege und Betreuung von Menschen in Erscheinung und haben sich infolge der Corona-Krise noch verschärft.

Auch die Arbeitswissenschaft hat – von wenigen Ausnahmen (z. B. Resch 1997; 1999) abgesehen – diese Themen lange Zeit ignoriert. Der Eingang in das Interesse der Forschung erfolgt derzeit eher punktuell (vgl. Bröcheler 2019; Faller 2018a; Faller/Geiger 2021; Geiger et al. 2022).

Bezugnehmend auf die Frage, welche Bedeutung der Konstellation von Arbeit heute im Zusammenhang mit Verschiedenheit zukommt, führt der folgende Abschnitt aus, welche Formen der Arbeitsgestaltung derzeit parallel zum so genannten „Normalarbeitsverhältnis" existieren und inwieweit diese soziale und gesundheitliche Risiken bergen. Mit Blick auf Aspekte der Vielfalt spielen atypische Arbeitsverhältnisse insofern eine Rolle, als sie gleichzeitig Treiber wie auch Resultat gesellschaftlicher Ungleichheiten darstellen. Aufgrund der mit ihnen verbundenen sozialen Risiken erzeugen und verschärfen sie einerseits gesellschaftliche Ungleichheit, gleichzeitig lässt sich beobachten, dass bestimmte Bevölkerungsgruppen überproportional häufig in diesen Segmenten des Arbeitsmarktes tätig sind (vgl. auch Kapitel 3).

2.2.2 Atypische Arbeit

In offiziellen Statistiken werden Teilzeitbeschäftigungen mit 20 oder weniger Arbeitsstunden pro Woche, geringfügige und befristete Beschäftigungen sowie Leiharbeitsverhältnisse zu den atypischen Beschäftigungsverhältnissen (ATB) gezählt (Deutscher Bundestag 2018: 1). Andere Quellen subsumieren auch Freiberufler, Werkvertragsbeschäftigte oder Solo-Selbstständige unter diesen Begriff (z. B. Bäcker/Schmitz 2017; Hecker et al. 2006). Der zentrale Unterschied zwischen atypischen und Normalarbeitsverhältnissen wird darin gesehen, dass erstere den eigenen und ggf. den Lebensunterhalt von Angehörigen nicht sicher gewährleisten können. Mit dem Argument, dass sie zusätzlich mindestens einer atypischen Beschäftigungsform nachgehen (müssen), rechnet Hünefeld (2016) ferner die Mehrfachbeschäftigten bzw. die so genannten Multijobber*innen den ATB zu.

Abb. 2: Entwicklung atypischer Beschäftigungsverhältnisse (Datenquelle: Statistisches Bundesamt 2022a sowie eigene Berechnungen)

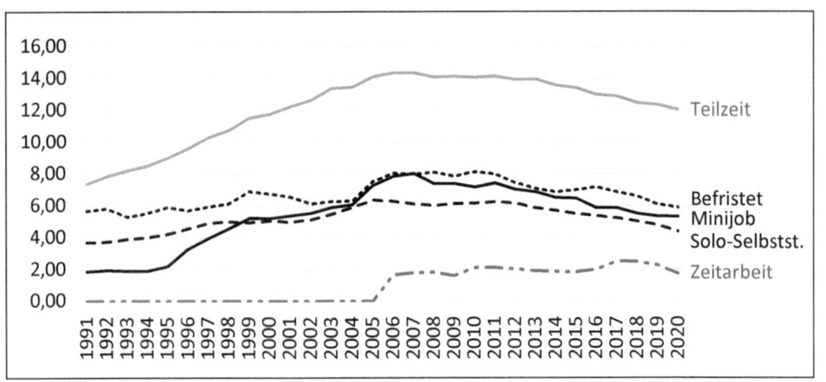

Abbildung 2 zeigt die prozentuale Entwicklung atypischer Arbeitsverhältnisse in der BRD. Dabei wird deutlich, dass es etwa ab 1990 zu einem deutlichen Anstieg der Anteile von ATB kam, der bis gegen Ende der ersten Dekade des dritten Millenniums anhielt. Seitdem gehen die Prozentzahlen wieder moderat zurück. Die Ursachen für die Zunahme der ATB ab 1990 lassen sich bis in die 1980er Jahre datieren, als eine erste Phase der Deregulierung unter der schwarz-gelben Regierungskoalition zu einer Flexibilisierung von Arbeitsbeziehungen in Verbindung mit einer Reduktion sozialer Sicherungsleistungen führte (Oschmianski et al. 2014). Vor dem Hintergrund hoher Arbeitslosenzahlen und steigender Sozialausgaben kam es mit den „Hartz-Gesetzen" in der zweiten rot-grünen Legislaturperiode unter Bundeskanzler Gerhard Schröder zur Fortsetzung der Deregulierungspolitik. Erklärtes Ziel war der Ausbau des Niedriglohnsektors durch ATB. Insbesondere die Deregulierung der Leiharbeit, beispielweise durch die Abschaffung der Begrenzung der Höchstdauer und den Wegfall des Synchronisationsverbots (Verbot der Identität der Beschäftigungsdauer in Ver- und Entleihfirma), führte fast zu einer Verdreifachung der Leiharbeit (Oschmianski et al. 2014).

2.2.3 Arbeitsvertragliche Konstellationen und Gesundheit

Auch wenn die Begriffe ‚atypische' und ‚prekäre' Arbeitsverhältnisse unterschiedliche Aspekte fokussieren und damit nicht synonym zu verwenden sind, zeigt die Empirie, dass atypische Erwerbsformen mit höherer Wahrscheinlichkeit mit Prekarität einhergehen, als solche, die als „normal" gelten. So weist der Armutsbericht des Deutschen Paritätischen Wohlfahrtsverbandes 2018 aus, dass atypisch Beschäftigte zu höheren Anteilen von Armut betroffen sind (Aust et al. 2018: 29) (vgl. Abbildung 3).

Abb. 3: Armutsbetroffenheit nach Erwerbsform (Datenquelle: Aust et al. 2018)

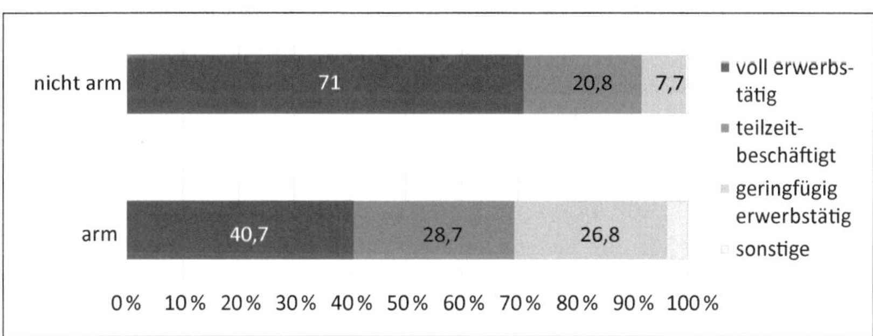

Eine entscheidende Ursache für das erhöhte Armutsrisiko bei ATB ist die mangelhafte sozialen Absicherung. Die größten Lücken bestehen für Solo-Selbstständige und für geringfügig Beschäftigte, weil Teile der Sozialversicherung (z. B. die gesetzliche Rentenversicherung, die Arbeitslosenversicherung) nur dann Leistungen gewähren, wenn lange, lückenlos und beitragsstark eingezahlt wurde (Brenke/Beznoska 2016; Schulze-Buschoff 2014). Zukunftsängste und Altersarmut können die Folge sein.

Auch weitere Benachteiligungen, wie erschwerte Teilnahme an Weiterbildungen, unregelmäßige Lohnzahlungen, fehlende Lohnfortzahlung bei Krankheit, ungünstige Arbeitszeiten oder Stellenstreichungen treffen atypisch Beschäftigte überproportional häufiger. Daneben sind z. B. Teilzeitbeschäftigte und Minijobber*innen in betrieblichen Interessenvertretungen unterrepräsentiert (Schulze-Buschoff 2014). Für Solo-Selbstständige, die betriebliche Aufträge erledigen, besteht nach dem BetrVG überhaupt kein Mitbestimmungsrecht (Faller 2020a).

Oft wird argumentiert, dass ATB eine Chance darstellten, überhaupt am Arbeitsleben teilzuhaben und Betroffene zudem über diesen Weg in ein Normalarbeitsverhältnis einmünden könnten (Polzer et al. 2015). Zwar wurden im Jahr 2021 65 % (n = 423 000) der im ersten Halbjahr 2021 neu entstandenen Zeitarbeitsverhältnisse mit Personen geschlossen, die direkt zuvor keine Beschäftigung ausübten bzw. noch nie beschäftigt waren, allerdings ist die Fluktuation in dieser Branche extrem hoch, so dass 27 % aller im ersten Halbjahr 2021 geschlossenen Leiharbeitsverhältnisse bereits während des ersten Monats der Beschäftigung endeten (BA 2022a).

Die Gesundheitssituation von Beschäftigten in ATB muss der Metaanalyse von Hünefeld (2016) zufolge differenziert betrachtet werden. Während der allgemeine Gesundheitszustand bei Leiharbeit und Mehrfachbeschäftigung im Durchschnitt schlechter ist als bei Normalbeschäftigten, weisen Selbstständige und Solo-Selbstständige einen besseren allgemeinen gesundheitlichen Zustand auf. Daneben zeigt die Studie, dass Leiharbeit, (Solo-)Selbständigkeit und Mehrfachbeschäftigung häufiger mit psychischen Gesundheitsbeeinträchtigungen einher gehen, als dies bei Erwerbstätigen in einer Normalbeschäftigung der Fall ist. Für die Teilzeitbeschäftigungen weisen dagegen 65 % der Studien eine bessere psychische Gesundheit im Vergleich zu Personen in einer Vollzeitbeschäftigung auf. Bei befristeten Beschäftigungsverhältnissen ergibt sich ein inkonsistentes Bild bezüglich der psychischen Gesundheit (Hünefeld 2018)

Diese Gegenüberstellung macht deutlich, dass ATB nicht durchgängig zu negativen gesundheitlichen Effekten führen. Vielmehr muss nach Beschäftigungsform sowie deren Ausgestaltung und Passung mit individuellen Anforderungen differenziert werden. Dennoch zeigt die Forschungslage, dass insbesondere Befristung oder Leiharbeit neben der erhöhten Arbeitsplatzunsicherheit häufiger mit schlechten Arbeitsbedingungen (eingeschränkter Handlungsspielraum, mangelnde Einbindung ins Unternehmen, Monotonie, gefährliche Tätigkeiten) in Zusammenhang stehen (Hünefeld 2018).

2.3 Organisation als Gestaltungsfeld für Gesundheit und Vielfalt

2.3.1 Organisation als Vermittlungsinstanz zwischen Arbeit, Gesundheit und Vielfalt

Wie Kühl (2011: 11) ausführt, sind Organisationen in unserer Gesellschaft omnipräsent und bestimmen fast unser gesamtes Leben. Dabei kommt ihnen einerseits eine inkludierende Funktion zu, indem sie Menschen in die Gesellschaft einbinden – andererseits haben sie oft einen exkludierenden Charakter – etwa wenn es Menschen ohne Arbeit aus unterschiedlichen Gründen nicht gelingt, in einem Betrieb dauerhaft beschäftigt zu werden. Die Frage, wie Organisationen die Gesundheit und Integration von Menschen fördern können, ist ein zentrales Thema der vorliegenden Publikation.

Arbeits- ebenso wie andere Lebensbedingungen können je nach ihrer Konstellation und Passung mit individuellen und kollektiven Bewältigungsressourcen krank oder gesund machen, und sie können mehr oder weniger aufgeschlossen sein für die Akzeptanz und Förderung von Vielfalt. Nach allgemeinsoziologischer Auffassung fungieren Organisationen als Bindeglied bzw. als Vermittlungsinstanz zwischen Individuum und Gesellschaft (Preisendörfer 2016: 177 ff.). In Anlehnung daran liegt den Ausführungen in diesem Band die Annahme zugrunde, dass die formellen ebenso wie die informellen Strukturen und Prozesse in Organisationen zwischen dem, was auf gesellschaftlicher Ebene als Arbeit konstituiert ist und dem, wie diese auf individueller und mikrosozialer Ebene ge- und erlebt wird, vermitteln. Dabei stehen die Themen Gesundheit und Diversität vorliegend im Fokus dieser Vermittlungsdynamik. Denn in Organisationen, in denen gearbeitet wird, konkretisieren und materialisieren sich die abstrakten Konstellationen von Arbeit sowie spezifische Formen des Umgangs mit Gesundheit und Vielfalt.

Die im Einführungskapitel angedeutete, kontingenztheoretische[2] Annahme, dass die Gestaltung von Organisationen – insbesondere ihrer Strukturen und Prozesse – das Verhalten der Organisationsmitglieder, ihren Umgang mit Verschiedenheit und ihre Gesundheit positiver ebenso wie in negativer Weise beeinflussen können, führt zu dem Schluss, dass Gesundheit und ein konstruktiver Umgang mit Vielfalt nur dann wirklich verbessert werden kann, wenn gleichzeitig die organisationalen Strukturen und Prozesse auf diese Ziele

2 Der Begriff „kontingenztheoretisch" stellt eine Verbindung zwischen dem Ergebnis einer Organisation und den Strukturen und Prozessen dieser Organisation her.

ausgerichtet werden. Der organisationstheoretische Kontingenzansatz geht weiter davon aus, dass Organisationsstrukturen ihrerseits von anderen Größen abhängig, d. h. von ihren jeweiligen Kontexten beeinflusst sind (vgl. Kieser/Kubicek 2020: 56 ff.). Nach dieser Auffassung können externe Faktoren wie die Gesetzeslage, monetäre Anreize oder Trends Organisationen dazu bewegen, solche Strukturen zu etablieren. Abbildung 4 gibt die Kausalannahmen dieses Ansatzes wieder.

Abb. 4: Erweitertes Grundmodell des situativen Ansatzes (eigene Darstellung in Anlehnung an Kieser/Kubicek 2020: 61)

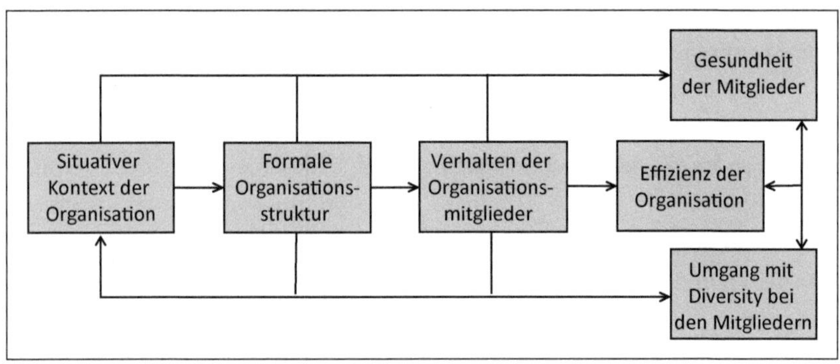

Aus systemtheoretischer Perspektive existiert dagegen keine objektiv feststellbare Organisationsumwelt – vielmehr sind es die Organisationen selbst, die ihre Umwelt entstehen lassen und nach eigenen Regeln darauf reagieren (Wetzel/Aderhold 2014: 68). Wenn also beispielsweise Gesetze zum Umgang mit Gesundheit und Vielfalt von der Organisation nicht als relevant wahrgenommen werden, existieren sie aus ihrer Perspektive nicht und haben keinen Einfluss auf das organisationale Handeln. Nach systemtheoretischer Auffassung ist „eine Organisation ein System, das sich selbst als Organisation erzeugt" (Luhmann 2011: 45). Diese Konstruktionsleistung erfolgt dadurch, dass die beteiligten Akteur*innen ihre Handlungen koordinieren, indem sie ihr Verhalten gegenseitig wahrnehmen, diesem einen Sinn zuschreiben und sich ihrerseits im Sinne dieser Zuschreibung verhalten, was dann wiederum auf der Gegenseite entsprechende Interpretationen auslöst (Simon 2009: 21).

Übertragen auf die Themen Gesundheit und Vielfalt in Organisationen bedeutet dies, dass strukturelle Veränderungen entsprechende Kommunikationsprozesse zwischen den beteiligten Akteur*innen-Gruppen erfordern, die darauf zielen, den angesprochenen Themen eine organisationsbezogene Bedeutung und Sinngebung zu verleihen.

2.3.2 Eigenschaften von Organisationen und ihre Bedeutung für Gesundheit und Vielfalt

In der organisationswissenschaftlichen Literatur (z. B. Kieser/Kubicek 2020; Kühl 2011) werden im Rückgriff auf Niklas Luhmann oft drei zentrale Merkmale von Organisationen hervorgehoben:

1. Organisationen verfolgen ein dauerhaftes Ziel bzw. einen Zweck.
2. Es gibt eindeutige aber temporär begrenzte Mitgliedschaften.
3. Organisationen verfügen über eine formale Struktur (Hierarchie), mit deren Hilfe die Aktivitäten der Mitglieder auf das verfolgte Ziel ausgerichtet werden sollen.

Nachfolgend sollen diese Eigenschaften im Hinblick auf ihre Bedeutung für Gesundheit und Diversity beleuchtet werden.

Organisationsziele und -zwecke

Nahezu alle theoretischen Konzepte der „Organisation“ gehen von deren Ziel- bzw. Zweckorientierung aus (vgl. z. B. Kühl 2011: 57). Nach traditioneller Auffassung dient diese Zweckgerichtetheit dazu, die Aktivitäten der Organisationsmitglieder zu koordinieren. Wie Abbildung 5 verdeutlicht, vermittelt die Organisationsstruktur zwischen den Organisationszielen und den Verhaltenserwartungen an die Mitglieder, d. h. sie übersetzt Ziele in konkretere Verhaltenserwartungen. Die Organisationsstruktur gilt demnach als ein Mittel der Verhaltenssteuerung zur Erreichung der Organisationsziele (Kieser/Kubicek 2020: 2).

Abb. 5: Transformation von Organisationszielen in Verhalten der Mitglieder (eigene Darstellung)

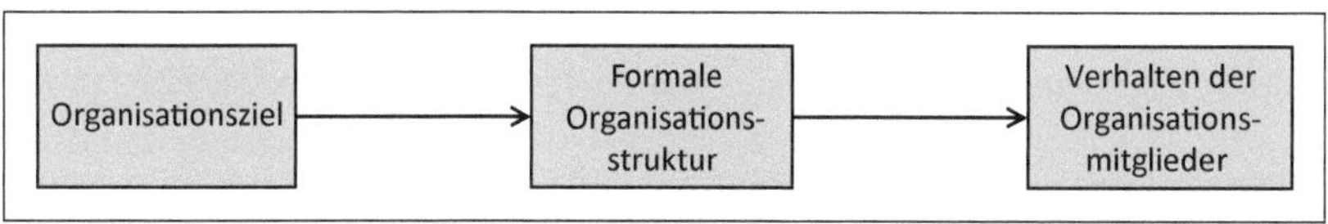

Neben den gemeinsamen Organisationszielen können die Mitglieder individuelle Ziele verfolgen, die sie innerhalb bzw. mit Hilfe der Organisation erreichen möchten, etwa ein gesichertes Einkommen, sozialen Aufstieg, etwas Sinnvolles zu tun u. a. m. Bei diesen individuellen Zielen handelt es sich jedoch nur dann gleichzeitig um Organisationsziele, wenn sie im Rahmen eines formalen und legitimierten Prozesses (etwa mittels Abstimmungen der Geschäftsleitung) als Ziele der Organisation deklariert werden (Kieser/Kubicek 2020: 3). Solche legitimierten Ziele finden sich in offiziellen Dokumenten der Organisation wie Protokollen von Vorstandssitzungen, Presseerklärungen oder Geschäftsberichten. Die Frage, inwieweit ein Mitglied in der Lage ist, eigene Ziele als Organisationsziele durchzusetzen, hängt davon ab, wie viel Macht es innerhalb der Organisation hat. Für die Legitimation und Durchsetzung von Zielen, die die Gesundheit und Vielfalt betreffen, ist es demnach zentral, diese einerseits mit solchen Akteur*innen zu vereinbaren, die eine größtmögliche Durchsetzungsmacht innerhalb der Organisation haben und andererseits darauf hinzuwirken, dass einschlägige Ziele offiziell als Ziele der Organisation benannt werden.

Ein weiteres zentrales Charakteristikum von Organisationszielen besteht darin, dass sie über einen längeren Zeitraum hinweg Gültigkeit besitzen. Dies bedeutet, dass sie nicht davon beeinflusst werden, wenn Personen an einzelnen Stellen wechseln. Hier kommt die Bedeutung von formalisierten Strukturen und Prozessen zum Tragen, weil diese sicherstellen, dass eine dauerhafte Zielverfolgung auch bei personellem Wechsel gewährleistet ist. Kühl (2011: 64 f.) weist aus systemtheoretischer Sicht kritisch darauf hin, dass sich die – eigentlich als Mittel zur Zielerreichung gedachten – Strukturen und Prozesse so verselbstständigen können, dass sie zu Selbstzwecken mutieren. Beispiele hierfür sind z. B. Evaluationsverfahren, Kennzahlen oder interne Serviceabteilungen, die so viel Eigendynamik entfaltet haben, dass ihre Funktionalität für die Organisationsziele nicht mehr hinterfragt wird. Im Rahmen diversity- und gesundheitsbezogener Organisationsentwicklungsprozesse besteht eine Chance darin, dass – indem die Perspektiven der Beschäftigten Gehör finden – solche Eigendynamiken auf den Prüfstand gestellt und ggf. modifiziert werden.

Ein anderer Kritikpunkt von Seiten der Systemtheorie gegenüber traditionellen Annahmen über Organisationen bezieht sich auf die Vorstellung ihrer ausschließlich zweckrationalen Orientierung. Aus systemischer Sicht ist es oftmals gar nicht wünschenswert, wenn sich Organisationen einseitig an einem spezifischen Unternehmenszweck ausrichten, weil die damit verbundene Rigidität der Organisation selbst schaden kann (Kühl 2011: 68; Luhmann 1995: 110 f.). So kann z. B. eine ausschließliche Orientierung an betriebswirtschaftlichen Zielen mit spezifischen, auch rechtlich verankerten Standards der menschen- und vielfaltsgerechten Gestaltung von Arbeit konfligieren, das Unternehmensimage beeinträchtigen, so dass Zugeständnisse bzw. ein flexibler Umgang mit Organisationszielen erforderlich sind. Luhmann (2011: 450) weist unter Bezugnahme auf weitere organisationssoziologische Konzepte darauf hin, dass sich z. B. Manager*innen in ihrem Alltagshandeln keineswegs immer nach den Vorschriften der Modelle rationalen Entscheidens richten.

Nach Auffassung der Systemtheorie dienen nach außen kommunizierte Organisationsziele ohnehin eher zur Legitimation der Organisation, als dazu, interne Prozesse zu steuern (Luhmann 1995: 108 ff.). Gerade Ziele im Zusammenhang mit Gesundheit und Diversity – etwa wenn sie in Unternehmensleitbildern aufgeführt werden – sind anfällig dafür, lediglich zur Förderung der gesellschaftlichen Akzeptanz der Organisation zu dienen, ohne dass damit eine Wirkung für den Umgang mit den Organisationsmitgliedern verbunden wäre.

Mitgliedschaft in Organisationen

Aufgrund der Bedeutung, die der Mitgliedschaft in einer Organisation für die gesellschaftliche Integration von Menschen – etwa mit einer Behinderung oder mit Migrationshintergrund – zukommt, gewinnt diese Eigenschaft von Organisationen im vorliegenden Kontext einen zentralen Stellenwert.

Nach Kieser und Kubicek (2020: 9) bedeutet die Mitgliedschaft das Eingehen einer Beziehung mit dieser Organisation. Diese Beziehung kann freiwillig oder unfreiwillig zustande kommen. Gerade im Fall von Arbeitsbeziehungen entspringt die Mitgliedschaft nicht ausschließlich persönlichen Wünschen – etwa wie bei einer Vereinsmitgliedschaft – sondern wird durch existenzielle Notwendigkeiten gerahmt. Kieser und Kubicek (2020: 10) sprechen in diesem Zusammenhang von „einem berechnenden Engagement von Seiten der Mitglieder und einer auf materiellen Belohnungen basierenden Machtausübung von Seiten der Organisation […]“.

Um funktionsfähig zu sein, bemühen sich Organisationen auch darum, ihre Mitglieder dauerhaft an sich zu binden. „Die Mitglieder sollen Leistungen erbringen, die der Erreichung der Organisationsziele dienen, auch wenn sie persönlich andere Ziele verfolgen“ (Kieser/Kubicek 2020: 9). Zahlreiche Aktivitäten im Bereich der Betrieblichen Gesundheitsförderung ebenso wie im Diversity Management haben den Zweck, die Organisation für die eigenen Mitglieder attraktiv zu machen und Fluktuation zu verhindern. Parallel dazu ist der traditionelle Arbeitsvertrag nach Kieser und Kubicek (2020: 12) die intensivste Form der Einbindung. Arbeitsrechtlich unterwerfen sich Beschäftigte dabei dem Direktionsrecht des Arbeitgebers. Wie Kühl (2011: 33) in Bezugnahme auf Luhmann anschaulich darstellt, wird die Nichtbefolgung von Vorschriften – selbst wenn es sich um Einzelfälle handelt – als Rebellion gegen die Organisation interpretiert, weil sich der oder die betreffende Beschäftigte in diesem Fall über die Mitgliedschaftsbedingungen hinwegsetzt.

Wie bereits in Abschnitt 2.2 deutlich wurde, existieren neben den – immer noch als Norm geltenden – unbefristeten Vollzeitarbeitsverträgen heute zunehmend weitere Formen, in deren Rahmen Arbeitsleistungen für eine Organisation erbracht werden können – etwa befristete und Teilzeitarbeitsverhältnisse, Leiharbeit, Minijobs oder die Erbringung von Dienstleistungen auf Grundlage einer selbstständigen Tätigkeit. Aus der Perspektive der der Transaktionskostenökonomie[3] zeigt sich hier, dass zunehmend marktorientierte Steuerungsformen in das traditionellerweise von der Steuerungsform „Hierarchie" dominierte Feld der Steuerung von Arbeitsleistungen übergreifen. Je nach Vertragsform bringen diese marktorientierten Formen der Leistungserbringung spezifische existenzielle und gesundheitliche Risiken für die davon Betroffenen mit sich. Auch gibt es Grund zu der Annahme, dass Menschen, die ohnehin zu den weniger privilegierten gesellschaftlichen Gruppen zählen, tendenziell häufiger in ATB tätig sind (Faller 2020a). Atypische Arbeitsverhältnisse sind demnach ein relevantes Handlungsfeld für Gesundheit und Diversity in der Arbeit.

Steuerung und Hierarchie

Nach Auffassung der traditionellen Organisationswissenschaft dienen interne Strukturen und Regeln dazu, das Handeln der Mitglieder eines arbeitsteiligen Systems zu koordinieren, um so die Organisationsziele (besser) zu erreichen. Ein wichtiges Koordinationsinstrument ist in diesem Zusammenhang die Hierarchie, also die Erlaubnis ausgewählter Stellen, Entscheidungen zu treffen und anderen Akteur*innen Weisungen zu erteilen (Kieser/Kubicek 2020: 16). Aus systemischer Perspektive ist eine der wichtigsten Funktionen von Hierarchie, Kommunikation überflüssig zu machen und schnelle Entscheidungen zu bewirken. Dabei erfüllt Hierarchie ihre Funktion bereits dadurch, dass es sie gibt (Simon 2009: 93 f.).

Damit verbunden ist eine zweite Funktion von Regeln – die Sicherung von Herrschaft (Kieser/Kubicek 2020: 16 f.). Doch auch wenn in den meisten Fällen eine Machtasymmetrie zu Ungunsten der nachgeordneten Ebenen

---

3 Die Transaktionskostenökonomie untersucht unterschiedliche institutioneller Arrangements für die Durchführung von Transaktionen (z. B. Markt vs. Hierarchie) im Hinblick auf ihre Effizienz (vgl. zu diesem Ansatz u. a. Kieser/Walgenbach 2010: 13; Preisendörfer 2016: 39 ff.).

existiert, weist Kühl darauf hin, dass Hierarchie in Organisationen nicht nur Top-down funktioniert, sondern dass Vorgesetzte gleichermaßen „Bottom-up" gesteuert werden, etwa indem Informationsflüsse bewusst eingesetzt werden, Vorgesetzte mit Entscheidungsbedarfen überfordert oder andere Spielräume dafür genutzt werden, Prozesse im eigenen Interesse zu beeinflussen und Entscheidungsträger zu manipulieren (vgl. hierzu auch Neuberger 2021). In dieser Gegenläufigkeit der Machtprozesse im Rahmen der Hierarchie sieht Kühl (2011: 88) einen nicht unerheblichen Grund für die Leistungsfähigkeit von Organisationen.

Neben den offiziellen und vom Management legitimierten Regeln existieren in Organisationen auch solche, die im Rahmen eines mehr oder weniger unbewussten kollektiven Lernprozesses durch wiederholtes Handeln der Organisationsmitglieder zustande kommen. Auf diese Weise können Organisationsmitglieder Regelungen entwickeln, die den offiziellen Regeln widersprechen (Kieser/Kubicek 2020: 13 ff.). Solche informellen Regeln können im Hinblick auf ihre gesundheitliche und vielfaltsbezogene Wirkung konstruktiv oder destruktiv wirken. Dabei haben sie oft ein hohes Beharrungsvermögen und entziehen sich vor allem dann einer gezielten Veränderung, wenn sie nicht expliziert werden können oder dürfen.

2.4 Gesundheit als Gestaltungsziel im Kontext von Arbeit und Organisation

2.4.1 Gesundheit und Chancenungleichheit

Heute besteht ein weitreichender Konsens dahingehend, Gesundheit im Sinne der WHO-Definition (1946) als mehrdimensionales Konstrukt zu verstehen, das körperliches, psychisches und soziales Wohlbefinden integriert. Zudem macht der Begriff des Wohlbefindens deutlich, dass Gesundheit nicht auf das Freisein von Krankheit und Gebrechen reduziert werden kann, sondern als positives Konzept zu verstehen ist. Auch wenn die Praxis nach dem Entgeltfortzahlungsgesetz nach wie vor von einem dichotomen Verhältnis von Arbeitsfähigkeit und Arbeitsunfähigkeit ausgeht und damit also keine „Grauzone" zwischen gesund und krank vorsieht, wird in der gesundheitswissenschaftlichen Diskussion die auf Antonovsky (1979) zurückgehende Metapher des Kontinuums Bezug genommen, der zufolge Gesundheit und Krankheit nicht als eindeutig unterscheidbare Zustände aufgefasst werden, sondern als Endpunkte auf einer Skala mit fließenden Übergängen (vgl. Abbildung 6).

Abb. 6: Gesundheit als mehrdimensionales Kontinuum (eigene Darstellung)

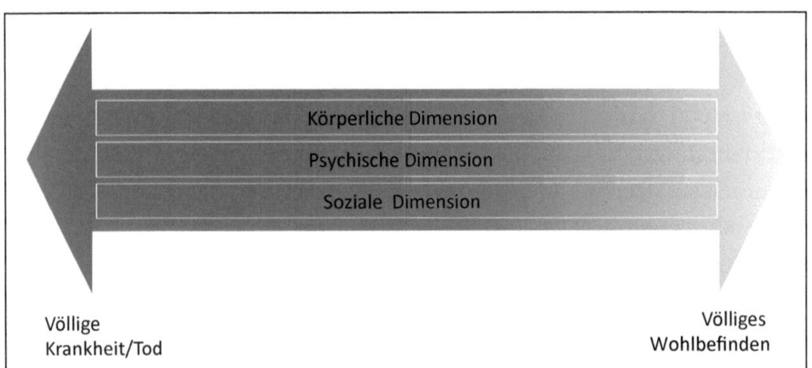

Breite Anerkennung hat darüber hinaus die Definition von Franzkowiak und Hurrelmann (2018 in Anlehnung an Hurrelmann/Richter 2013: 147) gefunden, die Gesundheit als stets neu herzustellenden Balance aus Risiko- und Schutzfaktoren sowie die darin enthaltene Dynamik betont. Wörtlich heißt es hier: „Gesundheit bezeichnet den dynamischen Zustand des Wohlbefindens einer Person, der gegeben ist, wenn diese Person sich psychisch und sozial in Einklang mit den Möglichkeiten und Zielvorstellungen und den jeweils gegebenen äußeren Lebensbedingungen befindet. Gesundheit ist das dynamische Stadium des Gleichgewichts von Risikofaktoren und Schutzfaktoren, das eintritt, wenn einem Menschen eine Bewältigung sowohl der inneren (körperlichen und psychischen) als auch äußeren (sozialen und materiellen) Anforderungen gelingt. Gesundheit ist dynamisches Stadium, das einem Menschen Wohlbefinden und Lebensfreude vermittelt."

Nach dieser Auffassung setzt das Erreichen von Gesundheit eine „gelungene[..] Verbindung von zugleich (selbst-)bewusster und lustvoller Lebensführung" voraus, zu deren zentralen Elementen „positive Einstellungen zu den alltäglichen Herausforderungen, Annahme des eigenen Körpers und der psychischen Grundausstattung, optimistische Erwartungen an die soziale Umwelt und insgesamt die Vorstellung von der Beeinflussbarkeit der eigenen Lebensführung" zählen (Franzkowiak/Hurrelmann 2018).

Unter Diversitätsaspekten lässt sich an dieser Definition allerdings kritisieren „dass eine vom Ideal der Selbstwirksamkeit und individuellen Bewältigungskompetenz ausgehende Gesundheitsvorstellung von der Deutungsmacht privilegierter Soziallagen geprägt ist und mittelschichtsgeprägten Narrativen der Selbstverwirklichung und pluripotenten Funktionstüchtigkeit folgt" (Faller et al. 2022: 25). Gerade bei benachteiligten Gruppen ist die alltägliche Lebensrealität von zahlreichen Restriktionen geprägt. In der Arbeitswelt manifestieren sich diese u. a. in einer unzureichenden Integration in Arbeit allgemein, in benachteiligenden Arten der Vertragsgestaltung, in einem hohen Belastungsausmaß mit arbeitszeitlichen sowie arbeitsbedingten körperlichen, psychischen und sozialen Anforderungen sowie in einer schwächeren Ausprägung arbeitsbezogener Ressourcenprofile (vgl. Kapitel 3). Vor diesem Hintergrund zeugt es durchaus von einer realistischen Wahrnehmung, wenn Menschen in benachteiligten Lagen den eigenen Grad der Selbstwirksamkeit als gering einschätzen und einen Alltag wahrnehmen, in dem sie nicht viel Kontrolle über ihr Leben und ihren Gesundheitszustand zu haben. Gemäß der obigen Definition wären sie schon allein aufgrund dieser sozioökonomisch bedingten Situationsbewertung nicht gesund.

Das Ziel eines umfassenden Organisationsentwicklungsansatzes, der Vielfalt und Gesundheit integriert, besteht insofern darin, einerseits die Gesundheitskonzepte und Befindlichkeiten ebenso wie die Lebens- und Arbeitsrealitäten der verschiedenen Organisationsmitglieder – insbesondere derjenigen, die von hohen Gesundheitsrisiken betroffen und über geringe Ressourcen verfügen – festzustellen, um anschließend gemeinsam mit ihnen Ideen zu entwickeln, wie diese Bedingungen gesünder gestaltet werden können und eigene Vorstellungen realisieren zu können. Wenn es einer Organisation gelingt, ihre Mitglieder dafür zu gewinnen, sich demokratisch an der Verwirklichung konstruktiver inklusiver und gesundheitsfördernder Strukturen zu und Prozesse zu beteiligen und dabei die vorhandenen Ressourcen effektiv zu nutzen, kann man von einer gelungenen Etablierung einer vielfaltsorientierten und gesundheitsfördernden Organisation sprechen. In diesem Sinne zielt der vorliegend vorgestellte Ansatz von Organisationsentwicklung darauf, diese Kompetenzen einer Organisation im Sinne des organisationalen Lernens weiter zu entwickeln.

2.4.2 Ressourcen und Gesundheitsbelastungen durch Arbeit

Einer Erwerbstätigkeit nachzugehen spielt in unserer Gesellschaft eine zentrale Rolle für das eigene Selbstverständnis und Selbstwerterleben ebenso wie für gesellschaftliche Anerkennung und Sozialstatus. Dies wird nicht zuletzt daran deutlich, dass arbeitslose Menschen signifikant höhere Krankenstände aufweisen als Erwerbstätige (vgl. Abschnitt 3.6.4) und auch Ergebnisse von Umfragen, in denen die Mehrzahl der Befragten der Aussage „meine Arbeit hält mich gesund" zustimmt, verweisen auf entsprechende Zusammenhänge (Badura et al. 2018; Brodersen/Lück 2017, 28).

Je nachdem, wie die Arbeit gestaltet ist, kann sie aber Gesundheit auch maßgeblich schädigen. Zur Frage, welche Einflüsse dabei eine Rolle spielen und wie diese zu bewerten sind, liegen heute zahlreiche wissenschaftliche Erkenntnisse vor. Eine detaillierte Übersicht über die im Rahmen der Arbeit möglicherweise auftretenden Gefährdungen und Belastungen wird von der Bundesanstalt für Arbeitsschutz und Arbeitsmedizin herausgegeben und regelmäßig aktualisiert (Kittelmann 2021). Diese Liste der Gefährdungsfaktoren berücksichtigt alle wesentlichen Einwirkungen auf den Menschen, die zu Unfällen und arbeitsbedingten Gesundheitsgefahren führen können (vgl. Tabelle 1).

Welche Rolle diese Faktoren bei konkreten Aufgaben und Tätigkeiten spielen und inwieweit sie sich negativ auf die Gesundheit der Beschäftigten auswirken können, muss von Seiten des/der Arbeitgeber*in im Rahmen der nach § 5 Arbeitsschutzgesetz (ArbSchG) vorgeschriebenen Beurteilung der Arbeitsbedingungen unter Berücksichtigung betriebs- und situationsspezifische Aspekte bewertet werden (vgl. Abschnitt 7.2.1).

Während der Einfluss physischer arbeitsbedingter Belastungen in vielen Fällen gut nachvollzogen, mit Hilfe medizinischer und/oder technischer Methoden ermittelt und gemessen und mit festgesetzten Grenzwerten verglichen werden kann, ist die Sachlage bei psychischen bzw. psychosozialen Einwirkungen der Arbeit insofern schwieriger, als hier keine „objektiven" Grenzen existieren, bei deren Überschreitung von einer Gesundheitsgefährdung auszugehen ist. Zumeist hängt es von der individuellen Bewertung ab, inwieweit eine Anforderung als bedeutsam oder irrelevant, bzw. als Bedrohung oder Herausforderung wahrgenommen wird, und inwieweit die betreffende Person über Ressourcen zu deren Bewältigung verfügt. Das in Abbildung 7 (übernächste Seite) dargestellte, transaktionale Stressmodell von Lazarus und Folkman (1984) macht diese Zusammenhänge deutlich.

Für die Beurteilung psychischer und psychosozialer Arbeitsbelastungen bedeutet dies, dass sie nicht allein durch andere Personen vorgenommen werden kann, vielmehr ist es notwendig, die betroffenen Beschäftigten an der Ermittlung und Bewertung psychischer Belastungen durch die Arbeit zu beteiligen (vgl. Faller 2023b; c).

Bezüglich der Frage, welche psychischen arbeitsbedingten Einflüsse für Beschäftigte generell schädlich sein können bzw. welche Ressourcen sich bei der Arbeit als gesundheitsförderlich erwiesen haben, hat die Arbeitswissenschaft in den letzten Jahrzehnten eine Reihe theoretischer Modelle hervorgebracht, die zum Teil auf groß angelegten, internationalen Langzeitstudien basieren und

Tab. 1: Liste der Belastungs- und Gefährdungsfaktoren bei der Arbeit (Quelle: Kittelmann 2021, soweit nicht anders angegeben)

Mechanische Gefährdungen	**Elektrische Gefährdungen**
• Kontrolliert bewegte ungeschützte Teile • Teile mit gefährlichen Oberflächen • Transport und Verwendung mobiler Arbeitsmittel • Unkontrolliert bewegte Teile • Sturz, Ausrutschen, Stolpern, Umknicken • Absturz	• Elektrischer Schlag und Störlichtbogen • Statische Elektrizität
Gefahrstoffe	**Biologische Arbeitsstoffe (Quelle DGUV o. D.)**
• Einatmen von Gefahrstoffen • Hautkontakt mit Gefahrstoffen • Brand- und Explosionsgefährdung	• Herstellung und Verwendung sowie beruflicher Umgang mit Menschen, Tieren, Pflanzen, biologischen Produkten, Gegenständen und Materialien in Verbindung mit • natürlichen und genetisch veränderten Bakterien, (Schimmel-)Pilzen und Viren, Zellkulturen und Endoparasiten
Thermische Gefährdungen	**Physikalische Einwirkungen**
• Heiße Medien/Oberflächen • Kalte Medien/Oberflächen	• Lärm • Ganzkörper-Vibrationen • Hand-Arm-Vibrationen • Optische Strahlung • Elektromagnetische Felder • Ionisierende Strahlung und Strahlenschutz • Unter- oder Überdruck
Arbeitsumgebungsbedingungen	**Physische Belastung**
• Klima • Beleuchtung/Licht • Ersticken, Ertrinken • Unzureichende Gestaltung der Arbeitsstätte • Benutzungsschnittstelle	• Manuelles Heben, Halten und Tragen von Lasten • Manuelles Ziehen und Schieben von Lasten • Manuelle Arbeitsprozesse • Ganzkörperkräfte • Körperfortbewegung • Körperzwangshaltung
Psychische Faktoren	**Arbeitszeitgestaltung**
• Arbeitsaufgabe • Arbeitsorganisation • Soziale Beziehungen	• Lange Arbeits- und arbeitsgebundene Zeiten • Atypische Arbeitszeitlagen • Anforderungen der Arbeitszeitflexibilität • Verletzung von Ruhezeiten und -pausen

Abb. 7: Transaktionales Stressmodell (Lazarus/Folkman 1984: 53; eigene Darstellung)

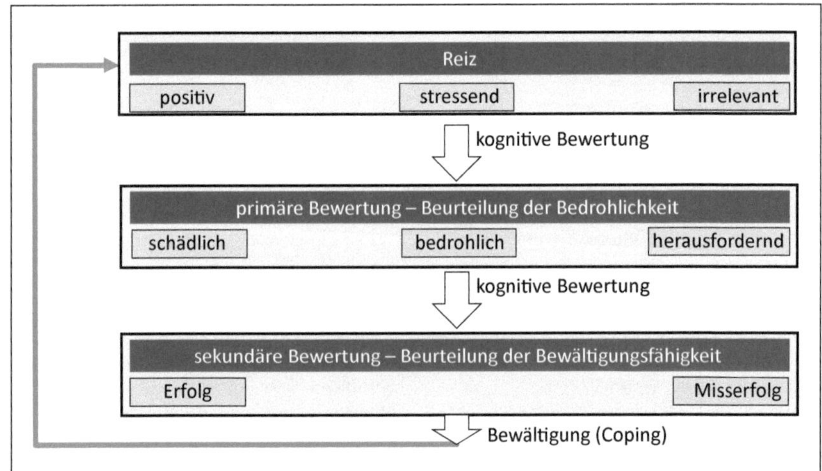

insofern valide Aussagen zu dieser Frage machen können. Kapitel 4 stellt eine Auswahl dieser Theorien zusammen, die zu zentralen, für die heutige Arbeitswelt relevanten Themen Aussagen tätigen.

2.5 Vielfalt in der Arbeit

2.5.1 Verständnis und Bedeutung des Diversity-Begriffs

Der Begriff der Diversität gewinnt zunehmend an Popularität. Becker (2016) führt dies auf zwei antagonistische Trends zurück: Die Globalisierung, in deren Folge Kommunikation, Handel und Zusammenarbeit mit unterschiedlichsten Kulturen stattfindet, und die Individualisierung, die einen Prozess beschreibt in dem sich Menschen aus traditionellen sozialen Bezügen lösen und ihre eigenen Vorstellungen verwirklichen. In der Folge bestimmen Vielfalt und Heterogenität das Leben von Einzelnen, Organisationen und Gesellschaft. Neben diesen Entwicklungen sind demografische Veränderungen westlicher Gesellschaften zu nennen, in deren Rahmen eine sinkende Zahl der Menschen im jüngeren Alter einem steigenden Anteil älterer Menschen gegenübersteht. Gleichzeitig haben viele europäische Staaten inklusive Deutschland in den letzten Jahren eine ungewöhnlich starke Zuwanderung erlebt (Hartmann 2020; Statistisches Bundesamt 2022b). Die Gesellschaft ist herausgefordert, die diesen Veränderungen innewohnenden Potenziale zu nutzen, Veränderung in einer positiven Weise zu gestalten und Vielfalt als Chance wahrzunehmen.

Der Duden erklärt den Begriff der Vielfalt als „Fülle von verschiedenen Arten, Formen o. Ä., in denen etwas Bestimmtes vorhanden ist, vorkommt, sich manifestiert; große Mannigfaltigkeit". Die englische Übersetzung dieses Begriffs ist *Diversity.* Mit Diversity oder der Begriffsversion *Diversität* verbindet sich ein Ansatz, der darauf zielt, Vielfalt in der Gesellschaft „zu erkennen und zu fördern, Benachteiligung zu vermindern und Chancengleichheit zu erreichen" (Bendel 2021). Dieser Ansatz weist Parallelen zum Begriff der *Inklusion* auf, enthält aber auch konzeptionelle Differenzen. Während der ‚Diversität' aus dem kultursoziologischen Diskurs stammt, ist Inklusion der pädagogischen Debatte zuzuordnen. Beide Konzepte vertreten eine positive Perspektive auf Unterschiede, wobei Diversität eher auf der Analyseebene, Inklusion eher auf der Handlungsebene ansetzt. Während sich Diversität eher auf die Gleichbehandlung und -betrachtung aller Menschen innerhalb einer gesellschaftlichen Gruppe bezieht, zielt Inklusion explizit darauf, dass die Einzigartigkeit der oder des Einzelnen als Ressource in eine Gruppenkonstellation einfließen soll, was nur durch individuelle Förderung möglich ist (Keuchel 2016).

Die historischen Wurzeln der Diversity-Debatte gründen in den Bürgerrechtsbewegungen, die sich für Gleichberechtigung einsetzten – insbesondere dem US-amerikanischen Civil Rights Movement der Afroamerikaner in den 1960er Jahren, angeführt durch Martin Luther King sowie der Bürgerrechtsbewegung zur Überwindung der Apartheit in Südafrika. Auch in Europa gab und gibt es Bürgerrechtsbewegungen. Sie engagieren sich für die Rechte von Minderheiten oder benachteiligten Bevölkerungsgruppen.

Ursprünglich standen die Bekämpfung von Rassismus und die Einbindung von People of Color in den USA im Vordergrund von Diversity-Ansätzen. Die Gleichstellung von Frauen in der westlichen Welt wurde zu einem weiteren Handlungsfeld, ebenso die gesellschaftliche Beteiligung von Menschen mit Behinderungen. Heute werden im Rahmen des Diversity-Konzepts weitere Dimensionen berücksichtigt, etwa ethische, politische, kulturelle, weltanschauliche, altersbezogene, sexuelle, soziale, geistige und körperliche Aspekte (Bendel 2021).

Nach Becker (2015) ist Diversität ein „Containerbegriff", der sehr viele Aspekte beinhalten kann. In der Literatur finden sich zahlreiche Differenzdimensionen und -merkmale, die auf unterschiedlichste Weise zu kategorisieren versucht worden sind (vgl. Becker 2015: 18 ff.). In der Debatte um Diversität in Organisationen findet allerdings oft eine Reduktion auf die Dimensionen Alter, Geschlecht, ethnische Herkunft und Behinderung statt. Diese *primären*

Dimensionen gelten als vom Individuum her betrachtet relativ schwer beeinflussbar. Von diesen werden *sekundäre Dimensionen* unterschieden, die einen unterschiedlichen Grad an Veränderbarkeit aufweisen, z. B. Familienstand, Elternschaft, Wohnort, Einkommen und Stellung in der Hierarchie oder Gewohnheiten. Je nach Autorenschaft ist die Liste dieser sekundären Dimensionen unterschiedlich lang und ausdifferenziert. In Organisationen können ferner Merkmale wie der Arbeitsort oder -inhalt, die Dauer und Art des Beschäftigungsverhältnisses oder Gewerkschaftsmitgliedschaften eine Rolle spielen (Altgeld 2016).

Während die Konzentration auf diese Konstrukte einerseits dazu dienen kann, Energien zu bündeln und Interessen benachteiligter Gruppen durchzusetzen, trägt sie andererseits zur Stereotypisierung bei, indem Menschen eben diesen Gruppen zugeordnet und pauschale Zuschreibungen vorgenommen werden. Aus diesem Grund ist das Diversitätskonzept auch grundsätzlich kritisierbar, weil es zunächst Differenzen sowie Stereotype konstituiert, die anschließend bekämpft werden. Zudem fällt auf, dass die Konstruktion von Unterschiedsmerkmale oft nicht durch die Betroffenen erfolgt, sondern von außen an diese herangetragen und dadurch Macht ausgeübt wird (Keuchel 2016).

Bemühungen zur Förderung von Vielfalt und zur Inklusion von Menschen in benachteiligten Situationen können diesem grundsätzlichen Dilemma nicht entgehen. Für die im Diversity-Kontext tätigen Akteur*innen ist es aber von zentraler Bedeutung, sich des damit verbundenen Konfliktfeldes bewusst zu sein und mögliche Fehlentwicklungen (selbst-)kritisch wahrzunehmen.

2.5.2 Diskriminierung als Gegenpol von Diversity

Als Gegenbegriff zu den oben beschriebenen Konzepten der Vielfalt und der Anerkennung von Unterschieden gilt die *Diskriminierung.* Scherr (2016) definiert letztere als „Verwendung von kategorialen, das heißt vermeintlich eindeutigen und trennscharfen Unterscheidungen zur Herstellung, Begründung und Rechtfertigung von Ungleichbehandlung mit der Folge gesellschaftlicher Benachteiligungen. Gegenüber den Diskriminierten wird der Status des gleichwertigen und gleichberechtigten Gesellschaftsmitglieds bestritten; ihre faktische Benachteiligung wird dementsprechend nicht als ungerecht bewertet, sondern als unvermeidbares Ergebnis ihrer Andersartigkeit betrachtet".

Die Begriffe Diskriminierung und *Vorurteile* hängen eng zusammen. Will man zwischen beidem differenzieren, so verweist das Vorurteil eher auf Einstellungen, während Diskriminierung tendenziell eher Verhaltensweisen beschreibt (Zick 2017: 63).

In § 3 des Allgemeinen Gleichbehandlungsgesetzes (AGG) wird ferner zwischen unmittelbarer und mittelbarer Diskriminierung unterschieden. Unmittelbar ist eine Diskriminierung sinngemäß dann, wenn eine Person aufgrund ihrer Zugehörigkeit zu einer sozialen Gruppe „eine weniger günstige Behandlung erfährt, als eine andere Person in einer vergleichbaren Situation erfährt, erfahren hat oder erfahren würde", wenn also Regelungen und Praktiken einen direkten Bezug zu Diskriminierungsmerkmalen (wie Geschlecht oder Religion) haben. Mittelbare Diskriminierung liegt dann vor, wenn scheinbar neutrale Vorgaben und Verfahrensweisen im Ergebnis zu Benachteiligungen bestimmter Personenkategorien und sozialer Gruppen führen (vgl. Scherr 2016). Die Unterscheidung zwischen mittelbarer und unmittelbarer Diskriminierung macht darauf aufmerksam, dass Diskriminierung nicht allein als eine Folge von individuellen Einstellungen oder kollektiven Mentalitäten verstanden werden kann, sondern in gesellschaftliche Kontexte eingebettet sind. Nach Scherr (2016) ist es ein komplexes System sozialer Beziehungen, in dem diskriminierende Unterscheidungen entstehen und wirksam werden, die zudem nicht immer als Folge einfacher Ursache-Wirkung-Zusammenhänge verstanden werden können.

Das Konzept der *Intersektionalität* thematisiert vor diesem Hintergrund den Umstand, dass sich unterschiedliche Dimensionen von Diskriminierungen überlagern und verstärken können (Scherr 2016). Walgenbach (2014: 54 f.) definiert Intersektionalität in dem Sinne, „dass historisch gewordene Macht- und Herrschaftsverhältnisse sowie soziale Ungleichheiten wie Geschlecht […] oder soziales Milieu nicht isoliert voneinander konzeptualisiert werden können, sondern in ihren ‚Verwobenheiten' oder ‚Überkreuzungen' (intersections) analysiert werden müssen. Additive Perspektiven werden überwunden, indem der Fokus auf das gleichzeitige Zusammenwirken von sozialen Kategorien bzw. sozialen Ungleichheiten gelegt wird. Es geht demnach nicht allein um die Berücksichtigung mehrerer sozialer Kategorien, sondern ebenfalls um die Analyse ihrer Wechselwirkungen".

2.5.3 Erklärungsansätze zur Entstehung von Vorurteilen und Diskriminierung

Aktuelle Forschungsergebnisse der Sinnesphysiologie, der kognitiven Neurowissenschaft und der Wahrnehmungspsychologie bestärken die konstruktivistische Grundannahme, dass menschliche Sinneswahrnehmungen kein unmittelbares Bild der Wirklichkeit wiedergeben. Vielmehr erscheint die Umwelt dem wahrnehmenden Subjekt in ihrer kulturellen, d. h. vor allem sprachlichen und bildlichen Symbolisierung (u. a. Roth 1996). Da die Komplexität der objektiven Wirklichkeit die menschlichen Wahrnehmungskapazitäten weit übersteigt, geht die Wahrnehmungspsychologie in diesem Zusammenhang davon aus, dass, Informationen selektiert werden, d. h., bereits im Zuge der Rezeption werden Kategorien gebildet und reaktiviert. Solche Kategorisierungen beziehen sich auch auf die Zuordnung von anderen Menschen zu Gruppen: Im Bewusstsein von Menschen bilden sich stereotype Muster, die aktiviert werden, sobald sie Mitgliedern einer bestimmten Kategorie begegnen. Dabei gehen sie davon aus, dass die Mitglieder einer Kategorie identisches Verhalten und gleiche Eigenschaften ausweisen (Garms-Homolova 2021). Arndt (2014: 21) führt in diesem Zusammenhang beispielsweise aus: „Wir sehen ‚Hautfarben', weil der Rassismus dieses Sehen erfunden und in Wissen verwandelt hat".

Die Neigung, Menschen und Objekte zu kategorisieren führt dazu, dass Menschen sich und andere Gruppen zuordnen und ein ‚Wir' und ‚Diese' kreieren. Gruppenbildungen erzeugen Generalisierungen über die Gemeinschaften, denen man sich zugehörig fühlt (Ingroups) und solche, denen man sich nicht zurechnet (Outgroups). Dabei werden Intragruppenunterschiede minimiert und Intergruppenunterschiede maximiert. Sind die stereotypen Muster negativ und rufen sie emotionale Ablehnung oder sogar Aggressionen gegenüber den vorurteilsbehafteten Personen hervor, sprechen wir von Vorurteilen. Vorurteile werden unbewusst, d. h. überwiegend ohne bewusste Kontrolle aktiviert. Nur in bestimmten Situationen können solche Automatismen kontrolliert und korrigiert werden (Fiske/Russell 2018; Garms-Homolova 2021).

Die Frage, wie aus stereotypen Gruppenkonstruktionen Vorurteile und Diskriminierung entstehen, wird durch die – empirisch gut abgesicherte – sozialpsychologische Theorie der sozialen Identität von Tajfel & Turner (1986) erklärt. Die Theorie geht davon aus, dass Menschen ein grundlegendes Bedürfnis nach Selbstwertgefühl und positiver Selbsteinschätzung haben. Ein Teil dieses Bedürfnisses wird durch die Zugehörigkeit zu sozialen Gruppen sowie durch die positive Bewertung dieser Zugehörigkeit befriedigt. Diese Bewertung resultiert aus dem Vergleich der eigenen Gruppe (Ingroup) mit Gruppen, denen man nicht zugehört (Outgroup). Vor allem dann, wenn Menschen ein zu geringes Selbstwerterleben haben, schreiben sie – um diesen Mangel zu kompensieren – der Ingroup positive Eigenschaften zu, während sie den Personen einer Outgroup nachteilige Eigenschaften zuordnen und diese ablehnen (Abrams/Hogg 2010; Zick 2017).

Korrespondierend zum individualpsychologischen Ansatz untersucht die soziologische Forschung Diskriminierung als gesellschaftliches Phänomen (Scherr 2017). Diskriminierung basiert demnach nicht allein auf individuell entwickelten Stereotypisierungen, sondern knüpft an sozial konstruierte und gesellschaftliche Muster hinsichtlich gruppenbezogener Zuordnung von Ähnlichkeit/Fremdheit, Zugehörigkeit/Nicht-Zugehörigkeit und Status im Gefüge sozialer Ungleichheiten an. Entsprechende Kategorisierungen haben sich längerfristig entwickelt und sind tief in den Strukturen der gesellschaftlichen Teilsysteme verankert. Sie dienen der Erzeugung und Rechtfertigung von Hierarchien, Machtasymmetrien und Chancenungleichheiten. Scherr (2017) merkt dazu kritisch an, dass als Diskriminierung gemeinhin nur solche Benachteiligungen gelten, die die nach den jeweils geltenden Maßstäben als problematisch und ungerechtfertigt betrachtet werden. Die Entscheidung darüber wird wiederum von den jeweiligen Machtverhältnissen, Diskursen und Ideologien vorgegeben. Soziale Kategorisierungen sind demnach nicht nur ein Abbild verfestigter Ungleichheiten und Machtverhältnisse, vielmehr gehen aus ihnen soziale Ordnungsbildungen hervor, die ihrerseits gestaltend, stabilisierend, aber auch modifizierend und transformierend wirken.

2.5.4 Toleranz und Vielfalt als Gestaltungsziele in Organisationen

Zahlreiche Studien zu den Auswirkungen von Diskriminierung auf Betroffene belegen negative Effekte auf die psychische und physische Gesundheit (u.a. Pascoe et al. 2009; Schunck et al. 2015; Zick 2017). In Fällen von Diskriminierung am Arbeitsplatz werden zudem verringerte Arbeitszufriedenheit, Produktivität, Ausfälle und Kündigungen sowie gestörtes Vertrauen zu Kolleg*innen und Vorgesetzte u.a.m. beschrieben (Zick 2017). Insofern liegen neben ethischen auch eine ganze Reihe betriebsökonomischer Argumente dafür vor, die dafürsprechen, dass sich Organisationen für Toleranz und Antidiskriminierung einsetzen. Wie am Beispiel ethnischer Diskriminierung deutlich wird, haben entsprechende Benachteiligungsstrukturen zudem negative Auswirkungen auf die gesamte Gesellschaft, weil sie die Integrationsbereitschaft der Betroffenen senken, Reethnisierungsprozesse auslösen, Gewaltbereitschaft fördern, die Integration in den Arbeitsmarkt verhindern und damit das Armutsrisiko steigern können (Uslucan/Yalci 2012).

Trotz der hier aufgeführten Argumente zugunsten der Förderung von Vielfalt in Organisationen existieren in der Arbeitswelt wirksame Strukturen, die zur Reproduktion von Ungleichheiten beitragen (vgl. Kapitel 3). Organisationen sind einflussreiche Settings, die nicht nur das Verhalten ihrer Mitglieder prägen, sondern mittelfristig auch auf gesellschaftliche Normen Einfluss nehmen können: Organisationen stellen ein, bilden aus, entlohnen, befördern und entlassen und sind so die Vehikel, durch die soziale und wirtschaftliche Mobilität gleichermaßen ermöglicht wie verhindert werden kann. Aus der Perspektive einer gesundheitsfördernden und diversityoffenen Organisationsentwicklung ist es daher wichtig, die Wirkfaktoren zu kennen, die in Organisationen dazu beitragen, Vielfalt zu ermöglichen und zu fördern.

Als Mechanismen, die das Verhalten in Organisationen gestalten, nennen Smith et al. (2010) die „Skripte" die den Organisationsmitgliedern vorgeben, wie sie zu handeln haben. Zu diesen Skripten zählen formelle ebenso wie informelle Rollenerwartungen. Sie dienen dazu, Varianz im Verhalten der Mitarbeitenden zu verringern, denn zuverlässige Rollenerfüllung bzw. Loyalität gegenüber der Autorität gewährleistet in Organisationen Planungssicherheit und organisationalen Erfolg. Die Kehrseite der Autorität besteht darin, dass organisationale Hierarchie zu Diskriminierung führen kann, ohne dass diese den Beteiligten bewusst sein muss. Zwar haben die Mitglieder – wie in Abschnitt 2.3 ausgeführt – auch individuelle Freiheiten und können andere Positionen als die in der Organisation gültigen vertreten; aufgrund ihrer hierarchischen Struktur sind Organisationen jedoch „Kontexte, in denen der freie Wille nur unter sehr eingeschränkten Bedingungen wirkt (Solomon 2003 z. n. Smith et al. 2010: 447). Die Bedeutung expliziter ebenso wie impliziter organisationaler Verhaltensregeln zeigt sich am Beispiel der sexuellen Belästigung: Zahlreiche Forschungsergebnisse legen nahe, dass die organisationale Toleranz, d. h. das Ausmaß, in dem eine Organisation sexuelle Belästigung stillschweigend duldet bzw. nicht dagegen vorgeht in hohem Maße mit dem Ausmaß an sexueller Belästigung korrespondiert (Rospenda/Richman 2017: 164).

Parallel zu den in Organisationen gültigen Verhaltensregeln spielen bewusste und unbewusste Stereotype bei Personalverantwortlichen eine maßgebliche Rolle für die Frage, ob in einem Unternehmen diskriminierende Mechanismen wirken (Smith et al. 2010: 449 f.). So führen Vorurteile bei Entscheidungstragenden nicht nur zu unvorteilhaften Entscheidungen für Angehörige benachteiligter Gruppen, sie verfestigen auch jene Strukturen, die Integration erschweren. Darüber hinaus hat die Führungsforschung immer wieder gezeigt, dass dem Modellverhalten von Verantwortlichen in Organisationen eine entscheidende Rolle für das Teamklima, die Akzeptanz von Vielfalt ebenso wir für die gesundheitliche Situation der Teamkolleg*innen zukommt (u. a. Faller 2013). Auch aus der Perspektive von Organisationsmitgliedern, die diskriminiert werden, steht das Verhalten von Führungskräften besonders im

Fokus: Ihre Äußerungen und Handlungen werden eher als diskriminierend wahrgenommen, als diejenigen von Menschen, die ihnen hierarchisch nicht übergeordnet sind (Baretto et al. 2010).

2.6 Zwischenfazit: Arbeit, Organisation, Gesundheit, Vielfalt

Das vorliegende Kapitel hat gezeigt, dass zu dem, was unter dem Arbeitsbegriff zu subsummieren ist, nicht nur das so genannte ‚Normalarbeitsverhältnis' zählt, sondern auch zahlreiche weitere Formen des Tätigseins. Das Bundessozialgericht definiert in einem Urteil vom 18. Januar 2011 den Arbeitsbegriff (BSG v. 18.1.2011 – B 2 U 9/10 R) als „der zweckgerichtete Einsatz der eigenen – körperlichen oder geistigen – Kräfte und Fähigkeiten, der wirtschaftlich nach der Verkehrsanschauung als Arbeit gewertet werden kann und für den Betreffenden – zumindest teilweise – Lebensgrundlage ist … Dabei ist wirtschaftlich nicht i. S. von erwerbswirtschaftlich gemeint. Vielmehr genügt jede Tätigkeit, die der Befriedigung eines fremden – materiellen oder geistigen – Bedürfnisses und nicht nur einem eigennützigen Zweck dient …" (vgl. DGUV Regel 100.001, Nr. 2.2.1).

Seit den 1990er Jahren haben so genannte, atypische Formen der Erwerbsarbeit stark zugenommen und es ist zu erwarten, dass diese im Zuge der Digitalisierung und steigenden Flexibilisierung weiter an Bedeutung gewinnen. Daneben haben die Ausführungen dieses Kapitels gezeigt, dass viele Formen von Arbeit, die zum Erhalt der Gesellschaft und für das Wohlergehen von Menschen unabdingbar wichtig sind, kaum eine soziale Absicherung aufweisen. Wie im nächsten Kapitel zu zeigen sein wird, sind diese Lücken im Versorgungssystem sozial ungleich verteilt, d. h., sie verstärken bereits bestehende soziale und gesundheitliche Ungleichheiten und schaffen darüber hinaus neue. Zur Kompensation der genannten Defizite ist es notwendig, dass auf politischer Ebene weitere Anstrengungen unternommen werden, die darauf gerichtet sind – jenseits der oftmals problemverstärkenden Logik der Leistungs- und Wettbewerbsorientierung –, neue und kreative Lösungen zu entwickeln. Neben den politisch-gesellschaftlicher Setzungen können jedoch auch auf Ebene der Organisationen Entscheidungen getroffen und Regeln etabliert werden, die soziale Risiken für bestimmte Gruppen abfedern. Organisationen als intermediäre Akteure zwischen Individuum und Gesellschaft schaffen Realität durch die Entscheidungen, die sie treffen, und ihre formalen Strukturen haben Einfluss auf das Verhalten ihrer Mitglieder mit Folgen für Gesundheit und den Umgang mit Vielfalt innerhalb der Organisation und darüber hinaus.

Mit Blick auf die zentralen Merkmale von Organisationen – der Möglichkeit und Notwendigkeit, Ziele zu setzen, Mitglieder zu bestimmen und Hierarchien zu gestalten, stehen vielfältige Möglichkeiten einer gesundheits- und vielfaltsorientierten Unternehmenspolitik offen. Aktivitäten im Bereich familienunterstützender Angebote, flexible Arbeitszeitregelungen für Beschäftigte mit Care-Aufgaben, die Zahlung angemessener Honorare für an Externe (etwa Solo-Selbstständige) vergebene Aufträge, der systematische Abbau von Barrieren für Beschäftigte mit Behinderungen sind nur einige der Beispiele dafür, wie sich Organisationen in den Bereichen der Förderung von Gesundheit und Vielfalt engagieren können. Wichtig ist in allen diesen Belangen ein kontinuierliches, systematisches und zielgerichtetes Vorgehen, zu dem Kapitel 8 konkrete Ausführungen enthält.

Kapitel 2 hat weiter deutlich gemacht, dass mit dem, was unter dem Gesundheitsbegriff im Arbeitskontext gefördert werden soll, mehr gemeint ist, als die Vermeidung von Absentismus. Gesundheit im gesundheitswissenschaftlichen Sinne ist ein mehrdimensionales, positives Konzept, das sich darin zeigt, dass in jeder Lebensphase eine Balance aus Anforderungen und deren Bewältigung erreicht wird. Es liegt auf der Hand, dass die hierzu nötigen Anstrengungen im Zusammenhang mit der Arbeit nicht von den Erwerbstätigen allein getätigt werden können, vielmehr sind Entscheidungen auf Ebene der Organisation erforderlich, die bestimmte Risiken ausschließen und – wie es das Arbeitsschutzgesetz verlangt – eine menschengerechte Gestaltung der Arbeitsbedingungen sicherstellen. Während im Bereich physischer Einwirkungen bereits umfassende Erkenntnisse vorliegen, die es möglich machen, durch konkrete Aktivitäten bestimmte Risiken zu minimieren oder ganz auszuschließen[4], ist es im Bereich der psychischen Belastungen unabdingbar, die Wahrnehmungen und Empfindungen der Beschäftigten einzubeziehen, da das Belastungs- und Beanspruchungspotenzial in diesem Bereich kaum durch externe Personen bestimmt werden kann. Dieser Umstand verweist auf die Notwendigkeit der Partizipation der Beschäftigten bei der Umsetzung gesundheitsfördernder Programme in Organisationen (vgl. dazu Kapitel 8).

Ein weiteres, vor dem Hintergrund der zunehmenden Diversifizierung unserer Gesellschaft für Organisationen immer wichtiger werdendes Gestaltungsfeld ist die Förderung von Toleranz und Vielfalt. Organisationen sind

4 Damit soll nicht behauptet werden, dass nicht noch erhebliche Forschungsbedarfe bestehen, insbesondere etwa im Hinblick auf das Schädigungspotenzial zahlreicher Gefahrstoffe und deren Zusammenwirken oder auf die langfristigen Wirkungen von elektromagnetischen Wellen u. a. m.

zum einen herausgefordert, einen gelingenden Umgang mit dem Risiko zu finden, dass die Benennung von Ungleichheitskategorien gleichzeitig Stereotype betont, die eigentlich bekämpft werden sollen. Zum anderen müssen sie damit umgehen, dass Vielfalt zumeist mit unterschiedlichen Machtverhältnissen einhergeht, die mit Blick auf betriebliche Hierarchien zu ihren konstitutiven Merkmalen zählen. Entscheidende Gelingensvoraussetzung im Umgang mit diesen Widersprüchen ist die Bereitschaft der organisationalen Entscheidungstragenden, sowohl unmittelbare als auch strukturelle Diskriminierung in der eigenen Organisation zu erkennen und geeignete Strategien dagegen zu entwickeln. Führungskräfte aller Ebenen kommt in diesem Zusammenhang eine zentrale Bedeutung zu, indem sie als Verhaltensmodelle Einfluss auf das Teamklima haben, den alltäglichen Umgang mit Verschiedenheit gestalten und Diskriminierung sanktionieren.

Nachdem in Kapitel 2 der begriffliche und konzeptionelle Rahmen der weiteren Argumentation in diesem Band umrissen wurde, nimmt Kapitel 3 anhand einschlägiger statistischer Indikatoren eine Bestandsaufnahme zur arbeitsbezogenen Gesundheit diverser Beschäftigtenkollektive vor. Auf diese Weise sollen auf empirischer Grundlage konkrete Handlungsnotwendigkeiten auf dem Feld der arbeitsbezogenen Gesundheit vielfältiger Gruppen aufgezeigt werden.

3. Gesundheitliche Lage verschiedener Gruppen in der Arbeitswelt

3.1 Allgemeine Überlegungen zu Diversität, Gesundheit und Arbeit

Anknüpfend an die – in den ersten beiden Kapiteln – angestellten Überlegungen zur Bedeutung und Eingrenzung der in diesem Band behandelten Themenfelder richtet sich der Fokus des vorliegenden Kapitels auf die Frage nach der gesundheitlichen Lage verschiedener Gruppen in der Arbeitswelt. Zu diesem Zweck wird der Stand der empirischen Erkenntnisse zum arbeitsbedingten Gesundheitsstatus ausgewählter Erwerbstätigenkollektive[5] im Kontext von Arbeit anhand einschlägiger Indikatoren zusammengestellt.

Die bereits in den Kapiteln 1 und 2 aufgeworfene Frage, anhand welcher Merkmale „Verschiedenheit" konzeptualisiert wird, bzw. welche „diversen Erwerbspersonengruppen" besonders im Fokus stehen, hängt letztlich davon ab, was als bedeutsame Unterschiedsdimension konstruiert wird. Zu den in unserer Gesellschaft wiederholt rezipierten und auch für die Gesundheit in der Arbeit benachteiligungswirksamen Kategorien zählen primär Alter, Geschlecht, Migrationsstatus und Behinderung, was es nahelegt, diese auch in diesem Band im Einzelnen zu reflektieren. Quer zu diesen „klassischen Kategorien" manifestieren sich jedoch weitere Ungleichheitsdimensionen wie Bildungsstatus, Vertragsform oder Beruf, die im Zusammenwirken mit den vorgenannten Differenzen Benachteiligungen verstärken können. Auf diese Zusammenhänge wird in einem abschließenden Abschnitt dieses Kapitels eingegangen.

Als Indikatoren für den Status der arbeitsbedingten Gesundheit dienen im Folgenden – soweit verfügbar – insbesondere Arbeitsunfälle, Berufskrankheiten und Daten zur Arbeitsunfähigkeit sowie subjektive Gesundheitsindikatoren. Ferner werden mögliche, diese bedingenden arbeitsbezogenen Einflüsse

5 Als Erwerbstätige gelten nach einer Konvention der International Labour Organisation alle Selbstständigen und abhängig Beschäftigten, die einer entgeltlichen Tätigkeit nachgehen, unabhängig davon, wie lang die Arbeitszeit ist. Erwerbslos sind Personen, die nicht erwerbstätig sind, aber eine Beschäftigung aktiv suchen. Unter dem Begriff der Erwerbspersonen werden Erwerbstätige und Erwerbslose subsummiert (DIW 2022).

dargestellt, wie z. B. unterschiedliche körperliche, psychische und Umgebungsbelastungen.

3.2 Gesundheit und Alter

3.2.1 Zur Bedeutung der Arbeitsfähigkeit im gesamten Erwerbsleben

Mit dem Begriff der „Bevölkerung im erwerbsfähigen Alter" bezeichnet das Statistische Bundesamt die Erwerbspersonen im Alter von 15 bis 75 Jahren. Während dieser Teil der Bevölkerung im Jahr 2020 in Deutschland einen Spitzenwert mit 62,3 Millionen Menschen erreichte, wird für das Jahr 2050 eine Personenzahl von nur noch 56,1 Millionen prognostiziert (Bund-Länder-Demografieportal 2022).

Innerhalb der Gruppe der Erwerbspersonen gibt es deutliche Altersverschiebungen, wobei die Anteile der Älteren im Vergleich zu den Jüngeren in den letzten Jahren erheblich zugenommen haben. Während der Anteil der 60- bis 75-Jährigen im Jahr 1990 noch 17 % betrug, wird dieser für das Jahr 2050 auf 27 % geschätzt (Bund-Länder-Demografieportal 2022). Abbildung 8 veranschaulicht die Zunahme der Anteile der Erwerbsgruppen verschiedenen Alters im Zeitverlauf.

Abb. 8: Alterszusammensetzung der Erwerbsbevölkerung im Zeitverlauf (Datenquelle: Bund-Länder-Demografieportal 2022)

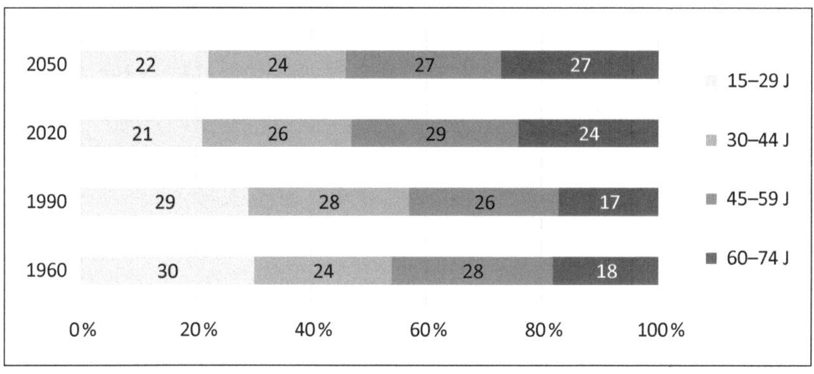

Vor dem Hintergrund dieser Entwicklung sind Fragen nach dem Erhalt der Gesundheit und Arbeitsfähigkeit von Beschäftigten in der zweiten Hälfte der

Erwerbsphase, wie auch solche nach der Förderung gesunderhaltender Arbeitsbedingungen während der gesamten Erwerbsbiografie von erheblicher Relevanz. Sie haben nicht nur Bedeutung für die Deckung des betrieblichen Fachkräftebedarfs, sondern auch für den Erhalt der sozialen Sicherungssysteme. Nachfolgend wird der Status Quo der Gesundheit von Erwerbstätigen in verschiedenen Altersgruppen anhand der Indikatoren Arbeitsunfälle, Krankenstand und subjektiven Gesundheitsindikatoren dargestellt.

3.2.2 Arbeitsunfälle im Altersvergleich

Wie die Statistik der Deutschen Gesetzlichen Unfallversicherung (DGUV 2021) erkennen lässt, übersteigt die prozentuale Verteilung der tödlichen Unfälle ab dem Lebensalter von 45 Jahren deutlich die entsprechenden Anteile an allen Arbeitsunfällen in diesen Altersgruppen (vgl. Abbildung 9).

Abb. 9: Prozentuale Verteilung der Arbeitsunfälle sowie der tödlichen Arbeitsunfälle nach Altersgruppen im Jahr 2020 (Datenquelle: DGUV 2021)

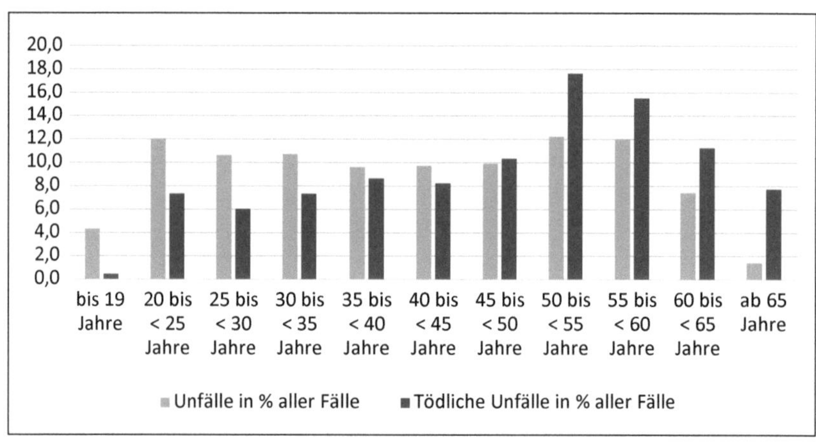

Dies kann einerseits darauf hindeuten, dass die Wahrscheinlichkeit eines tödlichen Verlaufs nach einem Unfall in der zweiten Phase des Erwerbslebens größer ist; andererseits können Unfälle, die hier passieren, darauf zurückzuführen sein, dass diese Altersgruppe im Vergleich zu anderen Erwerbstätigen größeren Risiken ausgesetzt ist. Nicht berücksichtigt bei diesem Vergleich sind die Grundgesamtheiten der einzelnen Altersgruppen, so dass über die relative Unfallbelastung im Vergleich der Altersgruppen auf Basis der Daten der DGUV keine Aussagen möglich sind.

Eine Auswertung von Daten der Techniker Krankenkasse für das Jahr 2020 zeigt darüber hinaus, dass im Vergleich der Altersgruppen insbesondere jüngere und ältere männliche Personen überdurchschnittliche Fehltage infolge von Arbeitsunfällen aufweisen (TK 2021: 41). Ergänzend dazu führt die IKK Fehlzeitenstatistik für das gleiche Jahr aus, dass Verletzungen und Vergiftungen in jüngeren Altersgruppen vergleichsweise häufig auftreten, dass aber die Falldauer mit dem Alter erheblich ansteigt. Vorbehaltlich der hier angenommenen Übertragbarkeit der Fehlzeitenprofile bei allen Verletzungen und Vergiftungen auf die Arbeitsunfälle kann insofern eine überdurchschnittliche Gefährdung durch Arbeitsunfälle in jüngeren Kohorten vermutet werden. Abbildung 10 illustriert diesen Zusammenhang.

Abb. 10: Häufigkeit und Falldauer infolge von Verletzungen und Vergiftungen bei Versicherten der IKK Classic im Jahr 2020 (Datenquelle: IKK Classic 2021)

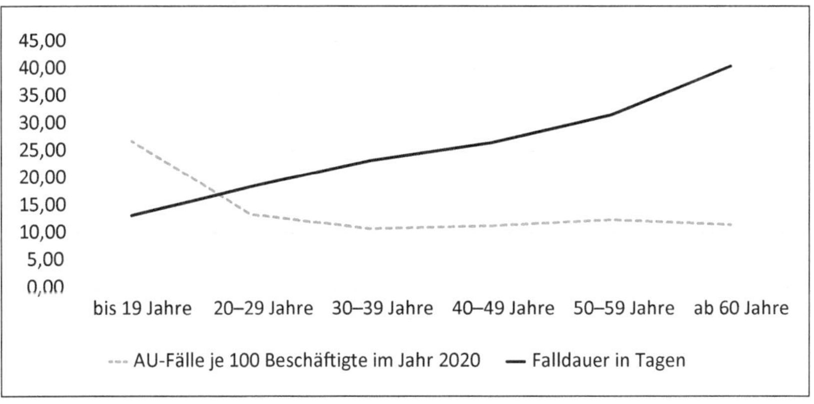

3.2.3 Arbeitsunfähigkeit im Altersvergleich

Auch bezogen auf andere Diagnosegruppen besteht eine von allen Kassenverbänden geteilte Beobachtung darin, dass die relative Zahl der Fehltage mit dem Alter ansteigt. Dabei zeigt sich das übereinstimmende Muster, dass jüngere Beschäftigte häufiger, dafür aber kürzer ausfallen, während ältere Erwerbstätige trotz ihrer selteneren Krankschreibungen oft unter langwierigen Erkrankungen leiden, was dann insgesamt zu höheren Krankenständen führt. Als Diagnosen, die für die längeren Ausfälle im höheren Alter verantwortlich sind, werden an erster Stelle Muskel-Skelett-Erkrankungen angeführt, weiter psychische Erkrankungen sowie – je nach Krankenkassenverband in wechselnder Reihung Atemwegserkrankungen, Unfälle und Herz-Kreislauf-Erkrankungen (u. a. IKK Classic 2021; Meyer et al. 2021; Rennert et al. 2021).

3.2.4 Subjektive Gesundheit im Verlauf des Erwerbslebens

Nach den Daten der GEDA 2014/2015-EHIS-Befragung[6] zeigen sich im Hinblick auf die Einschätzung der eigenen Gesundheit deutliche Unterschiede zwischen den betrachteten Altersgruppen. So geben 18- bis 29-jährige Personen mit 85,0 % am häufigsten an, einen sehr guten oder guten Gesundheitszustand zu haben, während dieser Anteil bei den 65-Jährigen und Älteren nur noch 47,5 % ausmacht. Die nach Altersgruppen differenzierende Betrachtung macht darüber hinaus deutlich, dass Unterschiede zwischen Frauen und Männern nur in der jüngsten Altersgruppe bestehen. In den übrigen Altersgruppen sind entsprechende Unterschiede statistisch nicht bedeutsam. Abbildung 11 (nächste Seite) stellt die subjektive Einschätzung der eigenen Gesundheit im Verlauf des Erwerbslebens bei Männern und Frauen dar. Deutlich wird, dass der Anteil der positiven Einschätzungen im Verlauf des Erwerbsalters zurückgeht, während die negativen Einschätzungen zunehmen.

3.2.5 Einflussfaktoren auf die Gesundheit im höheren Erwerbsalter

Die in den vorausgehenden Abschnitten deutlich gewordene Zunahme gesundheitlicher Einschränkungen im höheren Erwerbsalter manifestiert sich nicht nur im betrieblichen Kontext als Herausforderung; mit ihr stellen sich auch jenseits der Arbeitswelt in sozial- und gesundheitspolitischer Hinsicht bedeutende Fragen (Lampert 2000).

Die bisherige Forschung zeigt übereinstimmend, dass die Gesundheit im Alter eng mit der sozialen Lage und den damit verbundenen Erfahrungen und

6 GEDA 2014/2015-EHIS ist eine aktuelle Gesundheitsbefragung des Robert Koch-Instituts (RKI) für Erwachsene und Teil des Gesundheitsmonitorings. Sie besteht aus dem europäischen Fragebogen EHIS („European Health Interview Survey“) Welle 2 mit vier Modulen: Gesundheitszustand, Gesundheitsversorgung, Gesundheitsdeterminanten und sozioökonomische Variablen (Saß et al. 2017).

Abb. 11: Subjektive Gesundheit bei Frauen und Männern in verschiedenen Altersgruppen während der Erwerbsphase (Datenquelle: Lampert et al. 2018)

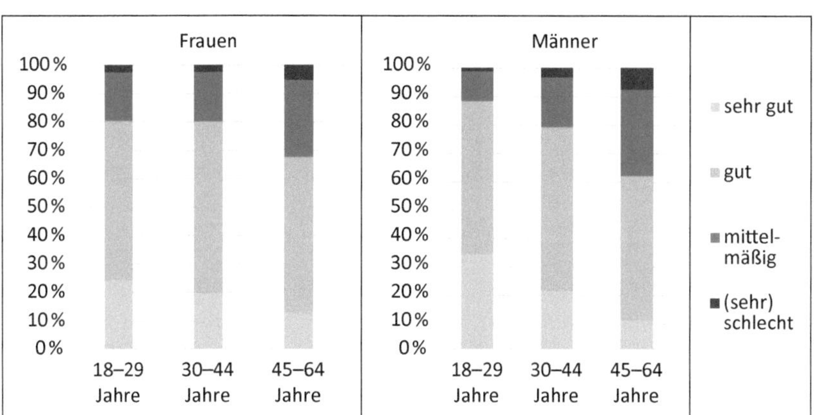

Risiken während der eigenen Biografie zusammenhängt (Lampert et al. 2016). Nach Dragano (2007) lässt sich die gesundheitliche Lage im Alter als Ergebnis einer Reihe von miteinander interagierenden Einflussfaktoren verstehen, die – wenn man die Entstehungsgeschichte der meisten chronisch-degenerativen Erkrankungen betrachtet – über einen längeren Zeitraum kumulieren. Im Verlauf der Biografie aufgetretene Risiken – etwa die soziale Herkunft, die Erfahrungen in Kindheit und Jugend bis hin zu den Beanspruchungen im Verlauf des Erwerbslebens – prägen den weiteren Lebenslauf (etwa die Berufswahl und damit das arbeitsbezogene Belastungsprofil), machen bestimmte Risiken wahrscheinlicher und beeinflussen langfristig die Gesundheit.

Für eine wirksame Prävention und Gesundheitsförderung im Arbeitskontext erscheint es vor diesem Hintergrund geboten, das Ziel der Gesundheitserhaltung und -förderung auf das gesamte Erwerbsleben zu beziehen. Neben der daraus abzuleitenden Forderung nach einer gleichermaßen alterns- und altersgerechten Arbeitsgestaltung verbindet sich ein zweites Desiderat dahingehend, dass bei der Arbeitsgestaltung die berechtigten Interessen verschiedener Altersgruppen gleichermaßen im Sinne eines gelingenden Generationenmanagements zu berücksichtigen sind. Dies gilt mit Blick auf die Strukturierung und Verteilung von arbeitsbedingten Belastungen zwischen Beschäftigten verschiedenen Alters ebenso wie für ein als gerecht empfundenes Management von Zugeständnissen und Freiräumen zwischen verschiedenen Beschäftigtengenerationen. Entsprechende theoretische Überlegungen zu beiden Herausforderungen finden sich in Kapitel 5, während Fragen zur Umsetzung einer gesundheitsfördernden und diversitysensiblen Organisationsentwicklung den Gegenstand von Kapitel 8 ausmachen.

3.3 Gesundheit von Frauen und Männern[7] bei der Arbeit

3.3.1 Arbeitsunfälle und Berufskrankheiten im Geschlechtervergleich

Differenziert man Arbeitsunfälle nach dem Geschlecht, so zeigt sich ein deutlicher ‚Gender-Gap' zu Lasten der Männer. Tabelle 2 gibt einen entsprechenden Überblick über die betrieblichen Unfälle im Jahr 2020 anhand von Daten der DGUV (2021). Dabei fällt auf, dass die prozentuale Verteilung bei den tödlichen Arbeitsunfällen diejenige bei allen meldepflichtigen Unfällen erheblich übersteigt, was ein überdurchschnittliches Gefahrenpotenzial für die Männer vermuten lässt.

Tab. 2: Geschlechtsspezifische Verteilung der Arbeitsunfälle im Jahr 2020 (Quelle: DGUV 2021)

	Meldepflichtige Unfälle		**Tödliche Unfälle**	
	absolut	**prozentual**	**absolut**	**prozentual**
Männer	601 683	69,7	468	86
Frauen	261 752	30,3	76	14

Nicht angegeben sind bei dieser Gegenüberstellung die Grundgesamtheiten der Männer und Frauen, ebenso wenig die Expositionszeiten, so dass – um valide Aussagen zum generellen Unfallrisiko in Abhängigkeit vom Geschlecht machen zu können – weitere Daten und Analysen erforderlich sind.

Näheren Aufschluss über die relative geschlechtsbezogene Häufigkeit von Arbeitsunfällen geben die Daten einiger Gesetzlicher Krankenkassen. Der Techniker Krankenkasse zufolge betrug der allein auf Arbeits- und Wegeunfälle zurückgehende Krankenstand im Jahr 2020 gut 0,2 % bei den Männern

7 Da den hier zitierten, offiziellen Statistiken ein binäres Geschlechtsverständnis zugrunde liegt, wird vorliegend auf dieses Bezug genommen, auch wenn grundsätzlich von der Existenz diverser Geschlechter ausgegangen wird.

beziehungsweise gut 0,1 % bei den Frauen. Ausgedrückt in Anteilen an allen gemeldeten Fehltagen der Männer entfielen 5,9 % auf Arbeits- und Wegeunfälle, während der Anteil der Arbeits- und Wegeunfälle bezogen auf alle Fehltage der Frauen nur 2,7 % ausmachte. Die höheren Quoten der Männer lassen sich damit erklären, dass die traditionell als „typische Männerberufe" geltenden Tätigkeiten – etwa im Bau- oder verarbeitenden Gewerbe – per se mit erhöhten Unfallrisiken einhergehen. Dies bestätigen die berufsgruppenbezogenen Auswertungen der Arbeitsunfälle einiger Krankenkassen. Während nach den Daten der TK für 2020 männliche Beschäftigte in Bau-, Bauneben- und Holzberufen 288 Tage in 100 Versicherungsjahren wegen Arbeitsunfällen krankgeschrieben waren, fehlten männliche Beschäftigte aus Verwaltungsberufen lediglich 20 Tage aus entsprechenden Gründen. Ein durchschnittlicher männlicher Beschäftigter mit einem Bauberuf fehlte also innerhalb eines Jahres knapp drei Tage aufgrund von Arbeits- und Wegeunfällen, ein Verwaltungsangestellter durchschnittlich nur 0,2 Tage. Die Werte unterscheiden sich abhängig von der Berufsgruppenzugehörigkeit um mehr als den Faktor 14 (TK 2021). Auch bei den AOK-Versicherten variieren die Anteile an der Gesamtzahl der Arbeitsunfälle erheblich. Hier waren die meisten Arbeitsunfälle in der Land- und Forstwirtschaft und im Baugewerbe zu verzeichnen, während die Banken und Versicherungen mit 0,8 % den geringsten Anteil an Arbeitsunfällen aufwiesen (Meyer et al. 2021). Über die genannten Gründe hinaus ist auch zu vermuten, dass geschlechtsrollentypische Verhaltensmuster – etwa im Sinne einer androzentrisch geprägten, gesundheitsabträglichen Arbeitsethik dazu beitragen, dass sich Männer mit höherer Wahrscheinlichkeit risikoaffin verhalten (vgl. Faller/Becker 2019).

Ähnlich wie bei den Arbeitsunfällen weisen Männer – bezogen auf die relativen Häufigkeiten von Berufskrankheiten – höhere Quoten auf, als Frauen (Reuhl 2019). Auch hier stellen die geschlechtsspezifische horizontale Segregation des Arbeitsmarktes sowie geschlechtsrollenstereotype Verhaltensmuster plausible Erklärungsfaktoren dar. Daneben spiegelt die im Kontext der historischen Bedingungen zu Beginn des 20. Jahrhunderts eingeführte und seitdem immer wieder aktualisierte Berufskrankheitenliste vor allem solche Risiken wider, die typischerweise in männlich dominierten Berufen bzw. Tätigkeiten auftreten (Reuhl 2019).

3.3.2 Arbeitsunfähigkeit im Geschlechtervergleich

Ein – mit Ausnahme der IKKen – kassenübergreifend übereinstimmender Befund weist aus, dass bei Frauen relativ mehr Arbeitsunfähigkeitstage (AU-Tage) zu verzeichnen sind, als bei Männern. Verantwortlich dafür sind vor allem häufigere Krankschreibungen mit geringeren Krankheitsdauern. Bezogen auf die Diagnosegruppen stehen bei den meisten Kassen mit Ausnahme der AOK die psychischen Erkrankungen an der Spitze der Arbeitsunfähigkeitstage der weiblichen Versicherten, während bei den männlichen Versicherten Muskel-Skelett-Erkrankungen die stärksten Anteile der AU-Tage bilden. Exemplarisch zeigt Abbildung 12 anhand von Daten der Techniker Krankenkasse die durchschnittliche Zahl der AU-Tage jeweils bezogen auf 100 versicherte Männer und Frauen nach Diagnosegruppen im Jahr 2020.

Abb. 12: AU-Tage nach Geschlecht und Diagnosegruppen pro 100 Versicherte im Jahr 2020 (Datenquelle: TK 2021)

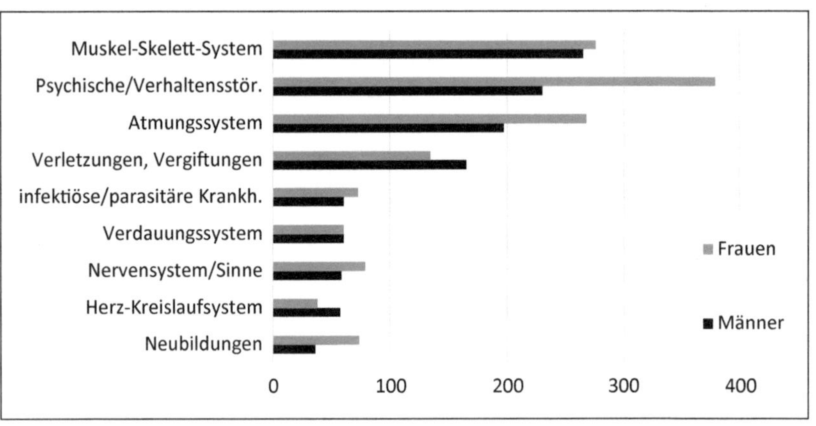

Nach einer von der DAK durchgeführten multimethodischen Analyse mehrerer Erklärungsansätze sind folgende, sich überschneidende Gründe für die höheren Arbeitsunfähigkeitszeiten von Frauen verantwortlich (vgl. Marschall u.a. 2016: 41):

- Frauen nehmen häufiger ärztliche Leistungen in Anspruch und werden bei diesen Gelegenheiten eher krankgeschrieben

- Frauen melden sich häufiger aufgrund der Ausübung geschlechtsrollentypischer Aufgaben krank (AU-Meldungen, um die Betreuung erkrankter Familienangehöriger sicherstellen zu können)
- Bei Frauen treten geschlechtsspezifische Erkrankungen (insbesondere infolge von Schwangerschaftskomplikationen) im erwerbsfähigen Alter auf.

3.3.3 Subjektive Gesundheit von Männern und Frauen im Arbeitskontext

Subjektive Einschätzungen zur eigenen Gesundheit im Arbeitskontext werden in der Regel mittels repräsentativer Befragungen erhoben. Zu erwähnen ist hier insbesondere die in regelmäßigen Abständen durchgeführte BiBB/BAuA-Erwerbstätigenbefragung. In der jüngsten Befragung von 2018 wurden 20 012 Erwerbstätige ab 15 Jahren mit einer wöchentlichen Arbeitszeit von mindestens 10 Stunden anhand von computerunterstützten Telefoninterviews befragt (Lück et al. 2019).

Wie die Abbildungen 13 und 14 zeigen, geben – von wenigen Ausnahmen abgesehen – mehr Frauen als Männer an, dass sie unter den abgefragten Beschwerden leiden.

Abb. 13: Subjektive Gesundheit bei Männern und Frauen – Teil 1 (Anteile in %, die unter diesen Beschwerden leiden; Datenquelle: BAuA 2018)

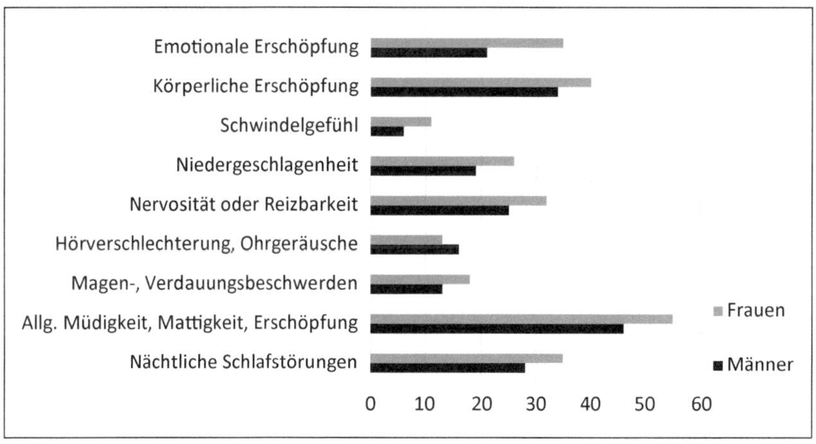

Abb. 14: Subjektive Gesundheit bei Männern und Frauen – Teil 2 (Anteile in %, die unter diesen Beschwerden leiden; Datenquelle: BAuA 2018)

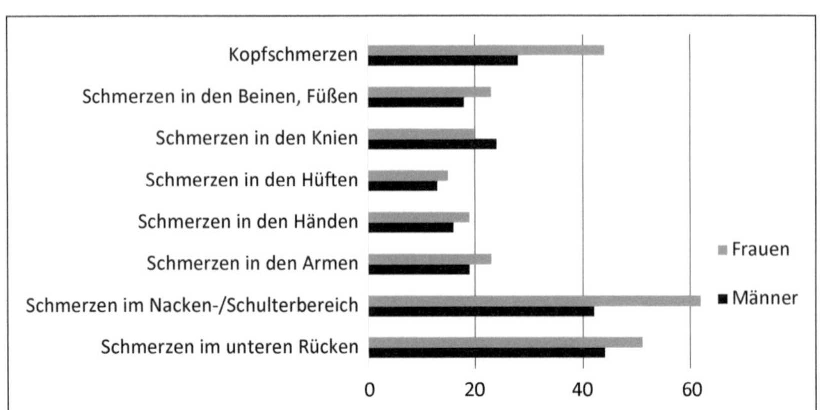

3.3.4 Arbeitsbedingungen von Frauen und Männern

Im Rahmen einer Literaturauswertung von Faller/Becker (2019) wurden Daten zur Verbreitung spezifischer Arbeitsbelastungen im Geschlechtervergleich zusammengestellt. Wie die Analyse deutlich macht, sind Männer sowohl im Hinblick auf Schichtarbeit als auch hinsichtlich einer Reihe physischer und arbeitsumgebungsbezogener Einflüsse in höherem Maße Belastungen ausgesetzt. Dies gilt insbesondere für die Arbeit in Nachtschichten, versetzten Schichtsystemen, aber auch für Arbeitsschwere sowie für die meisten Umgebungsbelastungen wie Kälte, Hitze, Nässe, Staub u. a. m.

Im Bereich psychischer Anforderungen berichten beide Geschlechter von hohen Belastungen, wobei die Tendenz stärker in Richtung der Frauen geht. Dies gilt insbesondere für Beanspruchungen durch schnelles Arbeiten, Multitasking und Unterbrechungen, während Männer geringfügig häufiger durch Beanspruchungen infolge von Termin- und Leistungsdruck berichten. Einige Daten weisen darauf hin, dass Frauen sich bei gleicher Belastung – sowohl bezogen auf physische, Umgebungs- und psychische Anforderungen – stärker beansprucht fühlen als Männer.

Die Befunde zu den geschlechtsspezifisch unterschiedlichen Belastungs- bzw. Beanspruchungsprofilen werden zumeist mit strukturellen Arbeitsmarktbedingungen, insbesondere der sektoralen sowie der hierarchie- und statusbezogenen Segregation, aber auch mit geschlechterrollenbedingten Doppelbelastungen erklärt (Gümbel/Nielbock 2012). Um diese Einflüsse empirisch zu validieren, wäre es künftig notwendig, bei Studien zu arbeitsbezogenen Belastungs- und Beanspruchungs-Konstellationen auch den Komplex der nichtbezahlten Sorgearbeit mit zu erheben. Hinweise auf eine Bestätigung der Hypothese der Doppelbelastung von Frauen ergeben sich aus Befragungsergebnissen zur Vereinbarkeit von Beruf und Familie. So zeigt die BiBB/BAuA-Erwerbstätigenbefragung 2018, dass Frauen ab einer Wochenarbeitszeit von mindestens 35 Stunden konsistent eine geringere Vereinbarkeit angeben (vgl. Abbildung 15).

Abb. 15: Vereinbarkeit von Beruf und Familie bei Männern und Frauen (Anteile der Befragten, die die Vereinbarkeit bestätigen; Datenquelle: Brenscheidt et al. 2020)

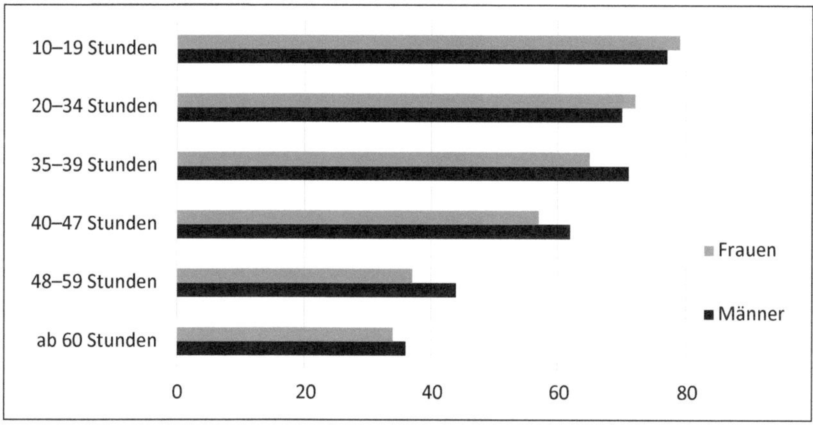

Hinweise zur Validierung der Doppelbelastungshypothese ergeben sich zudem aus den Erfahrungen mit den Lockdowns im Rahmen der Covid-Pandemie. So zeigen die Daten aus dem Jahr 2020, dass der Anteil der Frauen unter den Eltern, die eine stark gestiegene Belastung durch Kinderbetreuung angeben, auch unter sonst gleichen Umständen um circa 5 Prozentpunkte höher ist, als derjenige der Männer (Fuchs-Schündeln/Stephan 2020).

Wie die Ausführungen dieses Teilkapitels deutlich machen, manifestieren sich mit Blick auf die geschlechtsbezogene Verteilung arbeitsbezogener Ressourcen, Belastungen, Beanspruchungen und deren Folgen zum Teil deutliche Unterschiede zwischen Männern und Frauen. Die Gründe dafür sind vielschichtig und basieren auf einem komplexen Zusammenwirken von gesellschaftlichen Strukturen inklusive arbeitsbedingter und arbeitsweltunabhängiger Belastungskonstellationen und internalisierten Geschlechtsrollenvorstellungen, Gesundheitswahrnehmungen, Gesundheitsverhalten sowie Belastungserleben. Daraus leitet sich ab, dass Interventionen, die lediglich das Gesundheitsverhalten von Frauen und Männern adressieren, zu kurz greifen. Notwendig sind weitgehende strukturelle und prozessbezogene Analysen, geeignete Theoriemodelle sowie darauf bezogene Veränderungsansätze in betrieblichen und außerbetrieblichen Lebenswelten. Entsprechende theoretische Überlegungen enthält Kapitel 5.

3.4 Arbeit und Gesundheit im Kontext von Herkunft und Migration

3.4.1 Vorbemerkung

Im Jahr 2021 hatten 22,3 Millionen Menschen und somit 27,2 % der Bevölkerung in Deutschland einen Migrationshintergrund (Statistisches Bundesamt 2022c), wobei sich der Begriff „Migrationshintergrund" nicht nur auf Menschen mit eigener Zuwanderungsgeschichte, sondern auch auf deren Nachkommen bezieht. Hinter diesem Begriffsverständnis steht die Erfahrung, dass Menschen wesentlich durch die Kultur des Herkunftslandes geprägt sein können und diese Prägungen auch an die Folgegenerationen weitergeben (Spallek/Razum 2016: 154). Kritisieren an diesem Verständnis des Begriffs „Menschen mit Migrationshintergrund" lässt sich jedoch die Tendenz zur Pauschalisierung, zumal je nach Generation sehr unterschiedliche Erfahrungen und Auseinandersetzungsprozesse mit der Kultur des Zuwanderungslands vorliegen. Außerdem differieren die Kulturen je nach Herkunftsland erheblich. Einschränkend ist weiter darauf hinzuweisen, dass die meisten Statistiken nicht nach Migrationshintergrund, sondern nach Staatsagehörigkeit differenzieren. Mit dem Kriterium des Migrationsstatus sind diese Angaben nur unter erheblichen Vorbehalten vergleichbar.

3.4.2 Arbeitsunfälle und Berufskrankheiten

Die Statistik der gesetzlichen Unfallversicherung differenziert die Arbeitsunfälle des Jahres 2020 nach der Staatsangehörigkeit der Betroffenen. Demnach liegt der Anteil der Opfer von Arbeitsunfällen ohne deutschen Pass im Berichtsjahr bei 5,4 Prozent. Auffallend ist, dass der Anteil der tödlichen Unfälle bei Versicherten mit nichtdeutscher Staatsangehörigkeit höher ist, als derjenige der meldepflichtigen Unfällen, was ein vergleichsweise höheres Gefahrenpotenzial bei den Aufgaben- bzw. Beschäftigungsbereichen der Personen ohne deutschen Pass vermuten lässt (vgl. Tabelle 03; DGUV 2021).

Tab. 3: Verteilung der meldepflichtigen und der tödlichen Arbeitsunfälle nach Staatsangehörigkeit im Jahr 2020 (Quelle DGUV 2021)

	Meldepflichtige Arbeitsunfälle	Tödliche Arbeitsunfälle
Deutsche Staatsangehörigkeit	93 %	83,7 %
Andere Staatsangehörigkeit	5,4 %	16,3 %
Keine Angabe	1,7 %	0

Diese Hypothese wird durch eine weitergehende Analyse der DGUV nach Wirtschaftssektoren bestätigt, die zeigt, dass Personen mit anderer Staatsangehörigkeit vermehrt in Branchen mit höherer Unfallbelastung beschäftigt sind. Dies gilt insbesondere für das Baugewerbe, die Gastronomie, die Nahrungs- und Futtermittelproduktion, die Gebäudereinigung, den Garten- und Landschaftsbau sowie die Arbeitnehmerüberlassung. Abbildung 16 stellt die prozentualen Anteile von Beschäftigten mit deutscher und anderer Staatsangehörigkeit – jeweils bezogen auf die Gesamtheit der jeweiligen Beschäftigtengruppe – nach Branchen dar.

Abb. 16: Beschäftigtenanteile nach Branchen in Abhängigkeit von der Staatsangehörigkeit (Datenquelle: DGUV 2021)

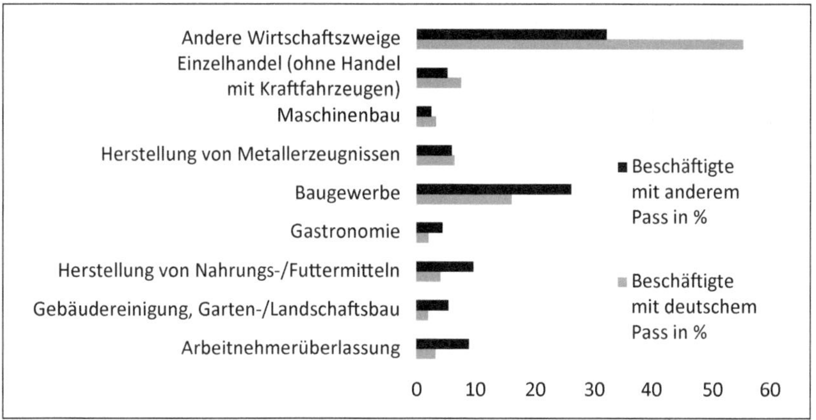

In Bezug auf das Berufskrankheitengeschehen weisen Brzoska et al. (2010) darauf hin, dass die Quote der anerkannten Berufskrankheiten zwar bei allen Beschäftigten abnimmt; allerdings zeigen sich wie bei Arbeitsunfällen auch hier Differenzen im Gefährdungsniveau zwischen Personen mit deutscher und ausländischer Staatsangehörigkeit. Insbesondere scheint es Unterschiede bei der Art der Berufskrankheit zu geben. So erleiden ausländische Personen im Vergleich zu deutschen überproportional häufig eine lärmbedingte Schwerhörigkeit. Bei Personen aus der Türkei und dem ehemaligen Jugoslawien tritt diese mehr als doppelt so oft auf wie bei Deutschen. Türkische Arbeitnehmende sind darüber hinaus mehr als dreimal so häufig von Silikose betroffen, einer Lungenerkrankung, die durch das Einatmen von mineralhaltigem Staub verursacht wird. Erklären lassen sich diese Differenzen ebenfalls mit der branchenabhängigen Verteilung.

3.4.3 Arbeitsunfähigkeit

Angaben zur Arbeitsunfähigkeit von Beschäftigten unterschiedlicher Herkunft sind in den jährlichen Gesundheitsreporten der Gesetzlichen Krankenkassen nicht routinemäßig enthalten, so dass für einschlägige Informationen auf spezifische Sonderauswertungen der Arbeitsunfähigkeitsmeldungen zurückgegriffen werden muss.

Eine der wenigen entsprechenden Analysen findet sich im BKK Gesundheitsreport des Bundesverbands der Betriebskrankenkassen (BKK) für das Jahr 2006 (BKK 2007). Demnach weichen die durchschnittlichen Arbeitsunfähigkeitstage (AU-Tage) pro Jahr je nach Herkunftsland deutlich voneinander ab: Die geringsten Ausfälle betreffen Beschäftigte aus asiatischen Ländern (9 Tage), gefolgt von den Herkunftsländern Südeuropas (16 Tage), dem ehemaligen Jugoslawien (17 Tage) und der Türkei (18 Tage). Auffallend sind darüber hinaus geschlechtsbezogene Differenzen, die sich je nach Herkunftsland unterschiedlich manifestieren: Während Frauen aus der Türkei und dem Balkan höhere Krankenstände aufweisen als Männer, ist das Verhältnis bei den meisten übrigen Nationalitätengruppen umgekehrt, d. h. hier sind die Männer häufiger arbeitsunfähig.

Subjektive Vergleichsdaten zum Krankenstand von Menschen mit und ohne Migrationshintergrund sind außerdem anhand der Daten des Mikrozensus 2009 verfügbar. Demnach geben Migrant*innen bis zum Alter von 44 Jahren etwas seltener als die übrige Bevölkerung an, in den letzten vier Wochen krank oder unfallverletzt gewesen zu sein. Bei den 45- bis 64- und den 65-Jährigen und Älteren hingegen sind Männer und Frauen mit Migrationshintergrund etwas häufiger von einer Krankheit oder Unfallverletzung betroffen als die Vergleichsgruppen ohne Migrationshintergrund (Lampert et al. 2011). Abbildung 17 gibt die entsprechenden Selbstangaben der Betroffenen wieder.

Abb. 17: Kranke und Unfallverletzte nach Migrationshintergrund (Lampert et al. 2011 auf Basis der Daten des Mikrozensus 2009)

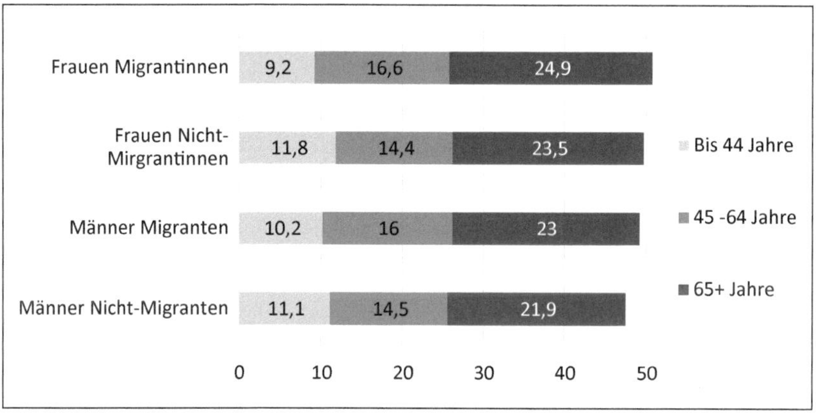

	Bis 44 Jahre	45 -64 Jahre	65+ Jahre
Frauen Migrantinnen	9,2	16,6	24,9
Frauen Nicht-Mirgrantinnen	11,8	14,4	23,5
Männer Migranten	10,2	16	23
Männer Nicht-Migranten	11,1	14,5	21,9

0 10 20 30 40 50

3.4.4 Subjektive Gesundheit

Eine von Oldenburg et al. (2010) durchgeführte Analyse von Daten der BiBB/BAuA-Erwerbstätigenbefragung aus dem Jahr 2005/2006 verweist auf Unterschiede beim Erleben arbeitsbedingter Beschwerden von vollzeitbeschäftigten Menschen mit und ohne Migrationshintergrund. Demnach klagen Befragte mit deutscher Staatsangehörigkeit und ohne Migrationshintergrund fast durchgehend in geringerem Maße über Beschwerden als Beschäftigte mit Migrationshintergrund. Wie Tabelle 4 (nächste Seite) deutlich macht, gibt es weitere Unterschiede bei Angaben zu gesundheitlichen Beschwerden, wenn neben der Frage des Migrationshintergrunds zusätzlich nach deutscher und nicht-deutscher Staatsangehörigkeit differenziert wird. Zu den am häufigsten genannten Beschwerden zählen in allen Gruppen Erkrankungen des Muskel-Skelett-Systems sowie Kopfschmerzen.

Clasen et al. (2013) kommen auf Basis ihrer Befragung mit Blick auf das das psychische Wohlfinden von Geringqualifizierten unterschiedlicher Herkunft dagegen zu dem Fazit, dass Personen mit Migrationshintergrund über ein signifikant höheres arbeitsbezogenes Wohlbefinden verfügen, als solche ohne Migrationshintergrund. Eine Erklärung für diese unterschiedlichen Befunde liefern Oldenburg et al. (2010) mit Blick auf ihre oben erwähnte Auswertung. Hier weisen sie darauf hin, dass eine weitere Differenzierung der Ergebnisse – etwa nach Voll- bzw. Teilzeittätigkeit sowie nach Geschlecht – gerade im Bereich der psychischen Belastungen größere Unterschiede zeitigt, als lediglich der Vergleich in Abhängigkeit vom Migrationsstatus.

Tab. 4: Beschwerden im Zusammenhang mit der Arbeit bei Vollzeitbeschäftigten nach Staatsangehörigkeit und Migrationsstatus. (Angaben in % der Befragten mit den entsprechenden Beschwerden; Quelle: Oldenburg et al. 2010)

Gesundheitliche Beschwerden während oder nach der Arbeit	Deutscher Pass o. M.	Deutscher Pass m. M.	Anderer Pass
Schmerzen im unteren Rücken	42,2	50,1	50,1
Schmerzen im Nacken-/Schulterbereich	44	49,6	51,9
Schmerzen in Armen und Händen	18,3	27,7	31,7
Schmerzen in den Knien	18,6	21,9	29,6
Schmerzen in Beinen und Füßen, geschwollene Beine	18	27	27,8
Kopfschmerzen	27,7	34,5	35,9
Laufen der Nase/Niesreiz	12,3	14,5	16,5
Augen: Brennen, Schmerzen, Rötung, Jucken, Tränen	19,6	22,9	23,2
Nächtliche Schlafstörungen	20,5	25,4	21,9
Allgemeine Müdigkeit, Mattigkeit und Erschöpfung	43	49,7	57,8
Magen-, Verdauungsbeschwerden	10,6	11,4	14
Nervosität oder Reizbarkeit	27,7	33,1	34,1
Niedergeschlagenheit	18,6	21,2	20,8

3.4.5 Arbeitsbezogene Einflussfaktoren auf die Gesundheit von Menschen mit Migrationshintergrund

Nach den Ergebnissen einer Literaturauswertung von Becker und Faller (2019) sind Migrant*innen im Allgemeinen öfter physisch belastenden Arbeitsbedingungen ausgesetzt, als Beschäftigte mit deutschem Pass und ohne Migrationshintergrund. Dies gilt für das Arbeiten im Stehen, Arbeiten unter Zwangshaltungen, das Heben und Tragen schwerer Lasten sowie für das Tragen von Schutzkleidung. Die einzige Ausnahme bildet das Arbeiten im Sitzen: Hier ist der Anteil von Beschäftigten, die dieser Belastung ausgesetzt sind, für Personen mit deutschem Pass und ohne Migrationshintergrund höher. Auch für körperlich belastende Umgebungsfaktoren wie Lärm, grelles Licht, schlechte Beleuchtung, Arbeiten bei Rauch, Staub oder unter Gasen, Dämpfen, für das Arbeiten unter Kälte, Hitze, Nässe, Feuchtigkeit und Zugluft und für das Arbeiten mit Öl, Fett, Schmutz gilt, dass Menschen mit Migrationserfahrung hiervon stärker belastet sind. Hinsichtlich der psychischen Belastungen differieren die Ergebnisse nach der Art der Belastung. So sind Menschen mit Migrationshintergrund häufiger mit Belastungen durch enge Vorgaben in Bezug auf Menge, Stückzahlen, Zeit und repetitive Arbeitsgänge konfrontiert, während Belastungen, die aus einem hohen Grad an Verantwortung, aus einem hohen Koordinationsaufwand, aus Unterbrechungen oder Multitasking resultieren, in geringerem Maße auftreten.

Nachdem die Datenlage zum Gesundheitszustand und den gesundheitsbezogenen Arbeitsbedingungen von Menschen mit Zuwanderungserfahrung sehr eingeschränkt und die verfügbaren Daten bereits älter sind, ist eine Gesamteinschätzung und Bewertung der vorliegenden Erkenntnisse nur unter Vorbehalt möglich. Zudem ist es schwierig, pauschal von Menschen mit Migrationshintergrund zu sprechen, da sich die gesundheitsbezogenen Einflüsse der Arbeit erheblich nach der Herkunftskultur, der Generation der Zuwanderung, dem Alter, dem Geschlecht, dem Bildungsstand und anderen Faktoren mehr unterscheiden können.

Unter Berücksichtigung dieser Einschränkungen lässt sich auf Basis der bisherigen Sachlage die Hypothese formulieren, dass Menschen mit Migrationserfahrung im Vergleich zu Personen ohne Migrationserfahrung tendenziell eher gefährlicheren, körperlich belastenderen und durch enge Vorgaben geprägte Arbeitskonstellationen ausgesetzt sind, was sich u. a. in der deutlicheren Manifestation körperlicher Erkrankungen sowie stärker ausgeprägten Beschwerden niederschlagen kann.

3.5 Behinderungen und chronische Erkrankungen

3.5.1 Daten zu Gesundheit und Arbeit bei Menschen mit Behinderungen

Während für die bisher aufgeführten Beschäftigtenkollektive – zumindest teilweise – aussagekräftige Daten zum Zusammenhang von Arbeit und Gesundheit im engeren Sinne vorliegen, ist dies für die Gruppe der Menschen mit Behinderungen kaum der Fall. Es existieren weder Detailanalysen zu Arbeitsunfällen und Berufskrankheiten von im Erwerbsleben stehenden Menschen mit Behinderungen, noch werden die Arbeitsunfähigkeitsdaten der Gesetzlichen Krankenkassen unter diesem Aspekt ausgewertet. Thematisiert werden eher Erkenntnisse dahingehend, welche Einwirkungen aus der Arbeit zu chronischer Erkrankung und Behinderung im Sinne des Berufskrankheitenrechts führen können (z. B. BAuA o. D.). Faktisch keine Daten existieren aber zu der Frage, mit welchen gesundheitsrelevanten Einflüssen Menschen mit Behinderungen an ihren Arbeitsplätzen konfrontiert sind oder welche Auswirkungen diese Bedingungen auf die Gesundheitssituation der Betroffenen haben.

Auch enthalten die jährlichen Berichte über Sicherheit und Gesundheit bei der Arbeit/Unfallverhütungsberichte der Träger der Gesetzlichen Unfallversicherung zwar statistische Informationen zu beantragten sowie anerkannten Berufskrankheiten; zum Thema „Gesundheit und Behinderung im Arbeitskontext' enthalten jedoch auch diese Quellen kaum Anknüpfungspunkte.

Zu Fragen der beruflichen Inklusion von Menschen mit Behinderungen hat sich die Datenlage seit Erscheinen des Ersten Teilhabeberichts der Bundesregierung im Jahr 2013 teilweise verbessert, so dass mit dem im Jahr 2021 vorgelegten, Dritten Teilhabebericht erste Resultate zugunsten einer kontinuierlichen und die Entwicklungen in diesem Sektor nachzeichnenden Beobachtung vorhanden sind. Dennoch gibt es nach wie vor erheblichen Forschungsbedarf – insbesondere zu arbeitsbezogenen Belastungen und Beanspruchungen von Menschen mit Behinderungen (vgl. auch Schnell/Stubbra 2010).

Angesichts dieser Gegebenheiten weichen die folgenden Ausführungen zu den gesundheitsbezogenen Einflüssen der Arbeit auf Menschen mit Behinderungen von den anderen Abschnitten dieses Kapitels ab und stützen sich hauptsächlich auf vorhandene Analysen zur Inklusion von Menschen mit Behinderungen in die Arbeit, die zweifellos auch gesundheitsrelevante Bedeutung hat.

3.5.2 Inklusion in den ersten Arbeitsmarkt[8]

Angesichts der hohen gesundheitlichen, sozialen und materiellen Bedeutung der Erwerbsarbeit ist die Inklusion in den ersten Arbeitsmarkt gerade für Menschen mit Behinderungen von hoher Relevanz. In diesem Zusammenhang spricht Artikel 27 der UN BRK Menschen mit Beeinträchtigungen[9] das Recht zu, „ihren Lebensunterhalt durch Arbeit zu verdienen, die in einem offenen, integrativen und für Menschen mit Behinderungen zugänglichen Arbeitsmarkt und Arbeitsumfeld frei gewählt oder angenommen wird“ Gemessen an diesem Postulat zeigt die Realität noch erhebliches Entwicklungspotenzial.

Der dritte Teilhabebericht der Bundesregierung über die Lebenslagen von Menschen mit Beeinträchtigungen (Maetzel et al. 2021) beinhaltet im Kapitel Erwerbstätigkeit und materielle Lebenssituation statistische Angaben zu diesem Themenbereich[10]. Demnach gab es im Jahr 2017 rund 5,9 Millionen Menschen mit Beeinträchtigungen im erwerbsfähigen Alter zwischen 18 und 64 Jahren. Von diesen waren im selben Jahr rund 3 Millionen mindestens eine Stunde pro Woche erwerbstätig, was einer Quote von 53 % entspricht. Im Vergleich dazu betrug die Erwerbstätigenquote von Menschen ohne Beeinträchtigungen 81 %. Dabei gilt, dass je höher der Grad der Behinderung (GdB) ist, die Erwerbstätigenquote umso geringer ausfällt: Bei den Menschen mit einem GdB zwischen 50 und 80 betrug die Erwerbstätigenquote genau 48 Prozent – bei den Menschen mit einem Grad der Behinderung von 90 und darüber nur noch 37 Prozent.

Sowohl bei Menschen mit als auch ohne Beeinträchtigungen ändert sich die Erwerbsbeteiligung mit dem Alter. In beiden Gruppen sind Personen im Alter von 30 bis 49 Jahren am häufigsten erwerbstätig. In der Altersgruppe der über 55-jährigen fällt bei den Menschen mit Beeinträchtigungen ein stärkerer Rückgang als in der Gruppe der Menschen ohne Beeinträchtigungen auf, was

8 Als „erster Arbeitsmarkt“ werden Arbeits- und Beschäftigungsverhältnisse verstanden, die im Unterschied zum „Zweiten Arbeitsmarkt“ ohne Maßnahmen der aktiven Arbeitsmarktpolitik zustande gekommen sind.

9 Während der Begriff der Behinderungen gemäß UN BRK die in sozialer, und gesundheitspolitischer Hinsicht auf Beeinträchtigungen basierende Chancenungleichheit abhebt (Wacker 2016: 1095), bezieht sich der Begriff der gesundheitlichen Beeinträchtigungen eher auf die körperlichen und mentalen Schäden, die als Anlässe für entsprechende Behinderungen zugrunde liegen.

10 Wenn nicht anders vermerkt, beziehen sich die Angaben in diesem Abschnitt auf die Daten des Dritten Teilhabeberichts (Maetzke et al. 2021).

eine höhere Quote an erwerbsgeminderten Personen bei den Menschen mit Beeinträchtigungen vermuten lässt (vgl. Abbildung 18).

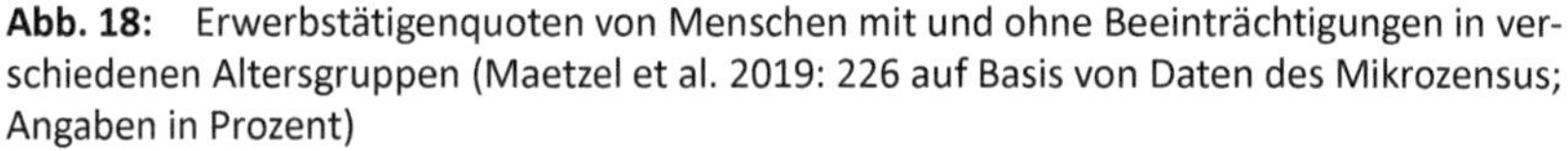
Abb. 18: Erwerbstätigenquoten von Menschen mit und ohne Beeinträchtigungen in verschiedenen Altersgruppen (Maetzel et al. 2019: 226 auf Basis von Daten des Mikrozensus; Angaben in Prozent)

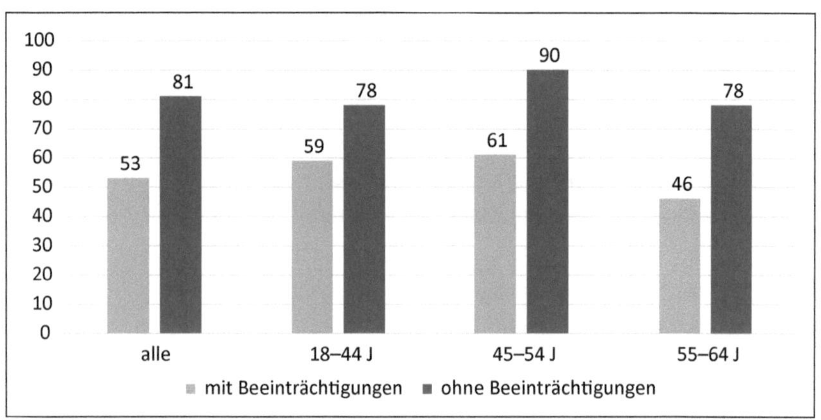

Im Zeitvergleich zwischen 2009 und 2017 zeigt sich, dass die Erwerbstätigenquote bei Menschen mit und ohne Beeinträchtigungen gleichermaßen um 5 % gestiegen ist. Allerdings war das Ausgangslevel, wie oben gezeigt, in beiden Gruppen sehr unterschiedlich, so dass mit Blick auf das Ziel einer Annäherung der Quoten noch erhebliches Potenzial besteht.

Bei Menschen mit Beeinträchtigungen betrug der Anteil der atypisch Beschäftigten im Jahr 2018 genau 28 %, bei Menschen ohne Beeinträchtigungen dagegen nur 22 %. Bei den atypischen Beschäftigungen von Menschen mit Beeinträchtigungen spielen Teilzeitverhältnisse, Minijobs, Zeitarbeit und befristete Verträge eine zentrale Rolle. Eine selbstständige Tätigkeit wird dagegen erheblich weniger häufig ausgeübt. Angesichts der in Abschnitt 3.6.2 beschriebenen, mit vielen Formen atypischer Beschäftigung verbundenen Anforderungen, dürften sich hieraus zusätzliche gesundheitliche Belastungen für die Betroffenen ergeben.

Ein weiterer Indikator für den Grad der Teilhabe von Menschen mit Beeinträchtigungen am Arbeitsmarkt sind die Bruttostundenlöhne. Tendenziell haben die Unterschiede zwischen den Einkommen von Menschen mit und ohne Beeinträchtigungen in den letzten Jahren abgenommen (vgl. Abbildung 19).

Abb. 19: Median der Bruttostundenlöhne von Erwerbstätigen in Voll- oder Teilzeit im Alter von 18 bis 64 Jahren (Maetzel et al. 2019: 239 auf Basis von Daten des SOEP)

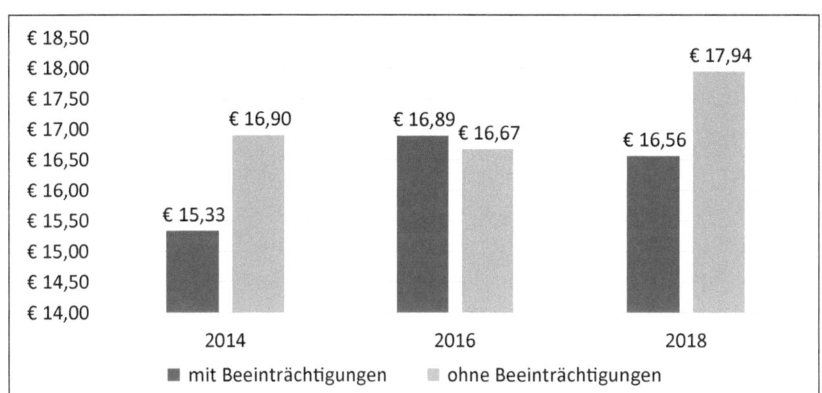

Dennoch können Menschen mit Beeinträchtigungen ihren Lebensunterhalt deutlich seltener aus dem eigenen Erwerbseinkommen bestreiten (44 %; Menschen ohne Beeinträchtigungen 76 %). Weitere Einkommensquellen sind vor allem Renten (29 %), Einkünfte der Familie und Arbeitslosengeld II (jeweils 8 %). In der Konsequenz lag die Armutsrisikoquote bei Menschen mit Beeinträchtigungen im Jahr 2017 bei etwa 18 %, während sie bei Menschen ohne Beeinträchtigungen 15 % betrug. Insofern ist kaum verwunderlich, dass sich Menschen mit Beeinträchtigungen häufiger große Sorgen (22 %) um ihre wirtschaftliche Situation als Menschen ohne Beeinträchtigungen (12 %). Auch die Zufriedenheit mit der Arbeit zeigt zwischen Menschen mit und ohne Beeinträchtigungen deutliche Unterschiede. Auf einer Skala von 0 (geringe Zufriedenheit) bis 10 (hohe Zufriedenheit) lagen die Werte bei Menschen mit Beeinträchtigungen im Schnitt bei 6,4, bei Menschen ohne Beeinträchtigungen bei 7,2 (Maetzel et al. 2021: 237).

3.5.3 „Inklusionsbrücken" zur Arbeitswelt

Der so genannte „zweite Arbeitsmarkt" unterscheidet sich vom ersten dadurch, dass dort Arbeitsplätze oder Beschäftigungsverhältnisse nur mithilfe von öffentlichen Fördermitteln geschaffen oder erhalten werden. Ohne die Maßnahmen der aktiven Arbeitsmarktpolitik wie Arbeitsbeschaffungsmaßnahmen oder finanzielle Zuschüsse könnten die Arbeitsplätze des zweiten Arbeitsmarktes nicht bestehen (Duden 2016).

Werkstätten: Typische Einrichtungen des zweiten Arbeitsmarktes sind u. a. Werkstätten für Menschen mit Behinderungen (WfbM) Sie bieten Menschen, die wegen Art oder Schwere der Behinderung (noch) nicht auf dem allgemeinen Arbeitsmarkt tätig sein können, eine angemessene berufliche Bildung und eine Beschäftigung. Die Arbeit in einer Werkstatt zielt darauf, die Leistungsfähigkeit der dort Beschäftigten zu entwickeln, zu erhöhen oder wiederzugewinnen und einen Übergang in den ersten Arbeitsmarkt zu ermöglichen. Gleichzeitig soll die WfbM so weit wie möglich wirtschaftliche Arbeitsergebnisse anstreben und einen möglichst großen Teil ihrer Kosten durch Arbeitserträge selbst aufbringen (BIH 2019). Werkstattbeschäftigte sind keine Arbeitnehmenden im eigentlichen Sinne, sondern Rehabilitand*innen mit sogenanntem „arbeitnehmerähnlich Rechtsstatus" (§ 221 SGB IX). Weil das in der WfbM ausgezahlte Entgelt nicht für den Lebensunterhalt ausreicht, sind sie meist von Leistungen der Grundsicherung abhängig (Karim 2021: 13). Im Arbeitsbereich der WfbM waren 2017 circa 288 500 Personen tätig. Wie Abbildung 20 zeigt, ist die Zahl der dort Beschäftigten in den letzten Jahren kontinuierlich gestiegen (Maetzel et al. 2021).

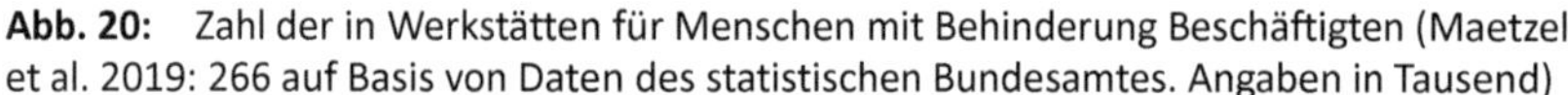

Abb. 20: Zahl der in Werkstätten für Menschen mit Behinderung Beschäftigten (Maetzel et al. 2019: 266 auf Basis von Daten des statistischen Bundesamtes. Angaben in Tausend)

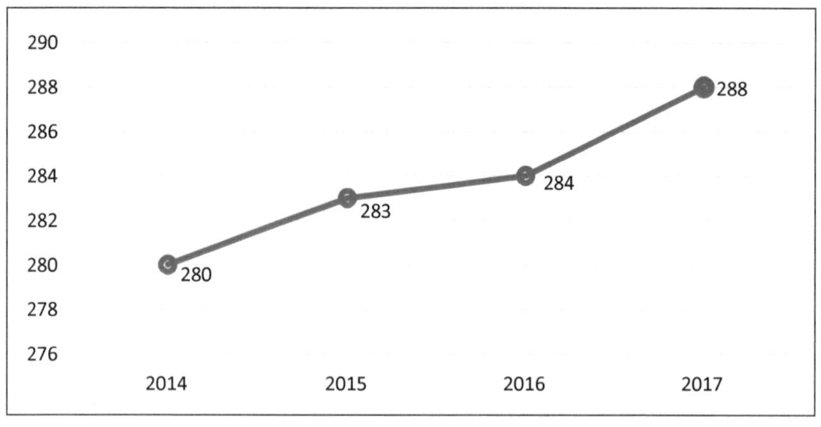

Obwohl der Hauptzweck von geschützten Werkstätten darin besteht, Menschen mit Behinderungen in den allgemeinen Arbeitsmarkt einzugliedern, gelingt dies nur in weniger als einem Prozent der Fälle. Den Grund dafür sieht Douglas (2021) in dem Umstand, dass die Anreizstrukturen konträr zu den bekundeten Zielsetzungen gelagert sind, denn wenn Werkstätten als gewinnorientierte Unternehmen betrieben werden und möglichst produktiv arbeiten müssen, führt dies dazu, dass die Werkstätten darauf angewiesen sind, die produktivsten Beschäftigten zu halten, anstatt sie für den ersten Arbeitsmarkt freizugeben.

Inklusionsbetriebe: Eine Alternative zur WfbM stellt für Beschäftigte mit höherem Leistungsniveau die Anstellung in so genannten „Inklusionsbetrieben" dar. Bei diesen handelt es sich um „rechtlich und wirtschaftlich selbstständige" (§ 215 SGB IX) Unternehmen oder Abteilungen in Unternehmen auf dem allgemeinen Arbeitsmarkt mit mindestens 30 und höchstens 50 Prozent Beschäftigten mit einer Schwerbehinderung. Als Ausgleich für den besonderen Aufwand, der mit der Neuschaffung von Arbeitsplätzen und der Beschäftigung hoher Anteile von Menschen mit Behinderungen verbunden ist, erhalten Inklusionsbetriebe eine pauschale, dauerhafte und garantierte Förderung in Form von Investitions- und Personalkostenzuschüssen (LVR 2022). Die Mitarbeitenden in Inklusionsbetrieben verfügen über den Arbeitnehmer*innenstatus, sind aber andererseits den ‚Widrigkeiten' des allgemeinen Arbeitsmarktes wie Konjunkturschwankungen und einer verstärkten Leistungsorientierung ausgesetzt. Verbunden mit einer kontinuierlichen Zunahme der geförderten Inklusionsbetriebe ist auch die Zahl der dort Beschäftigten – insbesondere derjenigen mit Schwerbehinderung – kontinuierlich gestiegen (vgl. Tabelle 5).

Tab. 5: Entwicklung der Inklusionsbetriebe sowie der dort Beschäftigten (Quelle: Maetzel 2021: 265)

	2014	**2015**	**2016**	**2017**	**2018**	**Anstieg von 2014 bis 2018 in %**
Zahl geförderter Betriebe	842	847	879	895	919	+9 %
Beschäftigte in Inklusionsbetrieben	23 993	25 937	25 935	27 727	29 313	+22 %
Beschäftigte mit Schwerbehinderung in Inklusionsbetrieben	11 052	11 443	11 959	12 965	13 038	+18 %

Unterstützte Beschäftigung: Form und Ziel der „unterstützten Beschäftigung (UB)“ sind in § 55 des 9. Sozialgesetzbuchs geregelt. Das Angebot gibt Menschen mit Behinderungen, die einen sozialversicherungspflichtigen Arbeitsplatz anstreben, die Möglichkeit, eine Tätigkeit auf dem Ersten Arbeitsmarkt zu erproben, bereitet sie auf ein sozialversicherungspflichtiges Beschäftigungsverhältnis vor und unterstützt sie vor Ort im Betrieb bei der Einarbeitung und Qualifizierung auf einem betrieblichen Arbeitsplatz. Die konkrete Ausgestaltung der „unterstützten Beschäftigung“ umfasst insbesondere den Ansatz des „job coaching“. Die so genannten Job Coaches sind Fachkräfte, die eine geeignete Berufsqualifikation, eine psychosoziale oder arbeitspädagogische Zusatzqualifikation und ausreichende Berufserfahrung besitzen. Sie initiieren Lernprozesse, leiten an, klären auf und gestalten die Kommunikation zwischen den Arbeitnehmenden mit Behinderungen, deren Kolleg*innen und Vorgesetzten. Viele Konfliktsituationen, die andernfalls zu einem Scheitern der Beschäftigung führen würden, lassen sich durch die Vermittlung der Job Coaches bewältigen und tragen so zum Erhalt der Arbeitsverhältnisse bei (vgl. Bungart 2017).

Wie eine Übersicht über einschlägige Studien u. a. aus dem angloamerikanischen Bereich zum dortigen Pendant der unterstützten Beschäftigung – dem Ansatz des „Supported Employment“ – zeigt, sind die Ergebnisse dieser Maßnahme insgesamt wesentlich besser als traditionelle Ansätze – sowohl was die Vermittlungsquote in dauerhafte Arbeitsverhältnisse anbelangt als auch mit Blick auf eine geringere Dauer der Phase der Arbeitssuche, längere Vertragsdauern, geringere Abbruchquoten und höhere Löhne. Allerdings zeigen die Untersuchungen auch, dass die Erfolgsquoten in hohem Maße von gesellschaftlichen Rahmenbedingungen, u. a. der Konjunktur oder dem jeweiligen Sozialleistungssystem abhängen (Oschimansky et al. 2018: 10 ff.).

Die Zahl der seitens der BA finanzierten Teilnehmenden an Programmen der UB bewegt sich seit 2012 auf einem konstanten Niveau und umfasst im Schnitt pro Jahr etwas über 3 000 Personen. Der größte Teil von ihnen ist unter 25 Jahre alt (bundesweit 68 %) und männlich (64 %). 56 Prozent der Teilnehmenden haben keinen Schulabschluss, weitere 31 % verfügen über einen Hauptschulabschluss (Oschimansky et al. 2018: 24 ff.).

3.5.4 Zwischenfazit zu Behinderung und Gesundheit im Arbeitsleben

Auch wenn mit Blick auf den mehrdimensionalen Einfluss einer Beschäftigung auf dem ersten Arbeitsmarkt eine zentrale Bedeutung für die Gesundheit von Menschen mit Behinderung zukommt, ist dennoch zu konstatieren, dass erwerbstätig zu sein in unserer Gesellschaft immer auch bedeutet, im Leistungswettbewerb zu stehen und mit psychischen, sozialen und physischen Gesundheitsbelastungen konfrontiert zu werden. Gerade bei vulnerablen Beschäftigtengruppen können diese leicht die Belastbarkeit übersteigen und sich schädigend auswirken. Andererseits sind Beschäftigungsverhältnisse auf dem zweiten Arbeitsmarkt zwar vor diesen „Zumutungen" geschützt, sie haben aber den Nachteil, dass sie das Ziel sozialer und gesellschaftlicher Inklusion nicht in adäquater Weise erreichen, vielfach werden sie sogar als exkludierend wahrgenommen (Karim 2021). Dieser Konflikt lässt sich keineswegs damit auflösen, dass WfbM in den Wettbewerb hineingenommen werden, indem sie verpflichtet werden, möglichst kostendeckend zu arbeiten. Wie gezeigt, verschärfen sich die Widersprüchlichkeiten dadurch und gehen zu Lasten der Betroffenen. Weitere Konzepte, wie z. B. die Förderung von Inklusionsbetrieben bis hin zum Ansatz der unterstützten Beschäftigung versuchen ebenfalls, diesen Spagat mit unterschiedlichem Erfolg zu meistern. An der grundlegenden Kritik, die sich aus den impliziten Widersprüchen der gegenwärtig verfassten Konstellation von Arbeit in einem von Wettbewerb und ständigen Wachstumszwängen geprägten System ergibt, kommen sie nicht vorbei.

3.6 Weitere Unterschiedsdimensionen im Kontext Arbeit

3.6.1 Bildungs- bzw. Ausbildungsstatus

Einen wesentlichen Einfluss auf das Erkrankungsgeschehen hat auch die Schul- bzw. Berufsausbildung der Beschäftigten. Bei den Arbeitsunfähigkeiten zeigt sich ein Muster dahingehend, dass die Krankenstände – von gewissen Schwankungen abgesehen – mit zunehmenden Niveau der Schul- bzw. Berufsausbildung abnehmen. Abbildung 21 (nächste Seite) illustriert diese Zusammenhänge anhand von Daten der Barmer für das Jahr 2020.

Der Fehlzeitenreport der AOK erläutert unter Bezugnahme auf weitere empirische Studien mögliche Gründe für diese Differenzen. Diese legen nahe, dass sich beispielsweise Akademiker*innen gesundheitsgerechter verhalten, aber auch, dass ihnen ein besserer Zugang zu Gesundheitsleistungen offensteht. Meist werden ihnen größere Handlungsspielräume und Gestaltungsmöglichkeiten bei ihrer beruflichen Tätigkeit eingeräumt und sie erfahren für die erbrachten beruflichen Leistungen ein höheres Maß an Gratifikationen und Aufstiegsmöglichkeiten. Bei bildungs- und einkommensschwächeren Gruppen

Abb. 21: Zahl der Arbeitsunfähigkeitstage je 100 Versicherte der BARMER im Jahr 2020 nach Ausbildungsabschluss (Datenquelle: Grobe/Braun 2021)

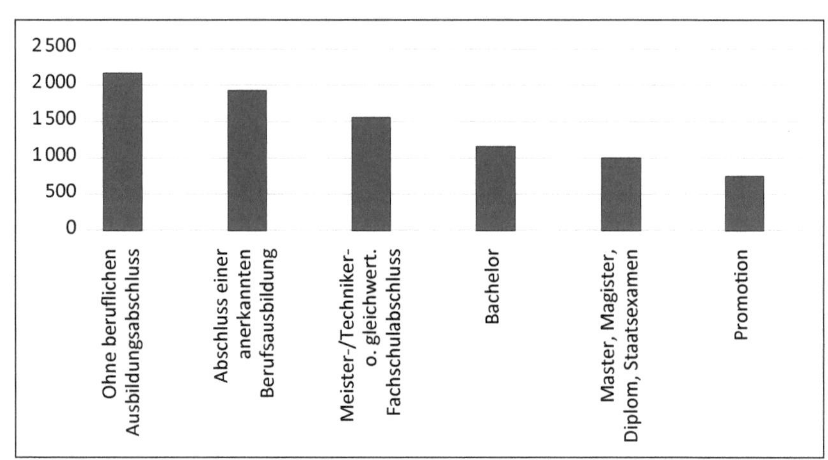

sind dagegen nicht nur gesundheitliche Risikofaktoren stärker und individuelle sowie lebensweltbezogene Ressourcen geringer ausgeprägt, ihre Tätigkeiten zeichnen sich im Vergleich zu qualifizierteren Beschäftigten in der Regel durch häufigere physiologisch-ergonomische Belastungen, eine höhere Unfallgefährdung und damit durch erhöhte Gesundheitskrisen aus (Meyer et al. 2021).

Auch im Hinblick auf die subjektive Gesundheit lassen sich Unterschiede zwischen den (Aus-)Bildungsgruppen erkennen. Nach den Ergebnissen der GEDA 2014/2015-EHIS-Studie stufen 77,9 % der Personen der hohen Bildungsgruppe ihren allgemeinen Gesundheitszustand als sehr gut oder gut ein, aber nur 56,5 % in der unteren Bildungsgruppe. In der mittleren Bildungsgruppe berichten 68,4 % einen sehr guten oder guten Gesundheitszustand. Der hier beschriebene Bildungsgradient zeigt sich bei Frauen und Männern gleichermaßen, wobei die Bildungsunterschiede in einigen Altersgruppen stärker zum Tragen kommen als in anderen (Lampert et al. 2018).

3.6.2 Vertrags- bzw. Beschäftigungsform

Wie bereits in Kapitel 2 ausgeführt, hat der Anteil der Erwerbstätigen in so genannten „atypischen Arbeitsverhältnisse“ seit den 1990er Jahren stark zugenommen. In diesem Zusammenhang wurde auch darauf hingewiesen, dass atypisch beschäftigte Personen zum Teil starken Belastungen ausgesetzt sind und – je nach Art der atypischen Beschäftigung – eine mehr oder weniger gute bzw. schlechte Gesundheit aufweisen. So berichten Personen, die in Leiharbeit, (Solo-)Selbständigkeit und Mehrfachbeschäftigung arbeiten, häufiger von gesundheitlichen – insbesondere psychischen – Beeinträchtigungen, als Erwerbstätige in einem Normalarbeitsverhältnis. Teilzeitbeschäftigte dagegen weisen eine bessere psychische Gesundheit auf. Bei befristeten Beschäftigungsverhältnissen ist die Forschungslage inkonsistent (Hünefeld 2016).

Meyer et al. (2021) stellen auf Basis der AOK-Arbeitsunfähigkeitsdaten fest, dass unbefristet Beschäftigte im Vergleich zu befristet Beschäftigten einen um 0,9 Prozentpunkte höheren Krankenstand aufweisen. Als Grund vermuten die Autor*innen, dass die Betroffenen in der Hoffnung auf eine Daueranstellung Abwesenheiten möglichst zu vermeiden suchen. Daneben ist aber auch zu bedenken, dass es zumeist jüngere Personen sind, die in befristeten Verträgen arbeiten und die biografische Kumulation krankheitsfördernder Belastungen hier noch nicht so stark greift. Im Geschlechtervergleich zeigt sich, dass teilzeitbeschäftigte Frauen – sowohl in befristeten wie unbefristeten Arbeitsverhältnissen – die höchsten Krankheitsraten aufweisen, was auf die Doppelbelastung von Beruf und Sorgearbeit zurückgeführt wird, zumal Frauen mit Familienaufgaben üblicherweise diejenigen sind, die eine Teilzeitbeschäftigung wählen (vgl. Abbildung 22).

Abb. 22: Arbeitsunfähigkeitstage je versichertem BKK-Mitglied im Jahr 2020 nach Vertragsart (Datenquelle: Rennert et al. 2021: 142)

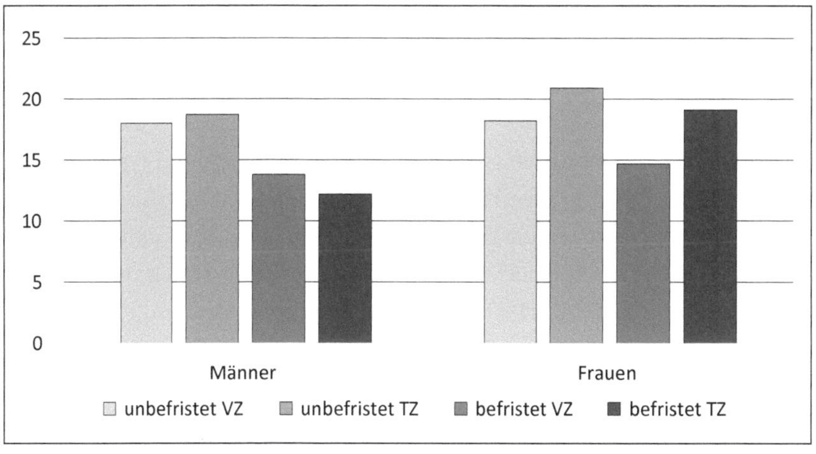

Aufschlussreich sind zudem die Vergleiche zwischen den im Rahmen von Arbeitnehmerüberlassung Beschäftigten mit denjenigen, die in so genannten Normalarbeitsverhältnissen beschäftigt sind. Die von Seiten des BKK-Dachverbandes vorgelegten Statistiken zeigen, dass Leiharbeitnehmende – unabhängig von der Geschlechtszugehörigkeit – höhere krankheitsbedingte Fehlzeiten aufweisen, was auf ein durchgehend höheres Belastungsniveau bei der Arbeit zurückgeführt wird (Rennert et al. 2021). Im Gegensatz dazu sind Zeitarbeitsbeschäftigte den Daten der AOK zufolge offenbar weniger krankgeschrieben als Beschäftigte in so genannten Normalarbeitsverhältnissen (Krankenstand 4,9 % bzw. 5,4 %). Eine mögliche Erklärung für dieses Phänomen wird darin gesucht, dass Zeitarbeiter eher bereit seien, krank zur Arbeit zu gehen, um die Chancen einer Weiterbeschäftigung nicht zu gefährden (Meyer et al. 2021).

Diese insgesamt sehr inkonsistenten Ergebnisse schränken die Möglichkeit, Aussagen über Belastungs-Beanspruchungstendenzen für bestimmte Arbeitsverhältnisse zu machen, erheblich ein. Dabei muss berücksichtigt werden, dass zahlreiche intervenierende Größen, wie z. B. Geschlecht, Alter, Migrationsstatus, Bildungsstand, Familienaufgaben, Einkommenssituation u. v. a. m. Einfluss auf gesundheitsbezogene Indikatoren nehmen, so dass weitere Forschung nötig ist, um kausale Zusammenhänge zu eruieren. Gleichwohl erscheint es sinnvoll, offensichtliche Benachteiligungsmerkmale, insbesondere fehlende soziale Absicherung, überlange Arbeitszeiten, geringe Entscheidungsspielräume oder unzureichende Gratifikationen zu erkennen und geeignete Maßnahmen zu ergreifen, um diese abzubauen.

3.6.3 Branchen- und Berufsgruppenzugehörigkeit

Auf den ersten Blick erscheint es plausibel, die aufgrund von branchenspezifischen sowie berufsgruppenspezifischen Belastungsfaktoren auftretenden Gesundheitsrisiken zu identifizieren und zum Gegenstand präventiver und gesundheitsfördernder Aktivitäten zu machen. Vor diesem Hintergrund weisen die Auswertungen der Arbeitsunfähigkeitsdaten der gesetzlichen Krankenkassen regelmäßig branchen- sowie berufsgruppenbezogene Vergleiche aus. Tabelle 6 (nächste Seite) stellt – bezogen auf die jeweiligen Kassen – diejenigen fünf Branchen zusammen, die jeweils die meisten Abwesenheitstage zeigten.

Die Zusammenstellung lässt einerseits die übereinstimmende Tendenz erkennen, dass bestimmte Berufe, wie z. B. Verkehr und Lagerei sowie das Führen von Bau- und Transportgeräten, aber auch Chemieberufe oder Berufe in der Metallerzeugung und -verarbeitung unter den Top-5 rangieren. Allerdings ist

Tab. 6: Berufsgruppenbezogene höchste Arbeitsunfähigkeitszeiten nach Kassen für das Berichtsjahr 2020 (Quellen: Grobe/Braun 2021; Meyer et al. 2021; Rennert et al. 2021: 132; TK 2021) (Abkürzungen: m = männlich; w = weiblich; Angaben in Klammern = Arbeitsunfähigkeitstage pro versicherter Person aus dieser Berufsgruppe im Jahr 2020; *= geschlechts-/altersstandardisiert)

	AOK	**Barmer**	**BKK***	**TK***
Position 1	Ver- und Entsorgung (31,7)	Verkehr, Lagerei (25,4)	Bau- und Transportgeräteführung (26,8)	Fahrzeug- und Transportgeräteführung (25,7)
Position 2	Industrielle Gießerei (31,3)	Chemie-Kunststoffverarbeitung (24,3)	Kunstsoffherstellung/-verarb. Holzverarb. (25,5)	Innenausbau (22,0)
Position 3	Straßen-/Tunnelwartung (30,9)	Bau-, Bauneben- und Holzberufe (23,8)	Rohstoffgewinnung, Keramik- und Glasverarb. (25,1)	Metallerzeugung/-bearbeitung, Metallbau (21,7)
Position 4	Bus-/Straßenbahnführung (30,4)	Metallberufe, Metallerzeugung (23,4)	Metallerzeugung/-bearbeitung (24,4)	Kunststoffherstellung/-verarbeitung, Holzbe-/-verarbeitung (21,3)
Position 5	Papierverarbeitung und Verpackung (28,9)	Textil-/Leder-/Bekleidung (21,7)	Innenausbau (24,3)	Schutz-, Sicherheits- und Überwachungsberufe (21,1)

die Reihenfolge der genannten Berufe zwischen den Kassen nicht konsistent, zumal zum Teil eine geschlechts- und altersstandardisierte Berechnung vorgenommen wurde, zum Teil aber auch nicht. Darüber hinaus weichen die Spitzenwerte erheblich voneinander ab. Die Gründe für diese Differenzen sind vielfältig und reichen von Unterschieden bei der Versichertenstruktur zwischen den Kassen über unterschiedliche Berufsgruppenschlüssel und -zuordnungen bis hin zu Differenzen in der demografischen Zusammensetzung der jeweiligen Berufsgruppen. Dennoch lässt sich als Fazit festhalten, dass Berufe, die von höheren physischen Belastungen betroffen und mit höheren Umgebungsbelastungen konfrontiert sind, kassenübergreifend auch höhere krankheitsbedingte Arbeitsunfähigkeitszeiten aufweisen.

3.6.4 Arbeitslosigkeit

Eine immer wieder getroffene Feststellung ist diejenige, dass arbeitslose Menschen deutlich erhöhte Erkrankungsraten aufweisen. Dies bestätigen auch die Fehlzeitenstatistiken der gesetzlichen Krankenkassen, die regelmäßig die Krankmeldungen von Arbeitslosengeld-I-(ALG-1-)Empfänger*innen enthalten. Tabelle 7 illustriert diesen Sachverhalt anhand der Arbeitsunfähigkeitstage von ALG-1-Empfänger*innen im Vergleich zu den durchschnittlich auf alle Versicherten der jeweiligen Krankenkasse bezogenen Arbeitsunfähigkeitstage für das Jahr 2019[11].

Tab. 7: Gegenüberstellung der durchschnittlichen Fehltage von ALG-1-Empfänger*innen und derjenigen aller Versicherten im Jahr 2019 (Angaben in Fehltage pro versicherter Person; Quellen: Grobe/Frerk 2020; Rennert et al. 2020; TK 2020)

	ALG-1-Empfänger*innen	Alle Versicherten
Barmer	26,4	18,2
BKK	36,1	18,4
TK Männer	35,6	13,8
TK Frauen	45,0	17,2

11 Aufgrund von pandemiebedingten Verzerrungen im Jahr 2020 wird hier auf die Daten des Jahres 2019 Bezug genommen.

Die erhöhten Werte sind vor allem darauf zurückzuführen, dass Arbeitslose zwar relativ selten, dann aber überdurchschnittlich sehr lange krankgeschrieben sind, was vermutlich damit zusammenhängt, dass kurzzeitige Erkrankungen bei Arbeitslosen seltener als bei Berufstätigen gemeldet werden (TK 2021). Für die hohe Zahl der Krankheitstage sind vor allem psychische und Muskel-Skelett-Erkrankungen ausschlaggebend. So stellt der BKK Gesundheitsreport für das Jahr 2019 fest, dass die AU-Tage aufgrund von psychischen Störungen im Vergleich zum Durchschnitt der bei dieser Kasse freiwillig versicherten Mitglieder um mehr als das Siebenfache erhöht sind, die Muskel-Skelett-Erkrankungen um das Vierfache (Rennert et al. 2020: 101).

Den gesundheitsschädigenden Effekt von Arbeitslosigkeitserfahrungen bestätigt darüber hinaus die GEDA-Befragung des RKI: Berechnungen mit den Querschnittsdaten dieser Studie aus den Jahren 2010 und 2012 zeigen für Männer und Frauen einen deutlichen Zusammenhang zwischen Arbeitslosigkeitserfahrungen innerhalb der letzten fünf Jahre vor dem Befragungszeitpunkt und der 12-Monats-Prävalenz einer diagnostizierten Depression. Nicht nur Personen mit einer Langzeit-Arbeitslosigkeitserfahrung – auch solche, die weniger als 12 Monate von einer Arbeitslosigkeit betroffen waren, berichten signifikant häufiger von einer diagnostizierten Depression (Lampert et al. 2017: 30).

3.7 Zwischenfazit zur gesundheitlichen Lage verschiedener Gruppen in der Arbeitswelt

Im vorliegenden Kapitel wurde eine Bestandsaufnahme zum arbeitsbedingten Gesundheitsstatus unterschiedlicher Gruppen vorgenommen. Dabei konnte gezeigt werden, dass sich sowohl Gesundheitsindikatoren wie auch die diese erzeugenden gesundheitsrelevanten Einflüsse aus der Arbeit je nach ausgewählter Gruppe systematisch unterscheiden, wobei aufgrund zahlreicher ineinander verwobener und interagierender Einflüsse kaum von einfachen Kausalzusammenhängen ausgegangen werden kann.

Die hier vollzogene Differenzierung nach ausgewählten Dimensionen geht zum einen mit dem Risiko einher, dass Differenzen, die eigentlich abgebaut werden sollen, besonders betont und damit rekonstruiert werden. Andererseits zeigen die Statistiken, dass die genannten Gruppen kollektiv bestimmte Auffälligkeiten aufweisen und es insofern notwendig ist, die dahinterstehenden, strukturellen Benachteiligungen zu identifizieren und anzugehen.

Die in Abschnitt 3.2 zusammengestellten Befunde zur arbeitsbedingten Gesundheit verschiedener Altersgruppen weisen erstens auf die Notwendigkeit hin, Gesundheit aus einer berufsbiografisch angelegten Gesamtperspektive zu betrachten und zweitens, ein konstruktives Generationenmanagement zu betreiben, das die Belange verschiedener Alterskohorten im Betrieb abwägt und zu einem Ausgleich führt. Die nach Geschlechtern differenzierende Datenlage zur Gesundheit bei der Arbeit (Abschnitt 3.3) lässt in vielerlei Hinsicht deutliche Unterschiede zwischen Männern und Frauen erkennen, deren Ursachen auf ein komplexes Zusammenwirken unterschiedlicher Einflüsse zurückzuführen ist. Traditionelle Rollenvorstellungen spielen dabei eine besondere Rolle. Neben einer allen Geschlechtern zugutekommenden Verbesserung von Arbeitsbedingungen, einem Ausgleich von Benachteiligungen und einem Abbau von Rollenstereotypen stehen künftige Programme einer geschlechterbezogenen Gesundheitsförderung in der Arbeit zudem vor der Herausforderung, von der bisher immer noch stark verbreiteten und in den vorliegenden Daten sichtbar werdenden binären Geschlechtstypologie abzukommen und Geschlechtervielfalt zu unterstützen.

Weiter zeigen die Daten vielfache strukturelle Benachteiligungen von Menschen mit Migrationserfahrung – gerade mit Blick auf Arbeitsbelastungen und deren negative Effekte für die Gesundheit (vgl. Abschnitt 3.4). Auch hier sind die Ursachen komplex und umfassen ein breites Spektrum interagierender Einflüsse. Wie verschiedene Untersuchungen zeigen, sind jedoch auch systematische Benachteiligungen keine Ausnahme (u.a. Beigang et al. 2017; Beutke/Kotzur 2015), so dass neben einer gezielten Unterstützung der gesellschaftlichen und beruflichen Integration die Sensibilität für Diskriminierung in allen Bereichen zu fördern und Benachteiligungen gezielt und konsequent abzubauen sind.

Mit Blick auf Beschäftigte mit Behinderungen weicht die Datenlage von den übrigen Darstellungen ab, indem weniger gesundheitsbezogene Indikatoren als vielmehr die Frage der Inklusion in die Arbeitswelt hier im Mittelpunkt steht. Entsprechende Aktivitäten sind mit dem Problem konfrontiert, dass auf der einen Seite eine gleichberechtigte Beschäftigung im ersten Arbeitsmarkt angestrebt wird, diese aber mit den Bedingungen der ständigen Leistungssteigerung und Wettbewerbsdynamik konfrontiert ist und daher – nicht nur Menschen mit Behinderungen – auch überfordern kann. Trotzdem zeigen Ansätze wie die ‚unterstützten Beschäftigung' oder Inklusionsbetriebe positive Resultate, die weiter untersucht und gefördert werden sollten.

Zu berücksichtigen ist weiter, dass die hier genannten Vielfaltsdimensionen gegenseitige Überlagerungen und Verwobenheiten aufweisen und im Sinne des Intersektionalitätsgedankens zur Verstärkung, aber auch zur Abschwächung von Benachteiligungen beitragen können. Darüber hinaus haben zahlreiche weitere – in Zusammenhang mit der Arbeit stehende – Größen, wie Bildungsstand, Vertrags- bzw. Beschäftigungsform, Brachen- und Berufszugehörigkeit oder Arbeitslosigkeit einen Einfluss auf die Gesundheit von Beschäftigten. Erkenntnisse dazu, welche Faktoren in welchem Maß und in welcher Weise dabei zusammenwirken, bedürfen noch erheblicher Forschungsaktivitäten.

Die Überlegungen in den folgenden beiden Kapiteln des vorliegenden Bandes stellen theoretische Ansätze zu Gesundheit (Kapitel 4) und zu Vielfalt (Kapitel 5) in der Arbeit dar. Gerade angesichts der vorliegend dargestellten, empirischen Erkenntnisse haben diese Theorien die Funktion ‚kognitiver Landkarten'. Als solche enthalten sie zum einen Erklärungen für das Zustandekommen von Unterschieden, zum anderen legen sie nahe, welche Anforderungen an Gesundheitsförderung und Prävention zugunsten der genannten Adressat*innengruppen zu stellen sind.

4. Theorien zur Bedeutung psychosozialer Arbeitseinwirkungen auf Gesundheit

4.1 Kapitelübersicht

Während zu Unfallgefahren sowie zu physischen Einwirkungen der Arbeit auf die Gesundheit von Beschäftigten eine Vielzahl an arbeitsmedizinischen Erkenntnissen existiert und diesbezüglich konkrete quantifizier- und damit überprüfbare Normvorgaben formuliert wurden, stellt sich die Frage nach den arbeitsbedingten psychischen und sozialen Einflüssen deutlich komplizierter dar. Weder lassen sich diese objektiv, d. h. ohne die Beteiligung der betroffenen Beschäftigten erfassen, noch können sie nach derzeitigem Forschungsstand quantifiziert oder anhand von Grenzwerten überwacht werden (vgl. Faller 2023b; c).

Zusätzlich zu den in Abschnitt 2.4 aufgeführten Einwirkungen, die die Gesundheit im Kontext der Arbeit beeinflussen können, richtet sich der Fokus im vorliegenden Kapitel auf mögliche Wirkungsmechanismen psychischer und psychosozialer Einwirkungen aus der Arbeit auf die Gesundheit. Mit Blick auf die Frage, in welcher Weise diese Wirkungszusammenhänge aussehen, existieren derzeit eine ganze Reihe theoretischer Überlegungen und empirischer Studien, die entsprechende Kausalbeziehungen postulieren. Dabei ist grundsätzlich zu unterscheiden zwischen Modellen, die generell das Verhältnis von arbeitsbezogenen Anforderungen und ihre Wirkungen auf Gesundheit thematisieren (nachfolgend Rahmenmodelle genannt) und solchen, die spezifische Merkmale der Arbeit und deren Einflüsse auf Gesundheit thematisieren. Zu den Rahmenmodellen zählen insbesondere das Systemkonzept nach TRBS 1151 (Ausschuss für Betriebssicherheit 2015) sowie das Belastungs-Beanspruchungsmodell nach Rohmert (1984). Nachfolgend werden zunächst die beiden Rahmenmodelle erläutert, bevor im Anschluss ausgewählte inhaltliche Theorieansätze zum Zusammenhang von Arbeit und Gesundheit diskutiert werden.

4.2 Rahmentheorien zum Verhältnis von Arbeit und Gesundheit

4.2.1 Das Konzept des Arbeitssystems

Dieses Modell bildet einen Erklärungsrahmen für die Entstehung negativer gesundheitlicher Beanspruchungsfolgen, die aufgrund physischer und psychischer Belastungen der Beschäftigten entstehen. Diese Belastungen können von der Arbeitsumgebung oder Arbeitsgegenständen ausgehen, an denen Tätigkeiten mit Arbeitsmitteln durchgeführt werden (vgl. Abbildung 23).

Abb. 23: Das Arbeitssystem (eigene Darstellung in Anlehnung an den Ausschuss für Betriebssicherheit 2015: 4 f.)

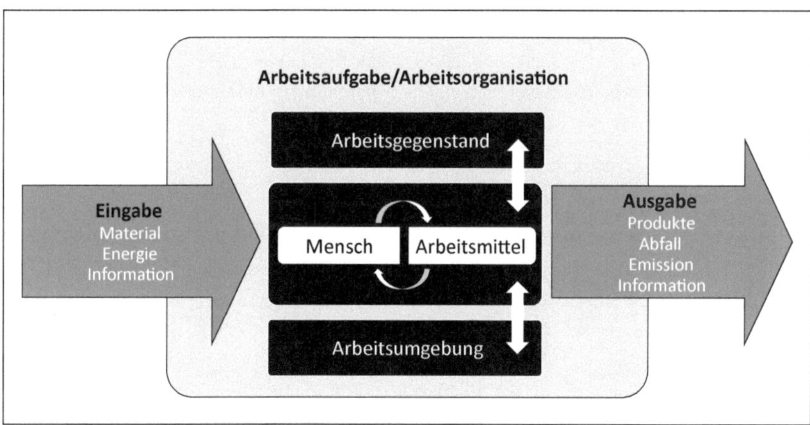

Grundlegend in diesem Modell ist der Begriff des Arbeitssystems. Dieser Terminus beschreibt „das Zusammenwirken eines einzelnen oder mehrerer Benutzer mit den Arbeitsmitteln, um die Funktion des Systems innerhalb der Arbeitsumgebung unter den durch die Arbeitsaufgaben vorgegebenen Bedingungen zu erfüllen“ (Ausschuss für Betriebssicherheit 2015: 3). Arbeitssysteme dienen also der Erfüllung von Arbeitsaufgaben, wobei Mensch und Arbeitsmittel (z. B. Maschine, Tastatur) unter den jeweiligen Umwelteinflüssen zusammenwirken. Die Arbeitsaufgabe bestimmt dabei den Zweck eines Arbeitssystems und bringt Mensch und Arbeitsmittel innerhalb der räumlichen Umgebung (z. B. Arbeitsplatz) zielgerichtet zusammen (Miesner et al. 2022). Zu den Umwelteinflüssen, die auf das Arbeitssystem einwirken, zählen nicht nur physikalische Faktoren, wie z. B. Lärm, Beleuchtung, Klima, sondern auch formelle Merkmale der Organisation wie definierte Arbeitsabläufe, Organisationsstrukturen und Hierarchien ebenso wie informelle soziale und kulturelle Einflüsse – etwa das Betriebsklima oder unausgesprochene Regeln des Umgangs zwischen den Mitgliedern der Organisation. Schließlich wird das Arbeitssystem von den „Eingaben“ bestimmt, die für die Erledigung der Arbeitsaufgabe notwendig sind, wie Material, Energie oder Informationen.

Ziel des Konzepts ist es, die Wechselwirkungen zwischen dem Menschen und den anderen Elementen innerhalb des Arbeitssystems aufzuzeigen, um so eine Grundlage zu schaffen, anhand derer der Kontext der menschlichen Arbeit systematisch erfasst und Belastungspotenziale identifiziert werden können. In Ergänzung zur vorherigen Darstellung illustriert Abbildung 24 die auf die Arbeitsaufgabe weiter einwirkenden formellen und informellen Faktoren der Organisation.

Abb. 24: Ebenen des Arbeitssystems (eigene Darstellung in Anlehnung an Miesner et al. 2022)

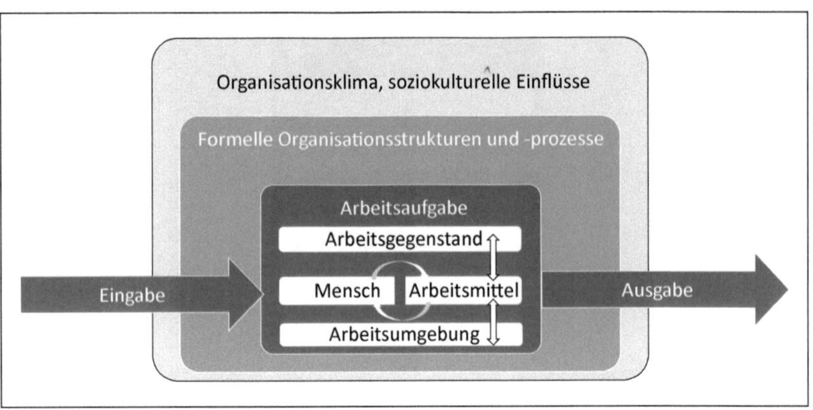

Die in diesem Modell zum Ausdruck kommende Auffassung, dass alle für die Gesundheit von Beschäftigten relevanten Einflüsse inklusive der informellen bzw. kulturellen Faktoren erfasst und zielorientiert gestaltet werden können, ist aus Sicht einer systemischen Herangehensweise in Frage zu stellen. Kultur in einer Organisation wird hier eher als ein Phänomen aufgefasst, das sich evolutionär entwickelt und auf meist nicht bewussten Regeln basiert. Diese kulturellen Regeln werden als so selbstverständlich vorausgesetzt, dass sie erst wahrgenommen werden, wenn sie verletzt werden, oder wenn sie von außenstehenden Beobachter*innen (Organisationsberater*innen) expliziert werden

(Simon 2009: 96 f.). Daher sind systemische Interventionskonzepte darauf gerichtet, das (sprachliche) Interaktionsverhalten der Organisationsmitglieder zu beobachten und als Basis für die Erkundung und Bewusstmachung der Organisationskultur und der Auseinandersetzung mit allen Systembeteiligten über dieses Interaktionsverhalten zu nutzen (Baitsch/Nagel 2014: 283).

4.2.2 Das Belastungs-Beanspruchungs-Konzept

Das Belastungs-Beanspruchungs-Konzept nach Rohmert (1984) ist mit der DIN EN ISO 26800 in die Normung zur Ergonomie aufgenommen worden. Es basiert auf einer Analogie zur technischen Mechanik und formuliert Belastung und Beanspruchung als Ursache-Wirkungs-Beziehung (Richter/Schütte 2017: 123). Der technischen Metapher zufolge besteht die Belastung in dem Druck, der auf das Material (z. B. eine Blechplatte) einwirkt, während unter der Beanspruchung die Wirkungen (Durchbiegung, Bruch) verstanden werden, die sich beim Material infolge der Belastung manifestieren (vgl. Abbildung 25).

Abb. 25: Belastung und Beanspruchung am Beispiel der Blechbiegeprobe (eigene Darstellung in Anlehnung an Richter/Schütte 2017: 124)

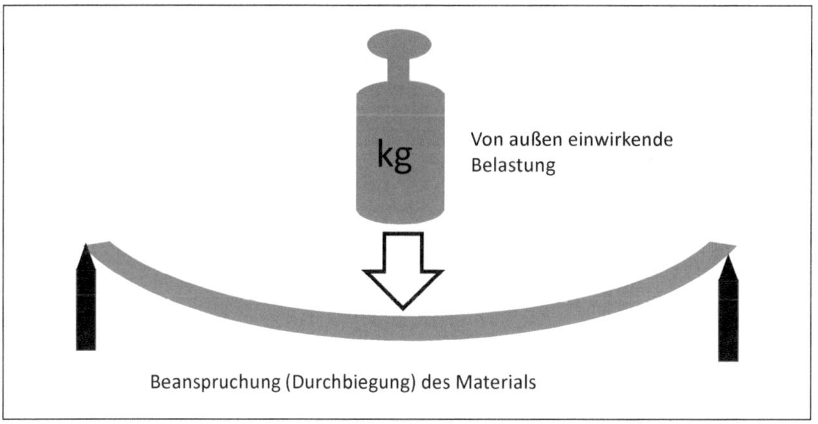

In Übertragung dieses Denkmodells auf die Arbeitssituation von Menschen wird davon ausgegangen, dass Belastungen in der Arbeit auf den arbeitenden Menschen einwirken und zu bestimmten Beanspruchungen führen. Die Frage, ob diese Beanspruchungen schädlich sind, oder nicht, hängt von der

Ressourcenausstattung des/der Betroffenen ab. Die objektiv gleiche Belastung kann sich also interindividuell verschieden auswirken. Darüber hinaus können gleiche Belastungen bei derselben Person verschiedene Beanspruchungen zur Folge haben, je nachdem, inwieweit die dazwischenliegende Zeit die Voraussetzungen bei dem/der Betroffenen verändert hat. Eine negative Rolle können hier beispielsweise Ermüdungseffekte spielen, in positiver Hinsicht können Übungseffekte eintreten.

Die aus den Beanspruchungen resultierenden Wirkungen auf die Gesundheit werden Beanspruchungsfolgen genannt. Es wird zwischen kurz- und langfristigen Folgen unterschieden, beide können positiv oder negativ für die Gesundheit sein.

Abbildung 26 stellt die dem Modell zugrundeliegenden Annahmen in Anlehnung an eine Abbildung von Joiko et al. (2010: 11) schematisch dar.

Abb. 26: Belastungs-Beanspruchungsmodell (eigene Darstellung in Anlehnung an Joiko et al. 2010: 19)

Psychische Belastung: Gesamtheit aller erfassbaren Einflüsse, die von außen auf einen Menschen zukommen und diesen psychisch beeinflussen.

Voraussetzungen bei der betroffenen Person

Psychische Beanspruchung
Unmittelbare Auswirkung der psychischen Belastung im Individuum in Abhängigkeit von seinem aktuellen Zustand und seinen jeweiligen Voraussetzungen, einschließlich seiner individuellen Bewältigungsstrategien.

Langfristige Folgen

Kompetenzentwicklung, Persönlichkeitsentwicklung, Wohlbefinden, Gesundheit	psychosomatische Störungen, Erkrankungen, Burnout, Fehlzeiten, Fluktuation

Rückkopplung der Effekte auf die Voraussetzungen (positiv und negativ)

Richter und Schütte (2017: 125) empfehlen in Anlehnung an Richter und Hacker (1998: 32), bei der Analyse der Belastungen zwischen solchen, die aus dem Arbeitsauftrag resultieren und denjenigen, die die Ausführungsbedingungen betreffen, zu differenzieren. Belastungsarten im Zusammenhang mit dem Arbeitsauftrag sind beispielsweise körperliche, psychische oder soziale Anforderungen, während zu den Ausführungsbedingungen sowohl technisch erfass- und messbare Einwirkungen als auch psychosoziale Umwelteinflüsse gegenüberstehen. Die Erfassung letzterer erfolgt mithilfe sozialwissenschaftlicher Methoden.

Positiv an dem Modell ist – ebenso wie an dem Modell des Arbeitssystems – die Anwendbarkeit auf zahlreiche Arbeitskonstellationen mit unterschiedlichsten Anforderungen. Kritisiert werden dagegen die – in der Praxis schwer durchzuhaltenden – Begriffsverwendungen, denen zufolge „Belastung" neutral und nicht negativ definiert ist. Auch die passive Rolle, die Individuen dem Modell zufolge in Belastungssituationen zugeschrieben wird, erscheint unrealistisch. Menschen setzen sich durchaus aktiv mit Belastungen und Beanspruchungen auseinander und nehmen Einfluss darauf (Richter/Schütte 2017: 128).

Sowohl das Modell des Arbeitssystems als auch das Belastungs-Beanspruchungs-Konzept eignen sich als Denk- und Analysemodelle, wenn es grundsätzlich darum geht, Kausalzusammenhänge in Arbeitskonstellationen zu konzeptualisieren. Die Modelle machen jedoch weder inhaltliche Aussagen zu konkreten Belastungsfaktoren noch dazu, wie vorgegangen werden sollte, um gesundheitsschädliche Beanspruchungen zu vermindern. Aus diesem Grund sind weitere Modelle notwendig, die diese Aspekte konzeptualisieren. Die nachfolgenden Abschnitte stellen eine Auswahl an Modellen vor, die mit Bezug auf Diversity und Gesundheit Aussagen zur Bedeutung und Wirkung konkreter Belastungsfaktoren in der Arbeit machen.

4.3 Themenspezifische Theorien

4.3.1 Anforderungen und Handlungsspielräume bei der Arbeit

Das Anforderungs-Kontroll-Modell (in der englischen Originalbezeichnung „Demand-Control-Model") wurde erstmals von Robert Karasek (1979) veröffentlicht. Im Mittelpunkt des Modells steht die Frage, inwieweit psychosoziale Einflüsse aus der Arbeit zu Beanspruchungsreaktionen bei den betroffenen Beschäftigten führen. Mit dem Terminus „psychische Belastung" wird in diesem Modell die Gesamtheit der Stressoren und der individuellen Bewältigungsmuster definiert. Das Modell setzt die beiden Dimensionen „Handlungsspielraum (Control)" und „Anforderungen (Demand)" in ein Verhältnis zueinander. Die Kombination aus geringen und hohen Ausprägungen in beiden Dimensionen führt in einer Vier-Felder-Tafel zu vier verschiedenen Stressleveln (vgl. Abbildung 27).

Abb. 27: Grundaussagen des Demand-Control-Modells (eigene Darstellung in Anlehnung an Karasek 1979; eigene Übersetzung)

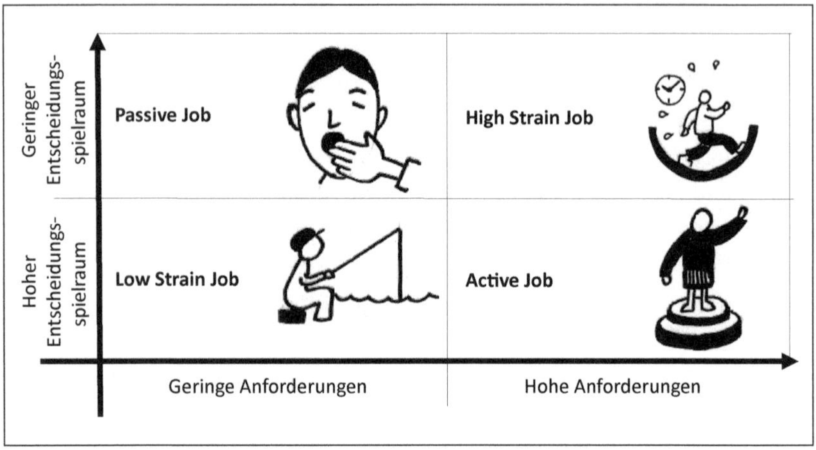

	Geringe Anforderungen	Hohe Anforderungen
Geringer Entscheidungs-spielraum	Passive Job	High Strain Job
Hoher Entscheidungs-spielraum	Low Strain Job	Active Job

Die zentrale Aussage des Modells besteht darin, dass eine Kombination aus hohen psychischen Anforderungen und geringen Handlungs- und Entscheidungsspielräumen zu Gesundheitsbeeinträchtigungen führt. Eine solche Konstellation wird als „Job Strain" bezeichnet. Sind dagegen hohe Anforderungen mit umfassenden Handlungsspielräumen verbunden, kann dies sogar zur Verringerung gesundheitlicher Risiken führen. Auch die übrigen Belastungskonstellationen (geringe Anforderungen in Verbindung mit hohen bzw. geringen Handlungsspielräumen) sind nicht mit gesundheitlichen Risiken assoziiert (vgl. auch Peter 2017).

Der im Modell postulierte Zusammenhang von Anforderungen und Handlungs- und Entscheidungsspielräumen wurde vielfach empirisch untersucht und bestätigt. Von Karasek et al. (1998) liegt ein, auf dem Modell basierender Fragebogen vor, mit dem die in Tabelle 8 aufgeführten Merkmale erhoben werden können. Die Kombination der in der Tabelle abgebildeten Dimensionen ermöglicht es, das Ausmaß des Job Strains einer Tätigkeit zu berechnen (zur weiteren Vertiefung vgl. Peter 2017).

In den 80er Jahren wurde das Modell um eine dritte Dimension – sie soziale Unterstützung bei der Arbeit – ergänzt (vgl. Johnson/Hall 1988; Johnson et al. 1989). Umfassende empirische Studien zeigen, dass Job Strain durch soziale Unterstützung von Seiten Vorgesetzter und Kolleg*innen die gesundheitsschädigende Wirkung von Job Strain abmildern kann (vgl. Abbildung 28).

Tab. 8: Items zur Erfassung von Demand und Control (Karasek et al. 1998; die mit * gekennzeichneten Items sind umgekehrt skaliert)

Anforderungen/Demands	Kontrolle/Control	
	Ermessensspielraum/skill discretion	**Entscheidungsbefugnis/ decision authority**
• work fast • work hard • not excessive work* • sufficient time* • no conflicting demands*	• learn new things • repetitive work* • requires creative • high skill level • variety • develop own ability	• allow own decisions • little decision freedom* • lot of say

Abb. 28: Demand-Control-Support-Modell (eigene Darstellung in Anlehnung an Johnson/Hall 1988: 1336; eigene Übersetzung)

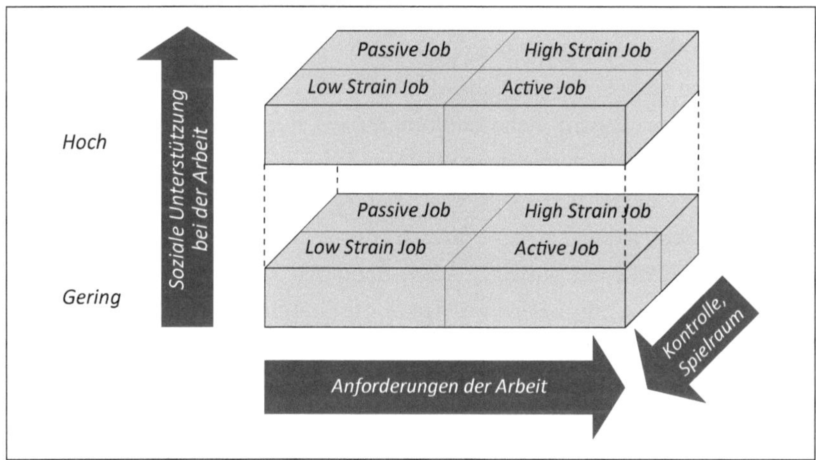

Das Job-Demand-Control (Support-)Modell wurde zwischenzeitlich in einer umfassenden Zahl an Studien bestätigt, so dass die hier postulierten Zusammenhänge als gesichert gelten können. Kritisiert wird am Demand-Control-Modell, das seine Gültigkeit vor allem bei Tätigkeiten mit geringer Qualifikation nachgewiesen werden konnte, während es bei höher qualifizierten Beschäftigten oder Führungskräften nicht so gute Vorhersagen trifft.

Für die Praxis der Prävention und Gesundheitsförderung in der Arbeit macht das Modell deutlich, dass die Einrichtung von Handlungs- und Entscheidungsspielräumen bei der Arbeit sowie die Ermöglichung und Förderung sozialer Unterstützung von Vorgesetzten und Kolleg*innen zu den wichtigsten Ansatzpunkten einer salutogenen Arbeitsgestaltung zählen. Wie Kapitel 3 dieses Bandes jedoch auch gezeigt hat, gibt es – in Abhängigkeit von einzelnen Dimensionen der Vielfalt – durchaus Unterschiede bei der Ausprägung der im Demand-Control-Modell enthaltenen Dimensionen. Aus diesen Erkenntnissen lassen sich Impulse dahingehend ableiten, welche Ziele zugunsten einer diversitygerechten und gesundheitsfördernden Arbeitsgestaltung angegangen werden sollten.

4.3.2 Gratifikationen und Gratifikationskrisen bei der Arbeit

Das Modell beruflicher Gratifikationskrisen (englisch Effort-Reward-Imbalance-Model) geht auf den Soziologen Johannes Siegrist (1996) zurück. Ebenso wie das Demand-Control-Modell geht es von zwei Dimensionen aus, die in der Arbeitswelt eine zentrale Rolle für die Aufrechterhaltung der Gesundheit von Beschäftigten spielen. Die in diesem Modell im Fokus stehenden Dimensionen sind Verausgabungen (z. B. Zeitdruck, körperlich anstrengende Arbeit, widersprüchliche Arbeitsanforderungen u. a. m.) auf der einen Seite und die für diese Verausgabungen erhaltene Belohnung auf der anderen Seite. Siegrist unterscheidet drei Arten von Belohnungen: Lohn/Gehalt, Wertschätzung und Statuskontrolle (mit letzterer sind Arbeitsplatzsicherheit sowie Aufstiegsmöglichkeiten gemeint). Wie Abbildung 29 (nächste Seite) deutlich macht, entstehen dem Modell zufolge dann Gesundheitsschäden, wenn die Gratifikationen nicht mit der Verausgabung der Betroffenen im Gleichgewicht stehen. Neben externalen (z. B. betrieblichen Strukturen, die Anerkennung für geleistete Arbeit verweigern oder Verausgabung schlicht ignoriert wird) betont Siegrist, dass es bei einzelnen Personen auch eine überzogene Verausgabungsneigung im Sinne einer psychologischen Ursache für ein Effort-Reward-Ungleichgewicht gibt (z. B. zwanghafte Selbstüberforderung, übersteigertes Bedürfnis nach Anerkennung).

Zur empirischen Erfassung zum Effort-Reward-Modell liegt ebenfalls ein entsprechender Fragebogen vor. Dieser misst die drei Subskalen Verausgabung, Belohnung und die Verausgabungsneigung, wobei zur Erfassung eines Ungleichgewichts die Dimensionen ins Verhältnis zueinander gesetzt werden (zur Vertiefung vgl. Peter 2017: 116 f.).

Auch das Effort-Reward-Modell wurde in zahlreichen Studien überprüft, so dass die Dimension „Anerkennung/Belohnung bei der Arbeit“ ebenso wie diejenigen zum Handlungsspielraum und zur sozialen Unterstützung bei der

Abb. 29: Modell beruflicher Gratifikationskrisen (eigene Darstellung in Anlehnung an Siegrist 1996: 99)

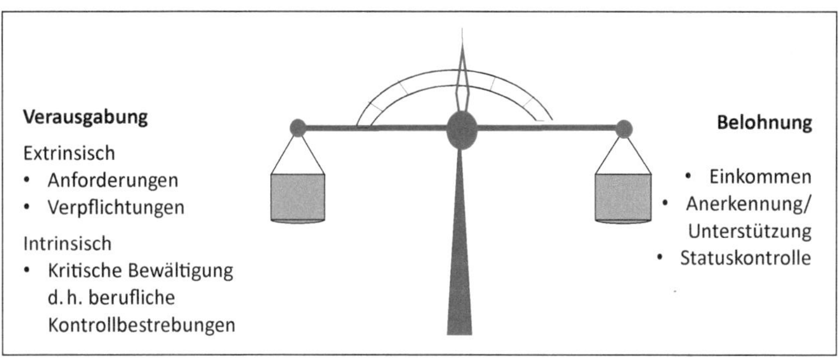

Arbeit empirisch als gesichert gelten können. Da die beiden Modelle jeweils unterschiedliche Aspekte beruflicher Belastungen messen, wird zur Vorhersage gesundheitlicher Risiken eine Kombination aus beiden Modellen empfohlen (Peter et al. 2002). Ebenso wie das Verhältnis von Anforderungen und Kontrolle ist auch das Vorhandensein von Gratifikationen sowie aus deren Fehlen resultierende Krisen je nach Beschäftigtenkollektiv unterschiedlich verteilt. Auch aus diesen Unterschieden lassen sich Impulse für die Zielsetzungen eines diversityorientierten betrieblichen Gesundheitsmanagements ableiten.

4.3.3 Sozialkapital im Betrieb

Das Konzept des Sozialkapitals beschreibt das Phänomen, dass sich zwischen Menschen Netzwerke ausbilden, welche Normen und gegenseitiges Vertrauen hervorbringen und dadurch ein koordiniertes Zusammenwirken möglich wird. In der Literatur lassen sich mindestens zwei grundlegende Verständnisansätze unterscheiden: Während die eine Richtung den Fokus auf die einzelne Person und deren Vor- und Nachteile durch die Verfügbarkeit sozialer Netzwerke richtet, interpretiert die andere den Terminus als kollektives Merkmal, das über die Ebene des Individuums hinausgeht und eine emergente Qualität gewinnt. Übergreifende Ansätze versuchen, Sozialkapital als Mehrebenenkonzept zu verstehen, das auf den Ebenen Individuum (Normen und soziales Engagement), Nachbarschaften (Mesoebene) und Gesellschaft (Makroebene) angesiedelt sein kann (Knesebeck 2020). Inhaltlich wird das Konzept von verschiedenen wissenschaftlichen Disziplinen bearbeitet: Beispielsweise werden aus ökonomischer Sicht positive Effekte von Sozialkapital auf den wirtschaftlichen Erfolg von Betrieben betont. Die Politologie untersucht Effekte des sozialen Kapitals auf die gesellschaftliche Stabilität, während sich das gesundheitswissenschaftliche Interesse auf die (positiven) Folgen für die Gesundheit richtet (Gefken 2012).

Empirische Studien lassen Anhaltspunkte dafür erkennen, dass Sozialkapital gesundheitsfördernde Wirkung entfalten kann. Nachweise, dass Menschen, die in soziale Netzwerke eingebettet sind, ein geringeres Krankheitsrisiko aufweisen, als Personen mit wenig Sozialkontakten gibt es spätestens seit den 80er Jahren (insbesondere House et al. 1988). Bezogen auf die gesellschaftliche Ebene hat der Soziologe Emile Durkheim bereits im 19. Jahrhundert darauf hingewiesen, dass soziale Integration und Kohäsion die Mortalität beeinflussen. Als spätere – mit dem eigentlichen Terminus des Sozialkapitals bezeichnete – Ansätze werden immer wieder die Arbeiten von Pierre Bourdieu, James Coleman und Robert Putnam hervorgehoben (vgl. hierzu Fuchs 2017; Kroll/Lampert 2007). In jüngerer Zeit haben umfangreiche Studien von Berkman, Kawachi und Kolleg*innen bestätigt, dass soziale Netzwerke auf verschiedenen Ebenen gesundheitsförderlich bzw. morbiditätsprotektiv wirken und sie haben Überlegungen zu den damit verbundenen Wirkungspfaden angestellt (vgl. Berkman/Kawachi 2000). Ferner betonen Richard Wilkinson und Kolleg*innen (z. B. Wilkinson 1996; Wilkinson/Pickett 2010), dass soziale Ungleichheit die Gesundheit der gesamten Bevölkerung negativ beeinflusst, weil sie Vertrauen zerstört und Stress verstärkt. In Deutschland wurde die Vermutung der gesundheitlichen Wirkung des Sozialkapitals beispielsweise 2007 durch das RKI auf Grundlage der Daten des Sozioökonomischen Panels bestätigt (Kroll/Lampert 2007).

Die Wirkungspfade von Sozialkapital scheinen auf der individuellen Ebene andere zu sein als auf der Kollektivebene: Während Sozialkapital auf der Ebene von Gemeinschaften durch das bessere Sozialklima stressreduzierend wirkt, wird auf der Individualebene von Effekten sozialer Kontrolle auf das Gesundheitsverhalten ausgegangen (Kroll/Lampert 2007).

Für den betrieblichen Kontext wurde der Sozialkapitalansatz vor allem durch die Arbeiten der Bielefelder Forscher*innen um Badura fruchtbar gemacht. Dieser Ansatz wurde in den Jahren 2006 und 2007 auf der Basis empirischer Untersuchungen mit 3 200 Befragten entwickelt und bestätigt die positive Wirkung des Sozialkapitals für die Gesundheit von Beschäftigten. Wie Tabelle 9 deutlich macht, umfasst das Bielefelder Konzept drei Ebenen des Sozialkapitals (vgl. Badura et al. 2008; Fuchs 2017; Rixgens 2009; Ueberle 2013).

Tab. 9: Ebenen des Bielefelder Sozialkapitalansatzes

Begriff/Ebene	Erläuterung	Manifestationen
Netzwerkkapital (Teamebene)	Qualität der sozialen Beziehungen, gegenseitiges Vertrauen innerhalb einer Mikrogruppe persönlich bekannter Menschen auf gleicher Hierarchieebene	Zusammengehörigkeitsgefühl; empfundene gegenseitige handlungspraktische Hilfeleistung; als angemessen empfundene Kommunikationskultur; subjektives Gefühl der Eingebundenheit in eine Gruppe
Führungskapital (Führungsebene)	Qualität der Beziehungen der Mitarbeitenden zu Ihren Vorgesetzten	Ausmaß an Fairness und Gerechtigkeit; Grad der Mitarbeiter- bzw. Machtorientierung der Führungskräfte; Akzeptanz der Vorgesetzten in der Belegschaft
Wertekapital (Unternehmensebene)	Implizite gemeinsame Normen und Werte im Unternehmen, die eine reibungslose Zusammenarbeit ermöglichen	Im betrieblichen Alltag erfahrene gemeinsame Werte und Normen; erlebte Gerechtigkeit und Kohäsion im Betrieb; generelle Wertschätzung der Mitarbeitenden im Unternehmen

Der im Rahmen der Bielefelder Unternehmensstudien entwickelte Fragebogen umfasst 30 Items und weist eine insgesamt gute Testqualität aus (Rixgens 2009: 270). Auch spätere nationale und internationale Untersuchungen unterstützen die Annahme, dass Sozialkapital in Organisationen ein bedeutender Einflussfaktor auf die Gesundheit und das Wohlbefinden der Beschäftigten darstellt (z. B. Clausen et al. 2020; Firouzbakht 2018; Gauggel 2011; Hori et al. 2019; Inoue et al. 2020; Murayama et al. 2020).

4.3.4 Arbeitsanforderungen, Ressourcen und deren Zusammenwirken

Während sich die bisher dargestellten Modelle auf einzelne arbeitsbezogene Merkmale konzentrieren, versucht das Job-Demands-Resources-(JD-R-)Modell, mehrere anforderungs- sowie Ressourcenfaktoren in ein gemeinsames Modell zu integrieren. Es liefert Erklärungen, in welcher Weise sich Arbeitsanforderungen bzw. -ressourcen sowohl eigenständig als auch in Wechselwirkung miteinander auf die Gesundheit von Beschäftigten sowie auf weitere Ergebnisfaktoren auswirken. Im Fokus des Modells stehen vor allem Überlegungen zur Entstehung von Burnout bzw. Arbeitsengagement (als Antipode zum Burnout). Später wurde das Modell auch im Hinblick auf weitere Effekte wie z. B. den Krankenstand angewendet (Meyer/Allen 1991). Das Modell geht davon aus, dass sich die – für das Entstehen von Burnout maßgeblichen – Risikofaktoren den zwei Kategorien Arbeitsanforderungen und Arbeitsressourcen zuordnen lassen. Deren nähere Charakterisierung enthält Tabelle 10.

Tab. 10: Begriffsverständnis von Arbeitsanforderungen und Arbeitsressourcen (Quelle: Demerouti/Nachreiner 2019)

Kategorie	Arbeitsanforderungen	Arbeitsressourcen
Erläuterung	physische, psychische, soziale und organisatorische Aspekte der Arbeit, die mit einer, in der Regel länger andauernden, physischen und/oder psychischen Anspannung einher gehen und demzufolge bestimmte physiologische und/oder psychischen Kosten verursachen	physische, psychische, soziale und organisatorische Arbeitsbedingungen, die (1) funktional für das Erreichen der arbeitsbezogenen Ziele sind, (2) Arbeitsanforderungen und damit zusammenhängende physische und psychische Kosten reduzieren und (3) persönliches Wachstum und persönliche Entwicklung stimulieren
Beispiele	hohe zeitliche und inhaltliche Anforderungen (erlebbar als „Arbeitsdruck"), eine aversive Arbeitsumgebung (z. B. chemische Stoffe oder Lärm) oder emotionale Anforderungen durch enge zeitliche Bindung oder anspruchsvolle Kunden.	a) Ressourcen aus der Arbeitsorganisation wie Partizipation an Entscheidungen, Arbeitsplatzsicherheit, Belohnungen, Aufstiegsmöglichkeiten, b) Ressourcen aus der Aufgabe und ihren Ausführungsbedingungen und Folgen (z. B. Rückmeldung über die Leistung durch Kunden und Vorgesetzte, Vielfalt von Aufgaben, wie etwa therapeutische und administrative Aufgaben, Selbstbestimmungsmöglichkeiten), c) Ressourcen aus zwischenmenschlichen Beziehungen (z. B. soziale Unterstützung durch Kollegen und Führungskräfte, Kooperations- und Kommunikationsmöglichkeiten).

Weiter postuliert das Modell, dass Burnout bzw. Arbeitsengagement jeweils Folgen unterschiedlicher Prozesse sind. Zum einen führt die Konfrontation mit hohen oder schlecht gestalteten Arbeitsanforderungen längerfristig zur Entstehung von Erschöpfung und Burnout. Zum andern behindert der Mangel an Arbeitsressourcen das Erreichen der Arbeitsziele, so dass Gefühle der Frustration und des Scheiterns auftreten. Diese Gefühle vermindern die Motivation, weiterhin Arbeitsziele anzustreben. Als Konsequenzen aus diesem Erleben treten Distanzierung von und Zynismus gegenüber der eigenen Arbeit auf, sowie das Gefühl herabgesetzter Leistungsfähigkeit. Die hier beschriebenen zusammenhänge sind in Abbildung 30 grafisch dargestellt.

Abb. 30: Job-Demands-Resources-Modell (eigene vereinfachte Darstellung in Anlehnung an Demerouti/Nachreiner 2019: 121)

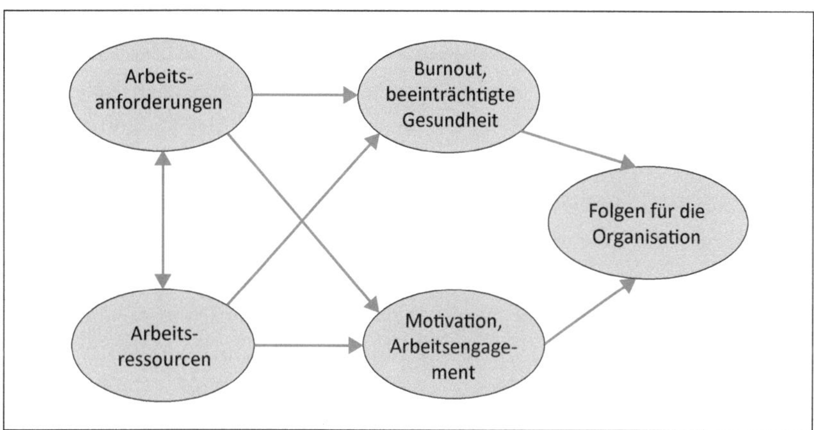

Empirisch wurde die Gültigkeit der im Modell postulierten Zusammenhänge sowohl unter Verwendung subjektiver Einschätzungen von Beschäftigten als auch mit Hilfe personenunabhängiger, bedingungsbezogener Messungen der Anforderungen und Ressourcen der Arbeitssituation bestätigt. Dabei zeigte sich, dass Arbeitsanforderungen kaum einen Einfluss auf Arbeitsengagement bzw. Distanzierung und Arbeitsressourcen kaum einen Einfluss auf die Erschöpfung haben. Andererseits sind Anerkennung durch Vorgesetzte für die eigene Leistung, Selbstbestimmungsspielräume bei der Arbeit oder Entwicklungsmöglichkeiten von hoher Bedeutung für die Entstehung von Arbeitsengagement. Das Fehlen dieser Ressourcen trägt zur Distanzierung von der Arbeit bei (Demerouti et al. 2000; 2001). Die Grundannahmen des Modells sind durch Untersuchungen an verschiedenen Populationen, Arbeitsplätzen und in diversen Ländern bestätigt worden (vgl. Übersichten in Bakker/Demerouti 2007; 2014; 2017).

Auch wenn das Modell mit den darin abgebildeten komplexen Interaktionszusammenhängen auf den ersten Blick etwas verwirrend erscheint, kommt ihm das Verdienst zu, gleichzeitig mehrere Einflussfaktoren sowie deren Zusammenwirken zu berücksichtigen und umfassendere Aussagen zu den Komponenten und Dynamiken einer gesundheitsfördernden Arbeitsgestaltung zu formulieren.

4.3.5 Herausforderungen im Dienstleistungssektor: Das Konzept der Interaktionsarbeit

Der mit Blick auf die steigenden Beschäftigtenanteile zunehmend bedeutsamer werdende Sektor sozialer Dienstleistungen stellt an die hier Tätigen besondere Anforderungen: Ihre ‚Arbeitsgegenstände' sind Menschen mit eigenen Bedürfnissen, Interessen und Vorstellungen hinsichtlich der Gestaltung einer Dienstleistung. Die (implizit) oft mit Blick auf die Arbeit im Verwaltungs- oder Produktionssektor entwickelten arbeitswissenschaftlichen Modelle reichen für die Erklärung des Zustandekommens von arbeitsbedingten Beanspruchungen nicht aus. Zum einen lassen sich traditionelle Konzepte menschengerechter Arbeitsgestaltung nicht ohne weiteres auf die Arbeit mit und an Menschen übertragen – beispielsweise können Lärmquellen, die von Menschen ausgehen (etwa Kindern in einer Kindertageseinrichtung), nicht einfach abgeschaltet oder die Beschäftigten von diesen abgeschirmt werden. Zum andern haben die traditionellen Modelle die besonderen Anforderungen der Arbeit mit Menschen nicht im Blick.

Das von Böhle und Kolleg*innen (Quellen z. B. Böhle 2011; Böhle et al. 2015; Böhle/Weihrich 2020) entwickelte Konzept der Interaktionsarbeit trägt dem Umstand Rechnung, dass – um ein Dienstleistungsergebnis zu erzielen – immer eine Co-Produktion von Dienstleistenden und Kund*innen erforderlich ist, d. h., das Dienstleistungsergebnis kann nur gemeinsam erstellt werden. Die besondere Herausforderung der Dienstleistungsarbeit besteht deshalb darin, das Gegenüber als Subjekt anzuerkennen und zur Zusammenarbeit zu motivieren. Interaktionsarbeit stellt insofern hochgradig anspruchsvolle Anforderungen und erfordert ein breites Repertoire sozialen Handelns, das je nach Situation etwa die Fähigkeit zu erklären, zu argumentieren, Informationen zu generieren, die Bereitschaft Anerkennung zu geben, Kompromisse einzugehen, Konflikte auszutragen, sich mit anderen zu verbünden oder zu taktieren, verlangt.

Beim Modell der Interaktionsarbeit handelt es sich um ein integratives Konzept, das sich mit den besonderen Anforderungen professioneller Dienstleistungsbeziehungen auseinandersetzt. Diese werden in dem Konzept von Böhle und Kolleg*innen als vierdimensionales Konstrukt formuliert (vgl. Abbildung 31).

Abb. 31: Konzept der Interaktionsarbeit (eigene Darstellung in Anlehnung an Böhle/Weihrich 2015: 9)

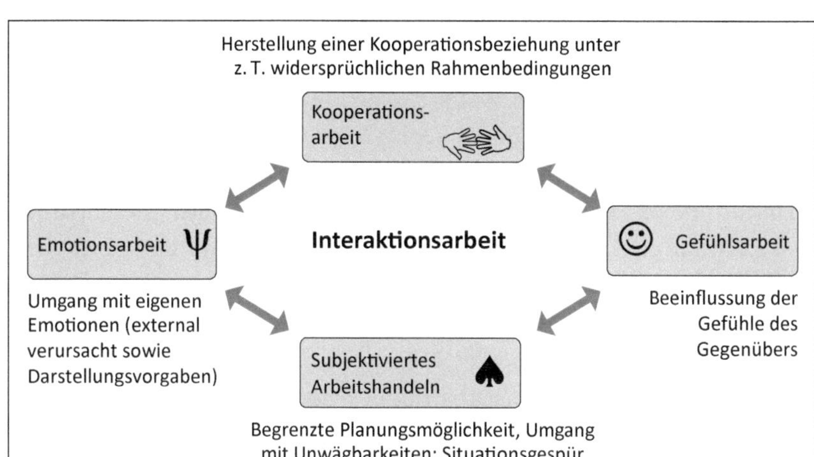

Die vier Dimensionen der Interaktionsarbeit lassen sich wie folgt charakterisieren:

Kooperationsarbeit bezeichnet die grundlegende Anforderung, dass Dienstleister*innen in der Lage sein müssen, eine Kooperationsbeziehung zu den Kund*innen aufzubauen. Ohne diese Beziehung ist die Arbeit mit Menschen nicht möglich. Erwartungen, Vorgehensweisen und konkrete Beiträge beider Seiten müssen im Rahmen der Dienstleistungsbeziehung immer erst ausgehandelt werden. Der Vertrauensaufbau spielt in der Dienstleistungsbeziehung eine zentrale Rolle, denn ob das Ergebnis zufriedenstellend ist, lässt sich erst im Nachhinein feststellen. Auch muss immer damit gerechnet werden, dass die beteiligten Akteur*innen unterschiedliche Interessen verfolgen, so dass Konflikte nicht auszuschließen sind.

Subjektiviertes Arbeitshandeln beschreibt die Tatsache, dass Dienstleistungen mit einem hohen Grad an Ungewissheit und eingeschränkter Planungsmöglichkeit verbunden sind. Das Leitbild des geplanten, zweckrationalen Handelns kommt hier an seine Grenzen, denn Arbeitsgegenstand, Prozedere und Arbeitsergebnis können nicht von vornherein festgelegt werden. Stattdessen kommt situativen Faktoren, dem Gespür für das Gegenüber und spontaner Handlungsfähigkeit ein hoher Stellenwert zu.

Der Begriff der *Emotionsarbeit* adressiert die Fähigkeit der/des Dienstleistenden, mit den eigenen Gefühlen bewusst umzugehen. Dienstleister*innen erleben oft eine Diskrepanz zwischen ihren tatsächlichen Gefühlen und den

Gefühlen, die in einer bestimmten Situation erwartet werden, so dass sie diese aktiv bearbeiten müssen (vgl. dazu Hochschild 1983). Beispielsweise sind Service-Beschäftigte in vielen Branchen „zum Lächeln verpflichtet". Anforderungen der Emotionsarbeit können außerdem darin bestehen, Ekel zu überwinden, Mitleid zu begrenzen, Antipathie und Ärger zu verbergen u. a. m.

Während der Begriff der Emotionsarbeit den Umgang mit eigenen Gefühlen des/der Dienstleister*in beschreibt, bezieht sich die *Gefühlsarbeit* auf die Beeinflussung der Gefühle von Kund*innen bzw. Klient*innen. Gefühlsarbeit wird z. B. dann geleistet, wenn die Kaufmotivation von Kund*innen gefördert, Patient*innen vor einer Operation beruhigt oder Trost nach Verlusten gespendet werden muss.

Im Hinblick auf die Frage, welche Konsequenzen aus diesem Konzept für die Arbeitsgestaltung von Beschäftigten in Dienstleistungsjobs zu ziehen sind, sehen die Autor*innen noch erheblichen Forschungsbedarf. Auch die Frage, wie sich der zunehmende Einsatz von Technik – insbesondere digitaler Technik – auf arbeitsbedingte Belastungen, Ressourcen und Beanspruchungen auswirkt, ist aktuell weitgehend ungeklärt. Einige Untersuchungen kommen zu dem Schluss, dass technische Standardisierung und Automatisierung eher zur Belastungsintensivierung beitragen, z. B. weil sie zu Arbeitsverdichtung, Überwachung von Arbeitsprozessen, Dequalifizierung und Substitution von Arbeitskräften beitragen können (Hielscher 2014), aber auch, weil sie die Qualität der Dienstleistung beeinträchtigen (Jungtäubl et al. 2018).

Eine zentrale Zielsetzung für die Frage nach einer diversityorientierten und gesundheitsfördernden Arbeitsgestaltung besteht deshalb u. a. darin, Erkenntnisse darüber zu gewinnen, wie sich Interaktionsarbeit bezogen auf unterschiedliche Beschäftigtengruppen gestaltet, aber auch wie der Einsatz von Technik in Dienstleistungsberufen so gestaltet werden kann, dass sie Ressourcen fördert und Belastungen senkt.

4.3.6 Interessierte Selbstgefährdung

Die auf den Philosophen Klaus Peters (2011) zurückgehende Theorie der *interessierten Selbstgefährdung* basiert auf der Beobachtung, dass ein hohes Arbeitspensum, Zeit-, Termin- und Leistungsdruck für viele Beschäftigte zum Arbeitsalltag gehört. Als häufige Ursache für diese – pauschal oft als „Druck oder Stress" bezeichnete – Erfahrung hat er die in Unternehmen zunehmend eingesetzten Managementstrategien der *indirekten Steuerung* identifiziert.

Während direkte Steuerung idealtypisch gesehen darauf abzielt, die gewünschten Arbeitsergebnisse durch Vorgaben etwa zu Aufgaben, Befugnissen und Arbeitszeit zu erzielen, verlagern indirekte Steuerungsmechanismen die Verantwortung für den Erfolg der Arbeit auf die Beschäftigten selbst. Der Strategie *Management by Objectives* (vgl. Kapitel 6) folgend, werden mit den Beschäftigten (oftmals dynamisch steigende) Zielvorgaben vereinbart, für deren Erfolg sie selbst verantwortlich gemacht werden. Erkennen lassen sich indirekte Steuerungsformen nach Krause und Dorsemagen (2017: 156f.) anhand der folgenden vier Kriterien:

- *Führen über Ziele:* Organisationsmitglieder haben Ziele, welche sie in einem definierten Zeitraum erreichen müssen. Diese Ziele können vorgegeben oder im Gespräch ausgehandelt und vereinbart werden.
- Die Ziele werden in Form *quantifizierbarer Kennzahlen* abgebildet, die den Anteil des/der betroffenen Beschäftigten am unternehmerischen Erfolg widerspiegeln.
- *Übertragen der Verantwortung für die Zielerreichung auf Mitarbeitende aller Hierarchieebenen.* Verschlechtern sich die Rahmenbedingungen, liegt es in der Verantwortung der Beschäftigten, hierfür eine Lösung zu finden.
- *Systematisches Überprüfen und Rückmelden des Zielerreichungsgrades:* Die in quantitative Kennzahlen übersetzte Arbeitsleistung wird im Rahmen des Controllings regelmäßig erfasst (Tracking) und mit einem betrieblichen Sollwert vergleichen. Bei kritischen Abweichungen erfolgt eine Meldung an das Management.

Wie das Demand-Control-Modell (vgl. Abschnitt 4.3.1) gezeigt hat, ist die mit der indirekten Steuerung verbundene Autonomie bei der Arbeitsausführung aus gesundheitswissenschaftlicher Sicht zwar grundsätzlich positiv zu beurteilen, problematisch ist es jedoch, wenn Beschäftigte – um den Erfolg der eigenen Arbeit zu sichern oder Misserfolg zu vermeiden – eine Gefährdung der eigenen Gesundheit willentlich in Kauf nehmen. In diesem Sinne verstehen Krause et al. (2015) unter *Selbstgefährdung* Handlungen von Erwerbstätigen, die mit dem Ziel der Bewältigung arbeitsbezogener Stressoren ausgeübt werden, jedoch gleichzeitig die Wahrscheinlichkeit für das Auftreten von Erkrankungen erhöhen und/oder notwendige Regeneration verhindern. Aus betrieblichen Fallstudien haben die Autor*innen acht Indikatoren der Selbstgefährdung abgeleitet:

1. Zeitliches und örtliches Ausdehnen der eigenen Arbeitszeit
2. Ein Intensivieren der Arbeitszeit durch erhöhte Geschwindigkeit oder Intensität der eigenen Arbeit

3. Einnahme von Substanzen zur Förderung der Erholung
4. Einnahme stimulierender Substanzen zum Erhalt und zur Steigerung der kognitiven Leistungsfähigkeit
5. Arbeiten trotz Krankheit bzw. den Verzicht auf Regeneration bei Krankheiten (Präsentismus)
6. Vortäuschen im Sinne des Bereitstellens falscher oder das Verschweigen und Zurückhalten relevanter Informationen (z. B. Beschönigen, um Kritik und Zweifeln an der eigenen Leistungsfähigkeit zu entgehen)
7. Senken der Qualitätsansprüche an die eigene Arbeit, um quantitative Vorgaben oder Erwartungen zu erreichen
8. Umgehen von Sicherheits- und Schutzstandards, z. B. wenn diese die Geschwindigkeit der Arbeitsausführung behindern

Gleichzeitig weisen Krause und Dorsemagen (2017) auf der Grundlage qualitativer Fallstudien darauf hin, dass es für die Frage der Gesundheitsschädlichkeit vor allem auf die Art und Weise der Umsetzung indirekter Steuerung ankommt. Als Ressourcen traten dabei vor allem folgende Merkmale in Erscheinung:

- *Autonomie bzw. Entscheidungsspielräume* – insbesondere auch im Hinblick auf die Beeinflussung der Arbeitsmenge, die Möglichkeit, Prioritäten zu setzen und das Nutzen arbeitszeit- und arbeitsortsbezogener Flexibilität
- *Realistisch erreichbare, durch eigenes Handeln beeinflussbare Ziele*
- *Beteiligung* der betreffenden Beschäftigten bei der Zielvereinbarung
- *Anpassbare Ziele* bzw. betriebliche Unterstützung zur Zielerreichung bei Bedarf sowie die Einplanung von Puffern bei unerwarteten Schwierigkeiten
- *Honorieren des investierten Engagements* bei der Beurteilung der Arbeitsleistung – auch wenn der ökonomische Erfolg ausblieb.
- *Honorieren von Erfolgen,* so dass ein persönlicher oder gemeinsamer Erfolg auch genossen bzw. gefeiert werden kann. Gleichwohl ist der Einsatz von Boni ambivalent zu betrachten, insbesondere im Hinblick auf das Verhältnis der Boni zum Festgehalt.

Als Stressoren bzw. Regulationsprobleme zeigten sich in den Fallstudien die nachfolgend genannten:

- *Zielspiralen* im Sinne sich dynamisch steigernder Zielwerte
- *Unsichtbares Engagement* in dem Sinne, dass wesentliche Teile der eigenen Arbeitsleistung nicht wahrgenommen werden
- Engmaschiges, zeitaufwändiges *Controlling*

- Behindernde, subjektiv erfolgshinderliche *Prozessvorgaben* (z.B. Verwaltungsvorschriften)
- *Widersprüche* zwischen fachlichen und ökonomischen Zielen
- *Negative Konsequenzen bei fehlender Zielerreichung*
- Permanente *Reorganisationen*
- *Sanktionieren des Ansprechens von Überlastung* durch höhere Hierarchieebenen
- *Konkurrenz* in der eigenen Organisation

Zu den Anforderungen zählen

- Die Fähigkeit zum *Selbstmanagement* der Beschäftigten, die über Personalentwicklungsmaßnahmen gefördert werden können,
- *Führungskompetenzen,* wobei es zunehmend wichtiger wird, klare und sinnstiftende Ziele zu setzen, die Auslastung der Mitarbeitenden im Blick zu behalten und sich der eigenen Vorbildfunktion im Umgang mit Stress bewusst zu sein

Krause und Dorsemagen (2017) illustrieren die hier beschriebenen Zusammenhang zwischen indirekter Steuerung und Gesundheit anhand eines Rahmenmodells, das in Abbildung 32 in zusammengefasster Form dargestellt ist.

Abb. 32: Einfluss indirekter Steuerung auf Gesundheit (eigene Darstellung in Anlehnung an Krause/Dorsemagen 2017: 162 f.)

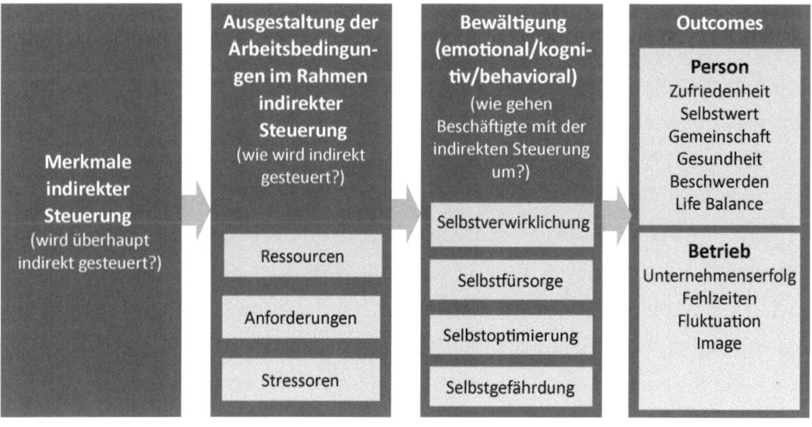

Zunächst wird anhand der einschlägigen Merkmale geprüft, ob überhaupt indirekt gesteuert wird. Danach wird die Qualität der Umsetzung der indirekten Steuerung identifiziert, um vorhersagen zu können, inwieweit Regulationsprobleme oder -möglichkeiten zu erwarten sind. Die in der Organisation praktizierte Leistungssteuerung beeinflusst das konkrete Bewältigungsverhalten im Arbeits- und Lebensalltag, wobei u.a. zwischen emotionalen und kognitiven Prozessen sowie konkreten Verhaltensweisen unterschieden werden kann. Das Bewältigungsverhalten beeinflusst wiederum verschiedene Outcomes; neben der Gesundheit ist dies auch die Produktivität des Unternehmens. Die Zusammenhänge werden moderiert von der allgemeinen Wirtschaftslage (z.B. Konkurrenzsituation am Markt), von Personenmerkmalen (z.B. emotionale Stabilität) und weiteren Merkmalen der Arbeitssituation, die nicht unmittelbar mit indirekter Steuerung zusammenhängen (z.B. Anforderungsvielfalt).

Zur Erfassung der Qualität indirekter Leistungssteuerung in Organisationen (ILSO) haben Mustafić et al. (2021) einen Fragebogen mit 16 Subskalen entwickelt, die sich in drei übergeordnete Dimensionen eingruppieren lassen: Regulationsanforderungen, Regulationsmöglichkeiten und Regulationsprobleme. Das Instrument kann zur Gefährdungsbeurteilung psychischer Belastungen in indirekt gesteuerten Unternehmen eingesetzt werden.

Mit dem Konzept der interessierten Selbstgefährdung haben die im vorliegenden Abschnitt zitierten Forscher*innen ein aktuelles Problem thematisiert, das sich durch kontemporäre Krisen, insbesondere die Corona-Pandemie, erheblich intensiviert hat. So hat sich der Trend zur Individualisierung und der Delegation von Verantwortung für das Arbeitsergebnis an die Beschäftigten im Kontext der vielfachen Verlagerung von Aufgaben ins Homeoffice massiv verstärkt. Gleichzeitig darf angesichts der breiten Diskussion um das Thema mobile Arbeit nicht vergessen werden, dass es eine große Anzahl an Beschäftigten gibt, deren Aufgaben sich nicht für eine entsprechende Verlagerung in den Privatbereich eignen. In Krisen sind oftmals gerade diese Jobs besonders von Prekarität betroffen – entweder weil Arbeitsplatzverlust droht (WZB 202; Hasselmann 2021), oder weil eine begrenzte Zahl an Beschäftigten massiv ansteigende Arbeitsmengen bewältigen muss (z.B. Tätigkeiten im Gesundheitswesen; vgl. z.B. Kramer et al. 2021; Schulze/Homberg 2021). Gleichzeitig sind auch diese Arbeitsverhältnisse den Tendenzen der Subjektivierung und Selbstausbeutung unterworfen. Künftige Herausforderungen für die Forschung und Praxis im Bereich des diversityorientierten betrieblichen Gesundheitsmanagements bestehen darin, gerade auch für solche Arten von Benachteiligung angemessene Lösungen im Sinne einer gesundheitsfördernden Arbeitsgestaltung zu entwickeln.

4.4 Zwischenfazit: psychosoziale Arbeitseinflüsse und Gesundheit

Im vorliegenden Kapitel wurde eine gezielte Auswahl an Theorien mit dem Ziel zusammengestellt, Denkmodelle für ein diversityorientiertes betriebliches Gesundheitsmanagement zu generieren. Entsprechende Theoriekonzepte geben Hinweise dahingehend, wie Arbeit idealerweise gestaltet sein sollte, d. h., worauf sich entsprechende Praxisansätze richten sollten und welche inhaltlichen Ziele im Rahmen betrieblicher Bemühungen zugunsten von Gesundheit und Diversity zu verfolgen sind. Neben Rahmentheorien, die das Verhältnis von Ressourcen und Belastungen in der Arbeit allgemein konzeptualisieren, wurden insgesamt sechs themenbezogene Theorien vorgestellt, die auf Grundlage empirischer Validierungen jeweils spezifische Aspekte der Arbeitsgestaltung adressieren und sich dabei auf bestimmte Facetten konzentrieren. Wie die Ausführungen in Kapitel 3 dieses Bandes jedoch auch gezeigt haben, manifestieren sich bestimmte Belastungen bzw. Ressourcen in der betrieblichen und arbeitsweltlichen Praxis je nach Beschäftigtengruppe verschieden, so dass es adäquat erscheint, im Rahmen betrieblicher Gesundheitsmanagementaktivitäten nicht pauschal vorzugehen, sondern die jeweiligen Interventionen an den spezifischen Bedarfslagen von Beschäftigten bzw. Beschäftigtengruppen zu orientieren. Dabei ist gleichzeitig zu berücksichtigen, dass die im vorliegenden Kapitel thematisierten Belastungen und Potenziale in der Bevölkerung, aber auch innerhalb von Betrieben, nicht zufällig verteilt sind. Vielmehr spiegeln sie tief in der Gesellschaft verankerte, strukturelle Ungleichgewichte wider, deren Existenz Forscher*innen ebenso wie Praktiker*innen im Bereich einer gesundheitsbezogenen Arbeitsgestaltung bewusst sein sollte. Nur so kann sichergestellt werden, dass Interventionen tatsächlich den Anforderungen einer vielfaltsgerechten Arbeitsgestaltung nahekommen und dem Risiko entgehen, durch unzureichende Einsichten in implizite Benachteiligungsstrukturen dieselben zu verstärken.

In dieser Absicht thematisiert das folgende Kapitel theoretische Ansätze, die das Thema Ungleichheit bzw. Vielfalt aufgreifen und Einsichten in bestehende strukturelle Ursachenkonstellationen befördern.

5. Theorieansätze zur Vielfalt in der Arbeit

5.1 Zum Diversity-Begriff

Der Begriff der Diversität gewinnt zunehmend an Popularität. Becker (2016) führt dies auf zwei antagonistische Trends zurück: Die Globalisierung, in deren Folge Kommunikation, Handel und Zusammenarbeit mit unterschiedlichsten Kulturen stattfindet, und die Individualisierung, die einen Prozess beschreibt in dem sich Menschen aus traditionellen sozialen Bezügen lösen und ihre eigenen Vorstellungen verwirklichen. In der Folge bestimmen Vielfalt und Heterogenität das Leben von Einzelnen, Organisationen und Gesellschaft. Neben diesen Entwicklungen sind demografische Veränderungen westlicher Gesellschaften zu nennen, in deren Rahmen eine sinkende Zahl der Menschen im jüngeren Alter einem steigenden Anteil älterer Menschen gegenübersteht. Gleichzeitig hat Deutschland in den letzten Jahren eine ungewöhnlich starke Zuwanderung erlebt (Statistisches Bundesamt 2022c). Die Gesellschaft ist herausgefordert, die diesen Veränderungen innewohnenden Potenziale zu nutzen, Veränderung in einer positiven Weise zu gestalten und Vielfalt als Chance wahrzunehmen.

Der Duden erklärt den Begriff der Vielfalt als „Fülle von verschiedenen Arten, Formen o. Ä., in denen etwas Bestimmtes vorhanden ist, vorkommt, sich manifestiert; große Mannigfaltigkeit". Die englische Übersetzung dieses Begriffs ist Diversity. Mit Diversity oder der eingedeutschten Begriffsversion „Diversität" verbindet sich ein Ansatz, der darauf zielt, Vielfalt in der Gesellschaft „zu erkennen und zu fördern, Benachteiligung zu vermindern und Chancengleichheit zu erreichen" (Bendel 2021). Diversität nach diesem Verständnis weist Parallelen zum Begriff der Inklusion auf, enthält aber auch konzeptionelle Unterschiede. Beide Ansätze nehmen eine positive Perspektive auf Unterschiede vor, wobei „Diversität" eher auf der Betrachtungsebene, „Inklusion" eher auf der Handlungsebene ansetzt. Während der Begriff Diversität aus dem kultursoziologischen Diskurs stammt, ist „Inklusion" der pädagogischen Debatte zuzuordnen. Inklusion bezieht sich weniger auf die Gleichbehandlung und -betrachtung aller Menschen innerhalb einer gesellschaftlichen Gruppe, sondern zielt explizit darauf, dass die Einzigartigkeit des Individuums als Ressource in eine Gruppenkonstellation einfließen soll, was nur durch individuelle Förderung möglich ist (Keuchel 2016).

Die historischen Wurzeln der Diversity-Debatte gründen in den Bürgerrechtsbewegungen, die sich für Gleichberechtigung einsetzten – insbesondere dem US-amerikanischen Civil Rights Movement der Afroamerikaner in den 1960er Jahren, angeführt durch Martin Luther King oder der Bürgerrechtsbewegung zur Überwindung der Apartheit in Südafrika. Auch in Europa gab und gibt es Bürgerrechtsbewegungen. Sie engagieren sich für die Rechte von Minderheiten oder benachteiligten Bevölkerungsgruppen.

Ursprünglich standen die Bekämpfung von Rassismus und die Einbindung von People of Color (PoC) in den USA im Vordergrund von Diversity-Ansätzen. Die Gleichstellung von Frauen in der westlichen Welt wurde zu einem weiteren wesentlichen Anliegen, ebenso die Teilhabe von Menschen mit Behinderungen. Heute werden im Rahmen des Diversity-Konzepts weitere Dimensionen berücksichtigt, etwa ethische, politische, kulturelle, weltanschauliche, altersbezogene, sexuelle, soziale, geistige und körperliche Aspekte (Bendel 2021). Auch nach Becker (2015) ist Diversität ein „Containerbegriff", der sehr viele Aspekte beinhalten kann. In der Literatur finden sich zahlreiche Differenzdimensionen und -merkmale, die auf unterschiedlichste Weise zu kategorisieren versucht worden sind (vgl. Becker 2015: 18 ff.). In der Debatte um Diversität in Organisationen findet allerdings oft eine Reduktion auf die Dimensionen Alter, Geschlecht, ethnische Herkunft und Behinderung statt. Während die Konzentration auf diese Konstrukte einerseits dazu dienen kann, Energien zu bündeln und Interessen benachteiligter Gruppen durchzusetzen, trägt sie andererseits zur Stereotypisierung bei, indem Menschen eben diesen Gruppen zugeordnet und Pauschalisierungen vorgenommen werden. Aus diesem Grund ist das Diversitätskonzept auch grundsätzlich kritisierbar, weil es zunächst Differenzen konstituiert, die anschließend wieder aufgehoben werden sollen. Zudem wird die Konstruktion von Unterschiedsmerkmale denjenigen überlassen, die diese konstruieren und damit Macht ausüben (Keuchel 2016).

5.2 Allgemeine Diversitätstheorien

5.2.1 Grundsätzliche Anmerkungen

Nachfolgend werden mehrere, für das Verständnis von Vielfalt im Organisationskontext relevante Theorieansätze vorgestellt. Diese lassen sich entweder eher positivistischen, strukturalistischen, konstruktivistischen oder machttheoretischen Ansätzen zuordnen. Um eine grundsätzliche Orientierung zu geben, werden in diesem Eingangstext entsprechende grundsätzlichen Denkrichtungen zunächst kurz charakterisiert, um anschließend zwei themenübergreifende Theorieansätze vorzustellen, die sich diesen Grundsatzpositionen zuordnen lassen. Im dritten Teil des Kapitels werden themenspezifische Theorieansätze vorgestellt, die auf typischerweise mit dem Stichwort Diversity assoziierte Kategorien Bezug nehmen.

Positivistische Ansätze unterstellen Diversität als gegeben, bzw. betrachten die Einteilung und Gruppenzuordnung von Menschen anhand von Merkmalen als Axiom. Ein populäres Beispiel für einen solchen Zugang ist das Four Layers of Diversity-Modell nach Gardenswartz und Rowe (vgl. Abschnitt 5.2.2). Im Gegensatz dazu verweisen konstruktivistische Positionen darauf, dass solche Kategorien und die damit verbundenen Unterscheidungen sozial konstruiert sind. Diversity-Zuordnungen sind demnach nicht etwas, das einer Person als Eigenschaft anhaftet, sondern etwas, das diskursiv und interaktiv hergestellt wird. Zur Bezeichnung und Betonung solcher Konstruktionsprozesse werden Begriffe wie Gendering, Rassierung oder Ethnisierung verwendet (Krell 2010: 5).

Der strukturalistische Ansatz macht darauf aufmerksam, dass Akteur*innen zwar individuell und kollektiv soziale Wirklichkeit(en) konstruieren, dass sie in der Regel jedoch die dabei in Anspruch genommenen Kategorien nicht selbst erzeugt haben. Vielmehr nutzen sie gesellschaftlich vorgegebene Kategorisierungen. Bourdieu (1987: 730) spricht in diesem Zusammenhang von „inkorporierten sozialen Strukturen".

Einen weiteren Ansatz bilden machttheoretische Positionen. Diese gehen davon aus, dass in Organisationen vorhandene Gruppierungen mit jeweils unterschiedlichen Machtbefugnissen ausgestattet sind und so in verschiedenem Maße entscheidende Positionen besetzen und die Organisationskultur prägen können. Die Werte, Normen und Verhaltensmuster der dominanteren Gruppen werden so zu Standards und damit zum Maßstab, an dem alle Organisationsmitglieder gemessen werden. Angehörige der dominierten Gruppen erscheinen in diesen Konstellationen dann oft als defizitär oder abweichend. In diesem Kontext manifestieren sich Diskriminierungen von Mitgliedern dominierter Gruppen nicht nur in der direkten Interaktion, sondern auch durch Auswahlkriterien und -verfahren der Personalpolitik. Als Mitglieder der dominanten Gruppe nehmen die Führungskräfte einer monokulturellen Organisation in der Regel gar nicht wahr, dass, wie und in welchem Ausmaß andere Mitglieder benachteiligt werden. Problemursachen – etwa für hohe Fehlzeiten u. a. – werden dann bei den Betroffenen gesucht bzw. personalisiert, während die Verhältnisse in der Organisation als Einflussfaktoren nicht in Frage gestellt werden (Krell 2010: 6).

5.2.2 Veränderbarkeit von Vielfalt: Das Modell der Four Layers of Diversity

Einer der bekanntesten Ansätze zur Veranschaulichung der Mehrdimensionalität menschlicher Vielfalt im Arbeitskontext ist das Modell der „Four Layers of Diversity" von Gardenswartz und Rowe (vgl. Abbildung 33).

Abb. 33: Four Layers of Diversity (eigene Darstellung in Anlehnung an Gardenswartz/Rowe 2003:33; eigene Übersetzung)

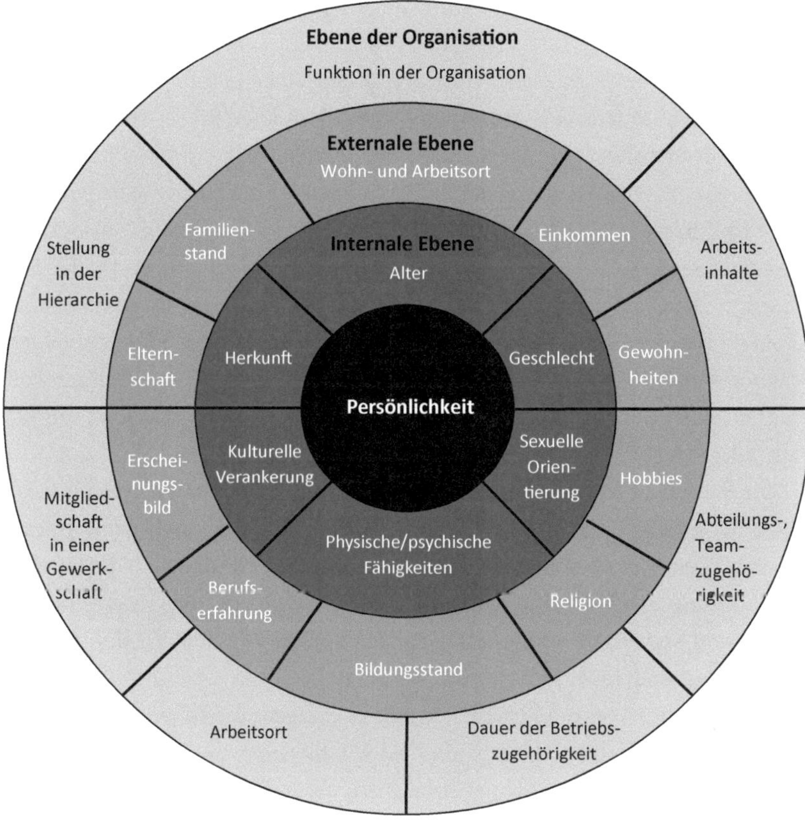

Das Modell verortet mögliche Ausprägungen von Vielfalt auf vier hierarchischen Ebenen, wobei die Zuordnung zu einer dieser Ebenen nach dem Kriterium der Veränderbarkeit des jeweiligen Phänomens erfolgt.

Im Innern des Modells befindet sich die Persönlichkeit eines Individuums, die als solche zu schützen ist. Direkt darüber sind zentrale Merkmale lokalisiert die – etwa weil sie angeboren sind oder durch (frühe) Sozialisation erworben wurden – kaum verändert werden können. Sie umfassen die Dimensionen Alter, Geschlecht, ethnische Zugehörigkeit/Herkunft/Hautfarbe, Weltanschauung, physisch-psychische Fähigkeiten, Behinderungen und sexuelle Orientierung.

Diese sechs Kerndimensionen sind durch nationale und internationale Gleichbehandlungsnormen geschützt, d. h. Ungleichbehandlung und Diskriminierung allein aufgrund dieser Merkmale sind vielfach per Gesetz verboten. Weiter außen befinden sich dagegen diejenigen Merkmale, die sich ein Mensch im Verlauf seiner oder ihrer Biografie angeeignet hat, und die durchaus veränderbar sind, wie z. B. Bildungsstatus, Familienstand, Einkommen oder Freizeitverhalten. Der rechtliche Schutz zugunsten einer Gleichbehandlung mit Blick auf diese Dimensionen ist weniger stark (Bräuhöfer/Rieder 2021: 65). Die äußerste Ebene bildet die „Organisationale Dimension" und beschreibt Vielfaltskategorien, die im Kontext der Arbeit auftreten. Unterschiedliche Behandlungen auf Basis dieser Merkmale werden in Organisationen häufig als legitim betrachtet, weil davon ausgegangen wird, dass im Prinzip jede und jeder Beschäftigte die Chance hat, Zugänge zu diesen Merkmalen zu bekommen. Unabhängig von der Ebene, auf der die Unterschiede angesiedelt sind, empfehlen Bräuhöfer und Rieder (2021: 65), dass alle Vielfaltsmerkmale im Rahmen von Programmen des Diversity-Management und der Corporate-Social-Responsibility adressiert werden sollten.

Die Stärke des Modells besteht darin, dass es deutlich macht, welche möglichen Unterschiede und Gemeinsamkeiten in Unternehmen vorkommen können. Dabei geht es über die – üblicherweise mit dem Begriff ‚Diversity' in Verbindung gebrachten Differenzen wie Alter, Geschlecht, Migration, Behinderung und sexuelle Orientierung" – hinaus und bietet eine Reflexionsgrundlage dahingehend, inwieweit weitere Merkmale im Kontext der Arbeit und der Organisation mit Vor- oder Nacheilen für die einzelne Person verbunden sind. Allerdings werden dadurch, dass das Modell als reiner Persönlichkeitsansatz entworfen ist, gesellschaftliche Verhältnisse als individuellen Eigenschaften beschrieben. Damit bleibt die Verschränkung von Differenzen mit den gegebenen Machtverhältnissen unangetastet. Wenn aber gesellschaftliche Normen und Normalitätsvorstellungen nicht kritisch hinterfragt werden, besteht die Gefahr, dass soziale Differenzen als Abweichungen von einer unhinterfragten Norm codiert werden.

5.2.3 Die intersektionale Perspektive

Das Konzept der Intersektionalität stellt dagegen Differenzkategorien in den Kontext sozialer Verhältnisse und adressiert damit gesellschaftliche Machtunterschiede. Anstelle von Identitäten werden hier Positionierungen im sozialen Raum dargestellt. Damit in Zusammenhang steht der Gedanke, dass Unterschiede nicht separiert behandelt werden können, sondern dass möglichst viele Diversitätsdimensionen gleichzeitig in den Blick genommen und ihre Verschränkung untereinander sowie ihre Verbindung zu gesellschaftlichen Machtfragen diskutiert werden müssen. Diese Überlegungen sind zum einen von der Erfahrung getragen, dass Menschen mehrere Zu- und Nichtzugehörigkeiten aufweisen und sich damit mit den einzelnen Dimensionen in heterogener Weise identifizieren, zum anderen von der Feststellung, dass sich macht- und ohnmachtsrelevante Faktoren durch die Kombination von Kategorien verstärken oder abschwächen können (Wedl 2018).

Als Beispiel führen Alemann et al. (2019) die Beobachtung an, dass die infolge der zunehmenden Erwerbstätigkeit von Frauen entstandene Lücke in der familialen Care Arbeit weniger durch Männer geschlossen wird, sondern stattdessen zu einer Umverteilung zwischen Frauen mit unterschiedlichen sozialen Hintergründen beiträgt. So werden zunehmend sozial benachteiligte Frauen, oft mit Migrationshintergrund, im Care-Bereich tätig – dies zum Teil in nicht rechtskonformen Beschäftigungsformen, während überwiegend hochqualifizierte Arbeitnehmerinnen in Großunternehmen von organisationalen Gleichstellungs- und Vereinbarkeitspolitiken profitieren. Hier wird die Verschränkung der Diversity-Dimensionen Gender, Herkunft, soziale Lage und Bildungsstatus deutlich.

Abbildung 34 (nächste Seite) illustriert in Anlehnung an Wedl (2018) die intersektionale Perspektive exemplarisch anhand der ausgewählten Dimensionen Geschlecht, Alter und Bildungsstand. Die dabei vorgenommene Verortung im dreidimensionalen Raum weist zwar eine gewisse Stabilität auf, wird aber gleichzeitig auch als relational und kontextabhängig wahrgenommen.

Die Abbildung beschreibt die Positionierung einer Person im Hinblick auf die einbezogenen Dimensionen in Bezug auf die Konformität mit geltenden Normen. Je eher eine Person einer geltenden Norm entspricht, desto stärker ist die Position im Minusbereich angesiedelt, je eher sie davon abweicht, desto stärker bewegt sie sich in den Plus-Bereich. Diese Logik orientiert sich an dem Modell sozialer Ungleichheit von Kreckel (2004: 43), der davon ausgeht, dass sich – je nach Stärke der Abweichung von geltenden Normen – für die Betroffenen Benachteiligungen hinsichtlich ihrer Zugangsmöglichkeiten zu allgemein

Abb. 34: Dreidimensionale Darstellung des Konzeptes der Intersektionalität anhand dreier ausgewählter Dimensionen (eigene Darstellung in Anlehnung an Wedl 2018: 59)

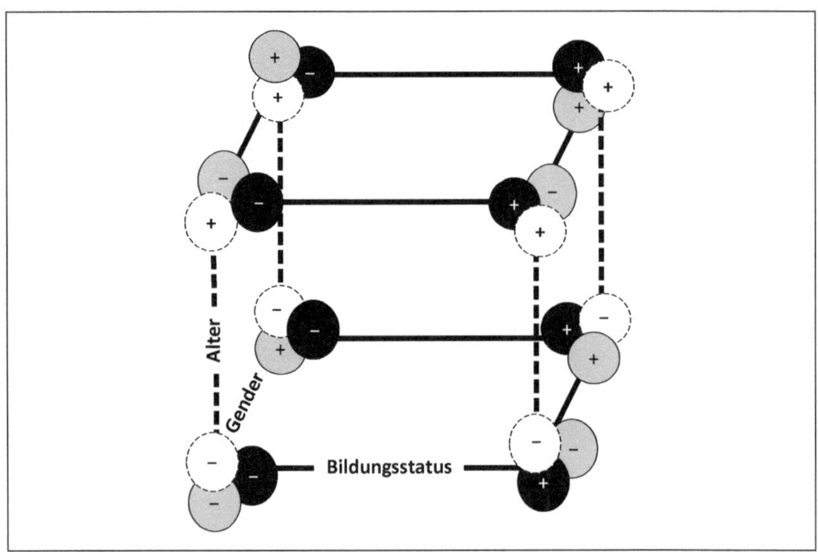

verfügbaren materiellen und/der symbolischen Ressourcen sowie hinsichtlich ihres Spielraums für autonomes Handeln ergeben.

In Organisationen kann der Ansatz der Intersektionalität dazu beitragen, die Komplexität von Dynamiken zu erfassen, um Handlungsfelder für das Diversity Management zu identifizieren. Zuordnungen gelten dabei immer als vorläufig und müssen in ihrer Verschränkung betrachtet werden. In der Umsetzungsphase sollten die Kategorien/Dimensionen nach Möglichkeit wieder aufgelöst werden. Die intersektionale Perspektive betont, dass sich Formen der Diskriminierung nicht einfach auseinanderdividieren lassen, sondern erst durch ihre Wechselwirkungen begreifbar werden. Sie macht zudem deutlich, dass sich Diskriminierung und ungleiche Behandlung nicht ohne eine Kritik der gegebenen Macht- und Unterdrückungsdynamiken abbauen lassen. Gerade in Organisationen, zu deren wesentlichen Kennzeichen – wie in Kapitel 2 gezeigt – Machtunterschiede zählen, ist die Auseinandersetzung mit der Frage aufschlussreich, welche Machtdifferenzen als legitim und welche als ungerecht bzw. diskriminierend wahrgenommen werden. Der Ansatz der Intersektionalität macht deutlich, dass der Zugang zu hierarchisch machtvolleren Positionen in Organisationen oftmals nicht unabhängig von der Zugehörigkeit zu bestimmten Vielfaltsdimensionen erfolgt.

5.3 Spezifische Theorien zur Vielfalt in der Arbeit

5.3.1 Einleitende Anmerkungen

Im Rahmen der bisherigen Überlegungen wurde betont, dass sich das in diesem Band in Anspruch genommene Diversity-Verständnis nicht nur auf die gängigen Kategorien wie Migration, Alter, Geschlecht oder Behinderung stützt, sondern jede Art von Unterschieden inkludiert. Der Nachteil eines, auf spezifische Dimensionen konzentrierten Diversity-Verständnisses impliziert nicht nur das Risiko dass weitere Ungleichheitsformen aus dem Blick geraten, es birgt auch die Tendenz, die solchermaßen als „divers" definierten Kategorien als individuelle Merkmale den Betroffenen zuzuschreiben, anstatt nach den gesellschaftlich-strukturellen Rahmenbedingungen zu fragen, die eine Diskriminierung bestimmter Gruppen erzeugten. Denn gerade dadurch, dass bestimmte Gruppen mit dem Label des „Gleichbehandlungsbedarfs" versehen werden, können Zuschreibungen perpetuiert und Etikettierungen befördert werden.

Andererseits handelt es sich bei den typischerweise unter den Diversitätsbegriff fallenden Dimensionen und solche, die in der westlichen Gesellschaft zumeist mit strukturellen und individuellen Benachteiligungen einhergehen. Die Bildung von Kollektiven mit ähnlichen Zuschreibungen hat den Vorteil, dass auf diese Weise Strukturen geschaffen und Macht konzentriert werden kann. Aus diesem Grund werden nachfolgend ausgewählte Theorien zu den – in der Arbeitswelt typischerweise mit dem Diversitätsbegriff assoziierten – Kategorien vorgestellt und kritisch reflektiert.

5.3.2 Alter, Generationen und Sorgearbeit

Ein Phänomen, das häufig als Herausforderung im Zusammenhang mit Vielfalt diskutiert wird, ist die Veränderung in der altersmäßigen Zusammensetzung Erwerbsbevölkerung und in Verbindung damit die betrieblichen Herausforderungen im Umgang mit den stärker werdenden Anteilen älterer Beschäftigter[12].

12 Der Begriff „ältere Arbeitnehmende" ist nicht allgemeingültig definiert. Die Bundesagentur für Arbeit (BA 2022b) fasst darunter Beschäftigte ab dem 55. Lebensjahr, während die OECD darunter allgemein Personen in der zweiten Hälfte ihres Berufslebens subsummiert, die aber das Pensionsalter noch nicht erreicht haben (z. n. Regnet 2009: 688). Wo nicht anders vermerkt, orientieren sich die weiteren Ausführungen an dem letztgenannten Verständnis.

Mit dieser Entwicklung verbinden sich primär zwei Fragestellungen: Zum einen ist zu überlegen, was getan werden kann, um Beschäftigte während ihrer ganzen Erwerbsbiografie bis hin zum höheren Erwerbsalter arbeitsfähig und motiviert zu halten – zum andern stellt sich die Frage, wie ein betriebliches Generationenmanagement aufgestellt sein sollte, das in der Lage ist, zwischen den Ansprüchen der – sich von unterschiedlichen gesellschaftlichen Entwicklungen geprägten und in verschiedenen Lebensphasen mit jeweils spezifischen Anforderungen konfrontierten – Beschäftigtenkollektiven zu vermitteln. In Zusammenhang mit der letztgenannten Thematik verbindet sich zudem die Herausforderung des Umgangs mit dem steigenden Anteil von Beschäftigten mit Pflege- und Versorgungsaufgaben für ältere Menschen. Die nachfolgenden Passagen wenden sich diesen Schwerpunkten zu und fassen ausgewählte, in den jeweiligen Kontexten diskutierte Theorien zusammen.

Diversity als Folge gesundheitlicher Veränderungen im Lebenslauf

Wie die Ausführungen in Kapitel 3 deutlich machen, manifestieren sich bei erwerbstätigen Menschen im Verlauf des Alterungsprozesses zunehmende Beeinträchtigungen, die sich in Form von typischerweise genutzten Gesundheitsindikatoren wie Krankenstand, Beschwerdehäufigkeit, Anzahl von Beschwerden oder subjektives Gesundheitsempfinden manifestieren. Berücksichtigt werden muss hierbei jedoch, dass weitere Einflüsse wie Geschlecht, Bildungsstatus und die kumulativen Belastungen, mit denen Menschen im Verlauf ihrer Erwerbsbiografie konfrontiert wurden, wesentliche Effekte auf die Gesundheit im Verlauf des Alterns sowie im höheren Erwerbsalter haben, so dass mit Blick auf das Thema Arbeit und Alter(n) ein differenzierter Blick erforderlich ist (Lampert et al. 2018). In der Wissenschaft existieren zahlreiche Ansätze zur Erklärung und Bewertung von Alterungsprozessen, die oftmals widersprüchlich und von unterschiedlicher wissenschaftlicher Qualität sind. Während zum Beispiel die Fokussierung auf alterungsbedingte Abbauprozesse – wie beim *Defizitmodell* – maßgeblich zur Verfestigung negativer Altersstereotype beigetragen hat, tendieren andere Ansätze dazu, bestimmte, aus gesellschaftlichen Normvorstellungen hergeleitete Ideale zur Bewertung von Alterungsprozessen vorzunehmen, ohne dass die empirische Relevanz dieser Standards hinterfragt wurde (vgl. vertiefend zu einzelnen Modellen Matolycz 2016).

Der anspruchsvolleren Fachliteratur zur Arbeits- und Beschäftigungsfähigkeit alternder und älterer Erwerbstätiger liegt dagegen ein differenzierteres Verständnis altersbedingter Veränderungen zugrunde, das abnehmende Kompetenzen solchen Fähigkeiten gegenüberstellt, die im höheren Erwerbsleben zunehmen und – richtig eingesetzt – wesentlich zu betrieblichen Leistungs-

Tab. 11: Beispiele für altersbedingte Veränderungen sowie draus resultierende Konsequenzen für ein alter(n)sgerechtes Personalmanagement (in Anlehnung an Wegge et al. 2011: 435).

Körperliche Leistungsfähigkeit	**Konsequenzen für das Personalmanagement**
• Abnehmende Muskelkraft und Lungenkapazität • Schwächeres Herz-Kreislaufsystem • Geringeres Seh- und Hörvermögen • Längere Regenerationszeit	• Präventive ergonomische Arbeitsplatzgestaltung • Ausreichende Bewegungsmöglichkeiten schaffen • Schriftgrößen anpassen • Pausen, Arbeiten nach eigenem Tempo ermöglichen
Psychische Leistungsfähigkeit	**Konsequenzen für das Personalmanagement**
Altersbezogene Abnahme von: • Reaktionsgeschwindigkeit • Daueraufmerksamkeit, Multitasking-Fähigkeiten Altersbezogene Zunahme von: • Urteilsvermögen • Kommunikationsfähigkeiten • Selbststeuerung • Verantwortungsbewusstsein • Zuverlässigkeit	• Handlungsspielräume und Autonomie vergrößern • Eigenverantwortliches Arbeiten fördern • Ganzheitliche Aufgaben • Wenig Zeit und Leistungsdruck • Systematisches kognitives Training
Lernfähigkeit	**Konsequenzen für das Personalmanagement**
• Lernen aus Erfahrung • Lernen als Ergänzung vorhandenen Wissens	• Anpassen von Weiterbildungsmaßnahmen (Praxisbezug, eigenes Lerntempo) • Arbeitsnahe Qualifizierung
Soziale Kompetenz und Motivation	**Konsequenzen für das Personalmanagement**
Veränderte Schwerpunkte: • Mitgefühl, Hilfsbereitschaft • Ausrichtung auf Konstanz und Konfliktvermeidung: Identifikation mit Betrieb; Neigung, Altes zu bewahren Wichtiger werdende Motive: • Wertschätzung und Respekt • Arbeitsklima, Freundlichkeit • Arbeitsplatzsicherheit, Stabilität • Gesellschaftliche Bedeutung der Tätigkeit Weniger wichtige Motive: • Einkommen • Einfluss • Karrierechancen	• Intergenerativen Austausch fördern • Respektvollen Umgang fördern • Wertschätzung von Erfahrungswissen • Belastungen den Ressourcen anpassen • Verantwortung an Beschäftigte delegieren • Rollenverteilung im Team an den (sozialen) Kompetenzen ausrichten
Gesundheitszustand	**Konsequenzen für das Personalmanagement**
Häufige Beschwerden: • Lungenerkrankung • Krebserkrankung • Arthritis • Diabetes • Kardiovaskuläre Erkrankungen • Angst und Depression	Krankheitsprävention: • Untersuchungen und Trainingsmöglichkeiten • Gesundheitsverhalten fördern • Ausgleich zum Beruf fördern

ergebnissen beitragen können. Tabelle 11 stellt diese Veränderungen exemplarisch dar.

Nach heutiger Erkenntnislage ist die Arbeits- und Leistungsfähigkeit älter werdender Menschen darüber hinaus nicht nur ein Resultat der individuellen Gesundheit und Kompetenzausstattung, sie ist in hohem Maße auch davon abhängig, wie das Arbeitssystem inklusive der darin enthaltenen psychosozialen Bedingungen gestaltet ist (Regnet 2009: 690 f.; vgl. Abschnitt 3.2). Das hier ansetzende, mehrdimensionale Konzept der Arbeitsfähigkeit wurde wesentlich von dem finnischen Forscher Juhani Ilmarinen geprägt. Im Rahmen umfassender Langzeitstudien an älter werdenden Beschäftigten konnte er nachweisen, dass die Arbeitsfähigkeit durch eine Kombination von Maßnahmen inklusive einer ergonomischen Arbeitsplatzgestaltung und einem Führungsverhalten, das den Bedürfnissen alternder Erwerbstätiger entgegenkommt, dazu beitragen kann, dass die Arbeitsfähigkeit über lange Jahre hinweg auf einem hohen Niveau verbleibt (Ilmarinen/Lethinen 2004; Ilmarinen/Tempel 2002).

Für die betriebliche Praxis bedeutet dies, dass den Anforderungen an eine gesundheitsgerechte und Fehlbeanspruchungen vermeidende Arbeitsgestaltung während der gesamten Berufsbiografie und besonders im höheren Erwerbsalter hohe Bedeutung beizumessen ist.

Herausforderungen der Zusammenarbeit verschiedener Alterskohorten[13]:
Betriebliche Herausforderungen der Zusammenarbeit verschiedener Alterskohorten werden theoretisch unter verschiedenen Perspektiven diskutiert. Mit Blick auf Fragestellungen, die sich mit Blick auf die Gesundheit bei der Arbeit stellen, werden vorliegend vor allem der generationentheoretische Ansatz und der Lebenslaufansatz dargestellt.

Generationentheoretischer Ansatz

Eine Sichtweise, die die generationentheoretische Auseinandersetzung stark geprägt hat und dabei verschiedene disziplinäre Zugänge integriert, ist das Generationenverständnis Karl Mannheims (1928). Diesem zufolge zeichnet sich eine „Generation“ nicht nur dadurch aus, dass sie in einem gemeinsamen kulturellen Kontext lokalisiert ist (soziologisch-historische Perspektive), sondern auch, dass sie diesen Kontext aus einer vergleichbaren Lebens- und Bewusstseinsentscheidung heraus wahrnimmt (sozialisationstheoretische Perspektive)

---

13 In Anlehnung an Jutta Oertel (2007: 65) wird der Kohortenbegriff vorliegend in einem übergreifenden Sinne verwendet, der den Generationen- ebenso wie den Lebenslaufansatz integriert.

(Jureit 2010). Diese doppelte Prägung durch den jeweiligen gesellschaftlich-historischen Kontext führt dazu, dass diejenigen Mitglieder einer Gesellschaft, die etwa zur gleichen Zeit geboren wurden, Gemeinsamkeiten im Hinblick auf Einstellungen, Verhaltensweisen und Lebensformen aufweisen.

Im Rahmen des generationentheoretischen Ansatzes werden – bezogen auf die im Erwerbsleben stehenden Personen – zumeist vier Generationen unterschieden, wobei deren Charakterisierung wesentlich von Ereignissen geprägt ist, die in den USA stattgefunden haben, und die nur unter Vorbehalt auf Sozialisationserfahrungen in Europa übertragen werden können (Oertel 2007). Tabelle 12 (nächste Seite) veranschaulicht ausgewählte, für die Charakterisierung dieser Generationen herangezogene Merkmale.

Auch wenn diese, häufig rezipierte Generationentypologie auf den ersten Blick plausibel erscheint, hält sie einer fundierten empirischen Überprüfung nicht stand. Die dargestellte Unterscheidung in vier Generationen ist vor allem in der populärwissenschaftlichen Literatur verbreitet und stützt sich eher auf phänomenologisch-hermeneutische Beobachtungen, als auf systematische Erhebungen. Neben dem Problem, Alterskohorten nach Jahrgängen trennscharf auseinander zu halten, wird zudem eingewandt, dass es sich bei den als generationentypisch dargestellten Problemen in der Arbeitswelt oftmals eher um generelle Führungsdefizite handelt, die für Beschäftigte jeder Alterskohorte problematisch sein dürften. Ungeachtet dieser Kritikpunkte kann die dargestellte Generationentypologie in der betrieblichen Praxis dennoch wertvolle Erklärungs- und Bewältigungsmuster im Umgang mit arbeitsbezogenen Konflikten bieten (Oertel 2007).

Lebenslaufansatz

Im Gegensatz zur Generationentheorie geht der Lebenslaufansatz von einem Verständnis des Generationenbegriffs aus, das sich an der jeweiligen biografischen Phase und ihren spezifischen Rollenanforderungen orientiert und weniger an den allgemeinen gesellschaftlich-historischen Einflüssen auf die Sozialisation. Der Lebenslaufansatz postuliert, dass ein Mensch im Verlauf seiner Biografie von der Geburt bis zum Tod eine kontinuierliche Folge von Phasen durchlebt, wobei die Übergänge zwischen den Phasen durch bedeutsame Lebensereignisse wie Schulabschluss, Berufseinstieg, Heirat, Geburt des ersten Kindes, Renteneintritt u. a. m. eingeleitet werden und als Statusübergänge in Erscheinung treten. Die einzelnen Lebensphasen verbinden sich dabei mit spezifischen Rollenerwartungen, die in hohem Maße gesellschaftlich geprägt sind. Neben dem Alter kommen hierbei auch geschlechtsstereotype Muster zum Tragen. Auch dieser Ansatz kann in der betrieblichen Praxis

Tab. 12: Generationenspezifische historische Einflüsse sowie für das Arbeitsleben relevante Merkmale (eigene Zusammenstellung nach Oertel 2007: 27; 30)

Generationen in den USA	**Veteranen**	**Baby Boomer**	**Generation X**	**Millennials/Generation Y**
Geburtsjahrgänge:	**Bis ca. 1945**	**Ca. 1946–1962**	**Ca. 1963–1980**	**Ab ca. 1981**
Prägende Jugendereignisse	Zweiter Weltkrieg; Atombombe; Koreakrieg; Mc Carthyism	Vietnamkrieg; Woodstock; Mondlandung; Ölembargo; Kalter Krieg	Challenger Explosion; Perestroika/Berliner Mauerfall	Tod Lady Dianas; Clinton-Skandale; 11. September 2001
Gesellschaftliche Entwicklungen	Kriegsteilnahme; wirtschaftlicher Aufschwung; hohe Geburtenraten; Goldenes Radiozeitalter (Rock'n'Roll)	materielle Sicherheit; Bürgerrechtsbewegung/Proteste; Baby Boom (Konkurrenzsituation); Fernsehen	Wirtschaftskrise (Arbeitsplatzverlust der Eltern); Aids; Verbrechenzunahme (Drogen, Gewalt); Medienexplosion/Video, Kabel- & Satelliten-TV, PC	„Personal danger", Drogen, Brandwesen; Hohe Frauenerwerbsquote, Einelternteilfamilie (in 25 % der Fälle); Informationszeitalter: Internet und virtuelles Leben
Einstellungen zu Arbeit und Freizeit	Arbeit als Pflicht und Wert; Freizeit als verdienter Feierabend	Arbeit als Herausforderung und Selbstfindung; Freizeit als Raum für Selbstverwirklichung	Arbeit als Job und Spaß; Work-Life-Balance	Arbeit als Sinn und Teamzusammenhalt; Verschwimmende Grenzen von Arbeit und Freizeit
Verhältnis zu Herrschaft und Autorität	Herrschaft als Hierarchie, Gehorsam gegenüber Autoritäten	Herrschaft als Konsens, ambivalentes Verhältnis zu Autorität (Hassliebe)	Herrschaft als Kompetenz, unbeeindruckt von Autorität	Herrschaft als „an einem Strang ziehen", Verhältnis zur Autorität ist geprägt von Höflichkeit
Motivation/Anreizstrukturen	Sicherheit, finanzielle Belohnung, Verantwortung, Anerkennung	Selbstverwirklichung, Wachstum, Diskussion, Status	Spannung, Spaß, Selbstbestimmung, Individualität, Weiterentwicklung	Sinnzusammenhang, Einbindung, Anerkennung, Verantwortung
Empfohlener Führungsstil	*strukturiert:* Herausforderung, Anweisung, Delegation	*individuell:* Information, Empathie, Leitung, Delegation	*spannend:* Erklärung, Anleitung, Bestätigung	*teamorientiert:* Delegation, Herausforderung, Information

wertvolle Erklärungshilfen für die Ursache von Teamkonflikten oder der Auseinandersetzung mit Hierarchien bieten. Gleichzeitig ist zu kritisieren, dass der Lebenslaufansatz stark von normativen Vorstellungen darüber bestimmt wird, wie sich Menschen sich in jedem Abschnitt ihres Lebens angemessen verhalten und entwickeln sollten (Oertel 2007: 57 ff.; Schulz 2016).

Angehörigenpflege

Ein spezifischer Aspekt der lebenslaufbezogenen Sichtweise bezieht sich auf diejenigen Beschäftigten, die neben der Erwerbstätigkeit ihre älter werdenden Angehörigen versorgen. Derzeit werden etwa drei Viertel aller Pflegebedürftigen durch ihre Angehörigen betreut (Statistisches Bundesamt 2022d). Der hohe Anteil der so genannten „pflegenden Angehörigen" trägt nicht nur dazu bei, dass hilfebedürftige ältere Menschen in ihrem gewohnten Umfeld verbleiben können, sie leisten auch einen Beitrag zur Entlastung der Sozialsysteme, indem sie eine kostspielige stationäre Unterbringung verhindern oder hinauszögern. Gleichzeitig ist die Sicherstellung der Angehörigenversorgung bei gleichzeitiger Berufstätigkeit mit erheblichen Belastungen verbunden. Neben den Entlastungsmöglichkeiten, die mit dem Familienpflegezeitgesetz (FPfZG) bzw. dem Pflegezeitgesetz geschaffen wurden (vgl. Abschnitt 7.3.3) können betriebliche Unterstützungsmöglichkeiten wie die Flexibilisierung von Arbeitszeit und Arbeitsort, das Angebot von Beratungs- und Unterstützungsdiensten bis hin zur Förderung der Teamkommunikation bei Fragen der Aufgabenverteilung erheblich zur Entlastung von pflegenden Angehörigen beitragen (vgl. Abschnitt 8.3). Die aus einer Initiative der gemeinnützigen Hertie-Stiftung hervorgegangene „berufundfamilie Service GmbH" sowie das von dieser Seite angebotene „Audit Beruf und Familie" unterstützt Arbeitgeberinnen und Arbeitgeber dabei, ihren Beschäftigten die Vereinbarkeit von Beruf und Familie zu erleichtern (berufundfamilie Service GmbH 2022).

Bedeutung der Theorieansätze für die betriebliche Praxis

Wie bislang vorliegende Forschungsergebnisse zeigen, kann Altersdiversität in Unternehmen sowohl positive als auch negative Effekte auf Leistung und soziales Miteinander im Betrieb haben (Oertel 2007: 276 ff.). Entscheidend ist die Art, wie Betriebe mit der Diversität der Alterskohorten umgehen und sie als Gegenstand konstruktiver betrieblicher Gestaltungsmöglichkeiten sehen. Wegge et al. (2011) haben auf Basis einer groß angelegten Untersuchung mit ca. 800 natürlichen Arbeitsgruppen und über 6 000 Beschäftigten die Frage untersucht, unter welchen Rahmenbedingungen Generationenkonflikte die Leistung sowie die Gesundheit der Teammitglieder wie beeinflussen. Auf dieser

Grundlage haben die Forscher*innen das nachfolgend dargestellte ADIGU-Modell entwickelt (vgl. Abbildung 35).

Abb. 35: AGIDU-Modell zur Erklärung von Leistung und Teamklima altersgemischter Teams (eigene Darstellung in Anlehnung an Wegge et al. 2011: 436)

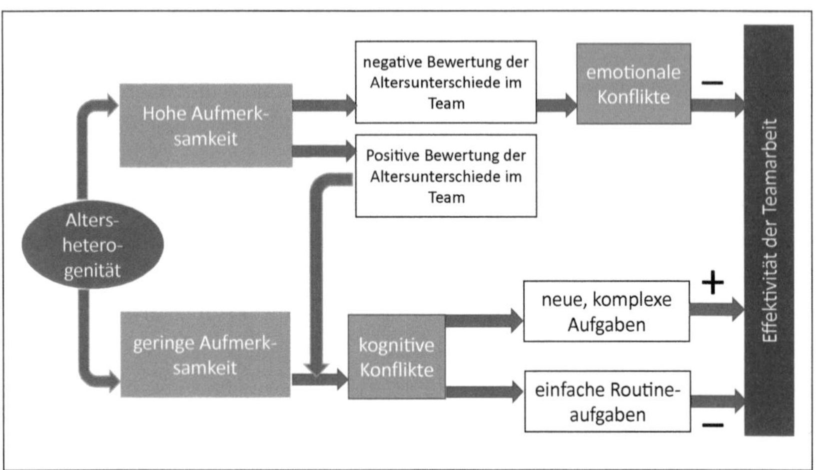

Das Modell postuliert, dass Altersheterogenität grundsätzlich mit einer Abnahme der Effektivität sowie mit kognitiven und emotionalen Konflikten in Teams einhergeht. Eine vermittelnde Rolle spielt dabei die Salienz (Aufmerksamkeit für Altersunterschiede). Die Arbeit in altersgemischten Teams funktioniert dann besser, wenn

1. ein positives Teamklima herrscht
2. Altersunterschiede in den Teams wertgeschätzt werden
3. komplexe Arbeitsaufgaben kontinuierliche Lernanforderungen an die Mitarbeitenden stellen.

Eine vermittelnde Rolle in diesem Modell spielt die Salienz, d.h. die gedankliche Auffälligkeit der Altersheterogenität. Spielt diese im Betrieb keine Rolle oder ist sie positiv konnotiert, zeigen sich positive Ergebnisse.

Wie bereits angedeutet, kann die Auseinandersetzung mit generations- und lebenslaufbezogenen Differenzen zu einem vertieften gegenseitigen Verständnis innerhalb von Teams beitragen, zu einer gelingenden Konfliktbearbeitung beitragen, Entscheidungs- und Problemlösungsprozesse verbessern und Wissenstransfer fördern (Schulz 2016). Ohne eine professionelle Steuerung und ein gut durchdachtes Vorgehen im Sinne des DGM kann es jedoch passieren, dass sich an eben diesen Differenzen Konflikte entzünden, die Arbeitsklima, Leistung und Gesundheit beeinträchtigen.

5.3.3 Gender in Arbeit und Organisation

Die Verbindung des Begriffs Arbeit mit der Differenzkategorie Gender[14] rückt insbesondere das Thema der geschlechtsspezifischen Arbeitsteilung in den Fokus, so dass vorliegend primär auf die Relevanz dieses Phänomens eingegangen wird. Denn trotz vielfältiger Bemühungen um einen Abbau der geschlechtsrollenbezogenen und zumeist das weibliche Geschlecht benachteiligenden Rollenverteilungen in Arbeit und Lebenswelt sind letztere nach wie vor vielfach handlungsleitend und werden gesellschaftlich-strukturell ebenso wie im individuellen Alltagshandeln täglich reproduziert. Aus diesem Grund wird zunächst auf die historischen Hintergründe für die Entwicklung dieser Rollenverteilung eingegangen. Die weiteren Abschnitte fassen einige wesentliche gendertheoretische Positionen zusammen, die für den vorliegenden Zusammenhang von Bedeutung sind.

Gender und Arbeit aus historischer Sicht

Einen maßgeblichen Einfluss auf die Trennung der Sphären von Erwerbsarbeit und Care-Work bzw. Reproduktionsarbeit[15] hatten die epochalen Umbrüche des 19. Jahrhunderts, die üblicherweise unter dem Begriff „Industrialisierung" subsummiert werden. Die während dieser Phase aufgetretenen Veränderungen zeigten sich jedoch keineswegs für alle Gesellschaftsmitglieder in gleicher Weise, sondern manifestierten sich je nach sozialer Lage sehr spezifisch und zu jeweils anderen Zeitpunkten.

---

14 Die Begriffe ‚sex' und ‚gender' werden vorliegend im Sinne der Gender Studies (s. u.) verwendet. Der Begriff ‚Geschlecht' wird dann genutzt, wenn sowohl ‚sex' als auch ‚gender' adressiert werden.

15 In Anlehnung an Notz (2010) wird der Begriff der Reproduktionsarbeit vorliegend in Abgrenzung zur Produktionsarbeit verwendet. Während letztere alle das Einkommen sicherstellende Formen der Erwerbsarbeit umfasst, beschreibt der Begriff der Reproduktionsarbeit die zur Erhaltung der menschlichen Arbeitskraft erforderlichen, unbezahlten Tätigkeiten. Sie umfasst sowohl Hausarbeits- (Hausarbeit, Erziehungsarbeit, Pflegearbeit für Alte, Kranke und Behinderte) als auch ehrenamtliche Arbeitsverhältnisse im Sinne bürgerschaftlichen Engagements und freiwilliger Arbeit.

Wegbereitend für die Umbrüche des 19. Jahrhunderts waren einerseits die Aufhebung der Leibeigenschaft der Bauern gewesen, andererseits der Aufhebung des Zunftzwangs in Preußen und anderen deutschsprachigen Ländern. In Verbindung mit einem starken Bevölkerungswachstum ließ die Abschaffung des Feudalismus die Zahl der am Existenzminimum lebenden, landlosen Arbeiter massenhaft ansteigen. Um ihrer elenden Lage zu entgehen, zogen sie entweder in die Städte, um dort Arbeit zu finden, oder sie wanderten in die USA bzw. nach Kanada aus. Parallel dazu führte die Aufhebung des Zunftzwangs und die Einführung der Gewerbefreiheit in Verbindung mit den technischen Innovationen der damaligen Zeit zu einer starken Wirtschaftsexpansion und zur Gründung zahlreicher Fabriken, deren Besitzer die prekäre Lage der Arbeiter ihrerseits zu nutzen wussten (Kuczynski 1982; Osterhammel 2011: 998 ff.).

Im Gegensatz zur bäuerlichen Arbeitsorganisation, die eine Trennung von Arbeit und Privatleben nicht kannte, war für die neue Form der Arbeit kennzeichnend, dass die Fabrik als reine Produktionsstätte vom Haushalt physisch getrennt war und den Status eines Vollzeitarbeiters schuf, dem außer seiner Rolle als Industriearbeiter keine weitere Identität zukam (Osterhammel 2011: 977 ff.). Für den größten Teil der Frauen erfolgte die massenhafte Beschäftigung in den Fabriken erst mit Verzögerung. Waren in der traditionellen Landwirtschaft die Männer für die Feldarbeit und die Frauen für Haus, Stall und Garten zuständig gewesen, so übernahmen die Frauen während der ersten Phase der Industrialisierung zumindest dort, wo es möglich war, die landwirtschaftliche Produktion beizubehalten, zusätzlich die Feldarbeit, während die Männer in den Fabriken arbeiteten. In der zweiten Hälfte des 19. Jahrhunderts kann es dann zu einem Strukturwandel in der Form, dass auch Frauen zunehmend in den Fabriken tätig wurden. Dort arbeiteten sie meist als ungelernte Kräfte für schwere, gesundheitsschädliche und schlecht bezahlte Arbeit. Zusätzlich fielen Hauswirtschaft und Kinderbetreuung weiterhin in ihre Zuständigkeit (Rosenbaum 1982).

Auf Seiten der besser gestellten Bevölkerungskreise vollzog sich mit Blick auf die Frauen eine etwas anders gelagerte die Entwicklung: Bereits im Vorfeld der Industrialisierung hatte sich ein aufsteigendes Bürgertum, bestehend aus besser gestellten Handwerkern, Geschäftsleuten und Beamten etabliert. Im Kontext ihres gesellschaftlichen Aufstiegs orientierte sich diese neu entstandene Gesellschaftsschicht an der Lebensweise des Adels und war bemüht, das Gelingen dieser Bemühungen der sozialen Umwelt gegenüber eindrücklich zu demonstrieren. Dabei spielte die öffentlich zur Schau gestellte Tatsache, dass die Frau des Hauses nicht darauf angewiesen war, zu arbeiten bzw. zum

Lebensunterhalt der Familie beizutragen, eine zentrale Rolle (Frevert 1988; Rosenbaum 1982: 341).

Das bürgerliche Leitbild des männlichen Familienernährers wurde ungeachtet der prekären Lage während des 19. Jahrhunderts zunehmend auch in den Arbeiterkreisen propagiert. Trotz – oder vielleicht gerade wegen – der geringen Verwirklichungschancen im frühen Proletariat erwies sich dieses – eine qualitative Differenz der Geschlechter konstituierende Leitbild – als so durchsetzungsfähig, dass es bis in die Gegenwart hinein fortwährend reproduziert und institutionalisiert wird (Peukert 2021: 366 f.).

Gleichheitstheoretische Ansätze

Vor dem Hintergrund der historisch geprägten, strukturellen Benachteiligung von Frauen versteht sich die Geschichte der Gleichstellungsbemühungen zunächst vor allem als Geschichte der Frauenbewegung. Als Pionierin und Vorkämpferin für die rechtliche Gleichstellung der Frauen ist u. a. Marie-Olympe de Gouges zu nennen, die im Frankreich des Jahres 1791 eine „Erklärung der Rechte der Frau und Bürgerin" verfasste, um sie der französischen Nationalversammlung zur Verabschiedung vorzulegen. In der Erklärung forderte sie die volle rechtliche, politische und soziale Gleichstellung der Frauen.

Mit ihrer Schrift reagierte sie auf die im Rahmen der französischen Revolution verkündete Erklärung der Menschen- und Bürgerrechte bzw. die dort niedergelegten Rechte und Pflichten, die ausschließlich für Männer galten. Ihren Einsatz musste Marie-Olympe de Gouges mit dem Leben bezahlen: Am 4. November 1793 wurde sie mit der Guillotine hingerichtet. Das Urteil wurde damit begründet, „daß sie die Tugenden vergaß, die ihrem Geschlecht geziemen (Terre des femmes o. D.)".

Die Forderungen nach Chancengleichheit der Geschlechter wurden von der sogenannten „zweiten Frauenbewegung[16]" aufgegriffen. Ihre Vertreterinnen forderten gleiche Rechte, gleiche Chancen, gleiche Bildung und die Anerkennung gleicher Fähigkeiten für Frauen wie für Männer. Eine wichtige Vordenkerin für diese zweite Phase der Frauenbewegung war Simone de Beauvoir, der mit ihrer Publikation „Das andere Geschlecht" im Jahr 1949 eine

16 Die Frauenbewegung wird gemeinhin in drei Phasen eingeteilt, zu denen die Alte Frauenbewegung (1850–1920 mit der Forderung nach rechtlicher und politischer Gleichheit), die Neue Frauenbewegung (1970–1990 mit der Etablierung feministischer Theorien) sowie die aktuellen Entwicklungen (seit 1990 mit der Ausdifferenzierung von Gender Studies, Queer Studies und Kritischer Männerforschung) zählen (vgl. Perko/Czollek 2022: 115 ff.).

tiefgehende Analyse der Stellung der Frau in der französischen Nachkriegsgesellschaft gelang (Beauvoir 2019). Der aus ihrem Buch viel zitierten Satz „on ne naît pas femme: on le devient" fasst ihren Ansatz treffend zusammen, indem sie postuliert, dass die Ausgangslage der Frau zwar durch ihre Biologie bestimmt, dadurch aber keineswegs determiniert ist. Es gibt Beauvoir zufolge also keine inneren Zwänge oder determinierenden äußeren Umstände, welche der Frau bestimmte Verhaltens- oder Existenzmuster auferlegen (Kuster 2019: 164f.). Die Frauenbewegung der 70er Jahre ging von einer gemeinsamen Betroffenheit aller Frauen und Mädchen von struktureller und personaler Gewalt durch Männer aus und verknüpften diese Annahme mit der Annahme der Gleichheit der Geschlechter.

Die hier schlaglichtartig beleuchteten gleichheitstheoretischen Ansätze stellen die Grundlage für eine Politik dar, mit der die faktische Gleichstellung von Frauen und Männern gefördert und bestehende geschlechtsspezifische Diskriminierungen bekämpft werden sollen. Seit den 1970er Jahren wurden auf Ebene der EU zahlreiche sozialpolitische Richtlinien entwickelt, die vorrangig auf den Erwerbsbereich abzielen. Seit 1982 ergänzen Aktionsprogramme die rechtlichen Maßnahmen durch Förderung von Projekten, die z. B. die Sensibilisierung und den Bewusstseinswandel der nationalen Gesellschaften insgesamt adressieren. Seit 1996 wird die Gleichstellungspolitik durch „Gender Mainstreaming" ergänzt. Im Amsterdamer Vertrag wurde Gleichstellung als Grundprinzip fest verankert. Sie ist seitdem Bestandteil einer umfassenderen Antidiskriminierungspolitik der EU (Abels o. D.).

Kritisiert wird an der Gleichheitstheorie, dass sie Gemeinsamkeiten von Frauen überbetont, während Unterschiede und Hierarchien zwischen Frauen ausblendet bleiben. Diese sind Gegenstand der im Weiteren diskutierten, differenztheoretischen Ansätze.

Differenztheoretische Ansätze

Neben den bereits angesprochenen Punkten kritisieren die Vertreter*innen differenztheoretischer Ansätze an Gleichheitstheorien ferner, dass die angestrebte Gleichstellung von Männern und Frauen eine Anpassung an dominante männliche Normen impliziere. Alternativ dazu gehen differenztheoretische Ansätze davon aus, dass Frauen und Männer per se unterschiedlich sind, wobei weibliche Eigenarten in der patriarchalen Gesellschaft unterdrückt werden. Differenzfeminist*innen treten für eine Aufwertung des Weiblichen und die Anerkennung des Andersseins von Frauen ein (Kuster 2019). Auf entsprechenden Grundannahmen basiert eine Frauenpolitik, die sich für die Schaffung spezifischer Angebote für Frauen einsetzt – etwa frauenspezifische Weiterbildungen und Seminare. Auch Forderung nach einer geschlechtsspezifischen Sprache entstammen diesen Ansätzen (Abdul-Hussain 2006).

Problematisch an Differenzansätzen ist die Tatsache, dass Frauen tendenziell als Opfer der Abwertung ihrer Fähigkeiten wahrgenommen werden. Faktisch tragen sie aber oft durch eigenes Verhalten zur Aufrechterhaltung von Ungleichheit bei. Eine noch grundsätzlichere Kritik an differenztheoretischen Theorien bezieht sich darauf, dass die behaupteten Unterschiede zwischen Männern und Frauen nicht begründet oder belegt, sondern lediglich behauptet werden. Auch ist die den differenztheoretischen Ansätzen zugrundeliegende und durch sie rekonstruierte Behauptung der Zweigeschlechtlichkeit in Frage zu stellen.

Gender Studies

In Deutschland haben sich die Gender Studies etwa seit den 80er Jahren etabliert. Ihr Ziel ist es, die Geschlechterverhältnisse zwischen Frauen und Männern zu analysieren, Unterschiede und Wechselbeziehungen von biologischem und kulturellem Geschlecht zu eruieren und Macht- und Herrschaftsverhältnisse zu untersuchen, die in Zusammenhang mit Zuordnungen zu den Kategorien „männlich“ und „weiblich“ stehen (Perko/Czollek 2022). In den Gender Studies hat sich die Unterscheidung zwischen ‚sex‘ und ‚gender‘ durchgesetzt, wobei ‚sex‘ im Allgemeinen das biologische, ‚gender‘ das soziale bzw. gesellschaftlich-kulturell erzeugte Geschlecht beschreibt. Perko und Czollek (2022: 19) verweisen auf eine weitere Ebene – die ‚gender expression‘. Damit wird das nach außen durch Kleidung, Stil und Verhaltensweisen demonstrierte Geschlecht beschrieben.

Das Konzept des „doing gender“ entstammt der interaktionstheoretischen Soziologie und interpretiert Geschlecht bzw. Geschlechtszugehörigkeit nicht als Eigenschaften oder Merkmale von Individuen, sondern richtet den Fokus auf die sozialen Prozesse, die „Geschlecht“ als sozial relevante Unterscheidung erzeugen und reproduzieren (Gildemeister 2004). In Bezugnahme auf die Strukturationstheorie von Giddens (1994) greifen bei dieser Rekonstruktion gesellschaftlich-strukturelle Rahmenbedingungen und die Ebene des individuellen sowie sozialen Verhaltes ineinander und verstärken sich wechselseitig, indem gesellschaftlich gültige Geschlechtsrollenzuweisungen von Individuen in das eigene Verhalten übernommen und in sozialen Interaktionen reproduziert und damit stabilisiert werden. Der konträre Prozess, bei dem gesellschaftliche Geschlechtsrollenstandards nicht erfüllt und damit destabilisiert werden, wird als „undoing gender“ bezeichnet.

Mit ihrem 1990 erschienenen Buch „Feminism and the Subversion of Identity“ hat Judith Butler eine aktuell andauernde Kontroverse ausgelöst, weil sie nicht nur ‚gender‘, sondern auch ‚sex‘ als sozial konstruierte Kategorie versteht. Ihr zufolge entstammen Köper und Geschlechtsmerkmale zwar der Natur, die biologische Aufteilung in männlich und weiblich erfolgt Butler zufolge jedoch ausschließlich durch gesellschaftliche Zuschreibungen. Demzufolge können nach Butler auch Menschen mit männlichen Geschlechtsmerkmalen eine weibliche Identität haben und umgekehrt.

Für den vorliegenden Zusammenhang ist vor allem interessant, in welcher Weise in arbeitsbezogenen Institutionen ein doing bzw. undoing gender stattfindet. Nach Levy und Sander (2021) spielen dabei zwei Ebenen eine Rolle: zum einen die strukturelle Institutionalisierung als eine in Organisationsstrukturen sowie den darin ablaufenden Prozessen objektivierte Ebene und zum anderen die kulturelle Institutionalisierung, die Deutungsmuster, Vorstellungen, Intentionen und Normen innerhalb von Organisationen beschreibt. Letztere findet durch performative Kommunikation in mehr oder weniger offiziellen Situationen und Medien statt.

Anhand des Beispiels „Care Work“ lässt sich das institutionsbezogene ‚doing gender‘ in der Arbeitswelt veranschaulichen: So stellt der jüngste Gender Equality Index Report (EIGE 2021: 118) für die EU fest: „About 91 % of women with children spend at least an hour per day on housework, compared with 30 % of men with children. The latest available data shows that employed women spend about 2.3 hours daily on housework; for employed men, this figure is 1.6 hours. Gender gaps in housework participation are the largest among couples with children, [...] demonstrating an enduring imbalance in unpaid care responsibilities within families“.

Eine Folge der für nichtbezahlte Care-Aufgaben aufgewendeten Zeit ist, dass Menschen mit Betreuungsverpflichtungen grundsätzlich schlechtere Aufstiegschancen haben. Obwohl die Führung von Teams und Organisationseinheiten in erster Linie generalistische Fähigkeiten erfordert, vor allem Führungskompetenzen (Kommunikation, Konfliktlösung, Verhandlung, Motivation usw.), wird in den deutschsprachigen Ländern immer noch sehr stark aufgrund von Fachexpertise und Erfahrung befördert und eingestellt (strukturell-objektivierte Ebene). Häufig basieren diese Entscheidungen auf Kompetenzvorstellungen und Attributen, die mit dem männlichen Geschlechterrollenstereotyp verbunden sind (durchsetzungsstark, entscheidungsfreudig usw.).

Theorie der Wertabspaltung

Im Gegensatz zu dem – primär auf symbolisch-kultureller Ebene ansetzenden – die etablierten Geschlechtsrollen dekonstruierenden Ansatz von Butler u. a.

nimmt die von Roswitha Scholz entwickelte Wertabspaltungstheorie auch die politisch-ökonomischen Verhältnisse in den Blick (vgl. zu den Ausführungen dieses Abschnitts Scholz 2005). Der Ansatz der Wertabspaltung beschreibt die Geschlechtsrollenzuweisung vor dem Hintergrund der sich global ausbreitenden, kapitalistischen Verfasstheit politischer Systeme, die durch Wettbewerbsdenken, Rationalisierung und Rentabilität charakterisiert sind und diejenigen Bereiche des Lebens ausklammern, die sich nicht unter ihre immanente warenorientierte Rationalisierungslogik subsummieren lassen, wie Kindererziehung, Pflege oder Emotionalität (Wertabspaltung). Diese, für die Existenz einer Gesellschaft zentralen, aber in warenproduzierenden kapitalistischen Systemen abgewerteten und überwiegend ausgeblendeten Aufgaben werden den Frauen überantwortet. Wie die folgende Chronologie zeigt, ist die Phänomenologie der Wertabspaltung nicht stabil, sondern bezieht sich differenzierend auf die jeweiligen, sich historisch verändernden gesellschaftlichen Bedingungen[17]:

1. Vom 19. Jahrhundert bis in die 1960er Jahre hinein manifestierte sich die Wertabspaltung in Gestalt der klassischen Geschlechtsrollenzuweisung (s. o.), die im Zuge der fordistischen Entwicklung im Verlauf des 20. Jahrhunderts auf alle Schichten übergriff.
2. Im Postfordismus ab den 1970er Jahren haben die Erscheinungsformen der Wertabspaltung insofern eine Veränderung erfahren, als Frauen zwar dank der Rationalisierungsprozesse im Haushalt, der Möglichkeiten zur Empfängnisverhütung und der bildungsmäßigen Gleichstellung zunehmend in die Sphäre der marktwirtschaftlich strukturierten Arbeitswelt einbezogen wurden. Dennoch sind sie nach wie vor primär und überwiegend für Haushalt und Care-Aufgaben zuständig. Durch ihre Einbindung in die Arbeitswelt hat sich geschlechterübergreifend ein Gefühlscode etabliert, der wenngleich in modifizierter Form, im Kern dem tradierten „Code der Männer" entspricht, und bei dem Eigenschaften wie Charakterstärke, Rationalität, Durchsetzungsvermögen und Wettbewerb dominieren.
3. Seit den 1990er Jahren kommt es unter dem Stichwort der Globalisierung zu weiteren strukturellen Veränderungen. Die gesellschaftlichen Folgen dieser gesellschaftlichen Verfasstheit zeigen sich in sozialer Atomisierung und Individualisierung. Je nach sozialer Lage manifestieren sich die Formen der Wertabspaltung dabei in verschiedener Weise. Sie umfassen

17 Die hier vorgenommene Sequenzierung wurde von der Autorin vorgenommen und findet sich bei Scholz nicht in dieser Form.

> einen Spannungsbogen mit den Eckpfeilern der „Verelendungs-Individualisierung“ (S. 28) einerseits und „Edelvarianten der Individualisierung“ (ebenda) andererseits. Beispielhaft beschreibt Scholz dieses zweite Extrem anhand gut situierter, beruflich erfolgreicher und privilegierter Frauen, die für Reproduktionsaufgaben schlecht bezahlte Migrantinnen und Frauen aus Osteuropa engagieren.

Wie Scholz weiter ausführt, beschränkt sich die Wertabspaltung nicht auf das Konstrukt des „typisch Weiblichen“. Vielmehr werden auch andere Formen des begrifflich nicht Erfassbaren, Widersprüchlichen, Differenten aus den männlich dominierten Bereichen der Wissenschaft, Ökonomie und Politik ausgespart. Diese weitere Abspaltung bildet den Hintergrund, von dem Rassismus, Antisemitismus und weitere Formen der systematischen Diskriminierung ihren Ausgang nehmen.

Auch bei der Theorie von Scholz greifen die strukturell-politische Ebene und die Ebene des individuellen Verhaltens ineinander. Mit ihrer mehrdimensionalen Ausrichtung leistet die Wertabspaltungstheorie laut Scholz einen gesellschaftskritischen Beitrag, der sich einerseits gegen die Grundform der Wertabspaltung als solche richtet, sich andererseits aber auch inhaltlich-spezifisch „vor Ort“ im jeweiligen Kontext bestimmt.

5.3.4 Kulturelle Diversität in Arbeit und Organisation

Begriffe und Konzepte zwischen Rasse, Ethnie und Kultur

Die in § 1 des Allgemeinen Gleichbehandlungsgesetzes verwendete Bezeichnung der „Rasse“ gilt heute als nicht mehr zeitgemäß. Hinter dem Begriff steht eine Weltsicht, die Menschen nach physischen Merkmalen kategorisiert. Der Terminus geht zurück auf die Kolonialzeit, in deren Rahmen die Zuordnung zu „Rassen“ dazu diente, die Andersartigkeit der „Fremden“ außerhalb Europas zu erklären und gleichzeitig ihre Unterwerfung zu legitimieren (Sökefeld 2007: 43). Vor diesem Hintergrund wird heute vielfach der Begriff der „Ethnie“ bevorzugt. Anders als der Rassenbegriff legt „Ethnie“ nicht angebliche biologische Unterschiede zugrunde, sondern beschreibt eine individuell empfundene Zugehörigkeit zu einer Volksgruppe und zu deren gemeinsamen Merkmalen wie Sprache, Religion, Traditionen oder Werte (Schubert/Klein 2020).

Das Konzept Ethnizität entstand im Kontext der Einwanderung in die USA. Ethnizität bezeichnete in diesem Zusammenhang das Festhalten an vormodernen und nicht-rationalen (oder gar irrationalen) Orientierungen anstelle der als erwünscht geltenden „Modernisierung“ der Einwanderer, die sich in der neuen kapitalistischen Gesellschaft nur noch an rationalen, d. h. ökonomischen Überlegungen ausrichten sollten (Sökefeld 2007: 46). Ethnische Gruppen sind nach diesem Verständnis Communities, deren Zusammenhalt sich auf Tradition und Abstammung stützt, also Gruppen, die die Moderne „noch nicht erreicht hat“. Entsprechende Assoziationen im Zusammenhang mit „Ethnizität“ haben auch heute Bestand: „Das ‚Ethnische‘ ist eine Restkategorie, auf die zum Beispiel in den Medien immer dann verwiesen wird, wenn rationale Erklärungsversuche scheitern. Die Abwertung, die in dieser Kategorie steckt, wird auch dadurch deutlich, dass aus der Perspektive des ‚modernen‘ Staates immer die anderen ‚ethnisch‘ sind [...]“ (Sökefeld 2007: 46). An diesem Beispiel wird deutlich, wie eng die Verwendung bestimmter Begriffe mit Fragen von Macht, Vorstellungen von Normalität, Abweichung und Abwertung verbunden sind.

Auch wenn die Verwendung alternativer Termini die grundsätzliche psychologische Problematik des Wunsches nach Abgrenzung und Abwertung einer keineswegs auflösen kann, wird vor dem beschriebenen Hintergrund vorliegend der Kulturbegriff bevorzugt. Unter „kultureller Diversität“ wird dabei die Existenz von vielfältigen Kulturen und Identitäten innerhalb und zwischen menschlichen Gruppen und Gesellschaften verstanden. Aus Sicht der Autorin ist der Kulturbegriff weniger wertend und beschreibt – wie es die UNESCO (2005) formuliert – die vielfältigen Formen, die Kultur in Zeit und Raum annimmt, wobei diese Vielfalt durch die Einzigartigkeit und Pluralität der Identitäten und kulturellen Ausdrucksformen der Völker und Gesellschaften verkörpert wird, aus denen die Menschheit besteht.

Im vorliegenden Text wird kulturelle Diversität ebenso wie z. B. Gender, Alter, Behinderungen oder chronische Erkrankungen zunächst als eine Unterkategorie von Diversität konzeptualisiert. Wie die weiteren Ausführungen zeigen werden, kann kulturelle Diversität jedoch auch als übergeordneter Begriff genutzt werden, in dem Sinne, dass die hier beispielhaft aufgezählten Subkategorien von Diversität gleichzeitig auch Kulturkategorien sind und geteilte Annahmen der jeweiligen Gruppen beschreiben, die sich in spezifischen Werten, Normen, Verhaltensweisen manifestieren (Voigt 2013: 67).

Postkoloniale Ansätze

Wie bereits an mehreren Stellen dieses Bandes deutlich wurde, lässt sich das Thema ‚Diversity in Organisationen‘ nicht ohne Problematisierung der Fragen nach Macht und Status behandeln. Postkoloniale Theorieansätze arbeiten in diesem Zusammenhang historisch bedingte, binäre Denkweisen heraus, die in heutigen westlichen Organisationen mit dem Thema Hierarchie und Herrschaft verbunden sind, und die sich auch und gerade im Zusammenhang mit kultureller Diversität manifestieren (Prasad 2006).

Grundsätzlich gehen postkoloniale Ansätze davon aus, dass Denk-, Kommunikations- und Beziehungsmuster der kolonialen Herrschaft des 19. und 20. Jahrhunderts bis heute nachwirken und – teilweise in verdeckter Form – fortbestehen. Den Ausgangspunkt dieses Ansatzes bildet die These, dass sich koloniale Strukturen auch nach der, ab den 1960er Jahren vollzogenen Entlassung vormals kolonialisierter Nationen in die Unabhängigkeit nicht plötzlich aufgelöst haben. Vielmehr zeigt sich, dass die Konstellation der heutigen Welt wesentlich durch die Epoche des Kolonialismus geprägt wurde, bis hin zu der Tatsache, dass auch die aktuellen Entwicklungen der Globalisierung eng mit der kolonialen Ordnung verknüpft sind (Conrad 2012). Beispielsweise übernahmen die Eliten in vielen – neu in die Unabhängigkeit entlassenen – Staaten eine Form der Politik, die in hohem Maße derjenigen der Kolonialzeit gleicht. Auch führten die neu etablierten Modernisierungsprogramme – wenn auch mit ausgewechselten Akteur*innen – im Prinzip die kolonial geprägte Entwicklungspolitik fort. Und viele Abhängigkeitsverhältnisse – insbesondere auf wirtschaftlichem Gebiet – dauern an oder verschärfen sich (Conrad 2012; Prasad 2006).

Parallel zu den wirtschaftlichen und politischen Manifestationen des Kolonialismus nach den 1960er Jahren sind auch die Bilder und Identitätskonstruktionen, die der Kolonialismus transportiert, für eine kritische Auseinandersetzung mit dem Thema kulturelle Diversität von weitreichender Bedeutung. Diese, in hohem Maße von Dualität geprägten Schemata und die – oft implizite – Annahme der eigenen moralischen Überlegenheit erfüllen oftmals psychologische Bedürfnisse nach Selbstbestätigung und Schutz der eigenen Identitätskonstruktion (Prasad 2006). Zu diesen Stereotypen zählen etwa binäre Konstrukte wie Maskulinität und Feminität, die Unterscheidung zwischen von westlicher und nicht-westlicher bzw. überlegener und unterlegener Kultur, zwischen Befreiern und Befreiten u. a. m. (Prasad 2006: 125 f.). Diese sowie mit ihnen verwandte Ideen, Bilder, Klassifizierungen und Hierarchien verankerten sich über Jahrhunderte hinweg in den sich weiterentwickelnden Strukturen, etwa der Gesundheits-, Rechts-, Wissenschafts- und Kunstsysteme. Die damit verbundenen Ideen und Bilder gewannen die Bedeutung eines „Common Sense“ und hatten enorme Bedeutung für die Identität westlicher Menschen (Prasad 2006).

Während sich die Forschung in der Vergangenheit vor allem für die Auswirkungen der Herrschaft auf die abhängigen Nationen in Afrika, Lateinamerika und Asien interessierte hat, kommen in jüngerer Zeit verstärkt auch die

Rückkoppelungen und Effekte auf die kolonisierenden Gesellschaften in den Blick. Gerade das als Folge kolonialer Verhältnisse vom Stereotyp der westlichen Überlegenheit geprägte Selbst- und Fremdverständnis sowie damit verbundene dichotome Konstrukte, finden im Kontext der Selbstreflexion ehemals kolonialisierender Gesellschaften zunehmend Aufmerksamkeit. Auch in der betrieblichen Praxis des Umgangs mit kultureller Differenz bestehen kolonial geprägte, dichotome Bilder und Stereotype oftmals – auch unbewusst – fort und unterwandern die inzwischen zahlreichen formellen und informeller Bemühungen, Vielfalt und Multikulturalismus zu fördern. Gerade auch Integrationsbemühungen am Arbeitsplätz können von diesem binären Denken geprägt sein.

Wirksame Aktivitäten zur Förderung kultureller Diversität und gleichberechtigter Vielfalt am Arbeitsplatz müssen daher darauf zielen, diese Binaritäten bewusst zu machen, zu destabilisieren und zu dekonstruieren. Da jedoch – wie gezeigt – Macht und Identität privilegierter Gruppen fundamental in dieses System der Binaritäten verstrickt sind, stoßen die Bemühungen um Vielfalt am Arbeitsplatz häufig auf starken Widerstand.

Cultural Studies (CS)

Angesichts der globalen Erweiterung von Geschäftsbeziehungen zahlreicher Unternehmen, die durch Prozesse der Digitalisierung befördert werden, zählen kultursensible Kommunikationskompetenzen zu den Basisvoraussetzungen für gelingende Kooperation. Parallel dazu befördern neue Arbeitsformen wie agiles Projektmanagement bzw. Scrum die Delegation von Verantwortung von der Führungsebene an die Beschäftigten, so dass die Fähigkeit, in interkulturellen Teams konstruktiv und selbstreflexiv kommunizieren zu können die Grundvoraussetzung für das Zustandekommen von Arbeitsergebnissen darstellt. Neben dem Wissen über die soziale und kulturelle Welt der jeweiligen Kooperationspartner*innen (vgl. z. B. Hinnenkamp 2008) ist die selbstkritische Auseinandersetzung mit Normvorstellungen und Konventionen, die implizit Verstehen und Handeln prägen, sowie die Explikation derselben eine wichtige Grundlage für Erfolg.

Vor diesem Hintergrund wird im Folgenden der Ansatz der Cultural Studies (CS) dargestellt. Gerade im Kontext eines wissenschaftsbasierten Vorgehens im Diversity Management kann die Analyse von kulturellen Artefakten, Texten und Diskursen zur Dechiffrierung unausgesprochener, scheinbarer Selbstverständlichkeiten bei den Mitgliedern interkultureller Teams und zwischen Kooperationsbeteiligten beitragen und auf dieser Basis Verständigung und Konfliktbewältigung fördern.

Ausgehend von der Devise „Medien verstehen heißt Gesellschaft verstehen“ richtet die deutschsprachige Form der Cultural Studies ihr Augenmerk zwar in erster Linie auf die Analyse von Medienangeboten und Medienwirkung. Diese werden primär als Manifestation der ihnen zugrundeliegenden, sozialen Kontexte verstanden. Ziel der CS ist es also, mit Mitteln der Kulturanalyse Alltagspraktiken, alltägliche kulturelle Konflikte und Fragen der soziokulturellen Macht zu beobachten und zu entschlüsseln. Die CS lehnen ein Kulturverständnis ab, das von übereinstimmenden Werten im Sinne eines ‚verbindenden Kitts der Gesellschaft‘ ausgeht; vielmehr untersuchen sie Diskrepanzen, die Menschen – etwa in Abhängigkeit von Lebensformen, Klassen, Geschlechtern oder Herkunft und arbeiten die ihnen zugrundeliegenden Konflikte heraus. Damit sollen auch Machtverhältnisse analysiert und zu verändert werden (Winter 1999, z. n. BMBF 2016).

Die folgende Aufzählung der Merkmale der CS orientiert sich an Dorst (2006) und überträgt die von ihm genannten Punkte auf den Betriebskontext.

- *Kulturverständnis:* Die Cultural Studies vertreten ein breites Kulturverständnis. Unter den Kulturbegriff werden nicht nur die Produkte der „hohen Kunst“ subsummiert, sondern auch die Art und Weise des alltäglichen Lebens und die damit verbundenen Ideen, Gewohnheiten, Sprachen und Institutionen, die sich als Machtverhältnisse manifestieren. Im betrieblichen Kontext spricht man in diesem Zusammenhang auch von Unternehmenskulturen.
- *Kontextualitätsdenken:* Der Kontext, in dem dieses alltägliche Leben stattfindet, wird nicht lediglich als ein bestimmter Hintergrund aufgefasst, sondern als Bedingung dafür, dass der Alltag in dieser Form überhaupt möglich ist. Eine bestimmte Betriebskultur ist somit Voraussetzung für ein spezifisches Handeln der Beteiligten inklusive ihres Umgangs mit Diversität.
- *Machtverständnis:* Macht wird als Phänomen verstanden, das nicht nur in staatlichen Organisationen zum Einsatz kommt, sondern überall dort auftritt, wo Menschen ihren Alltag gestalten. Dabei wird die Veränderbarkeit der Macht, ihrer Strukturen und Organisationen fokussiert. Gerade in Betrieben manifestiert sich Macht über Hierarchien, aber auch informelle Beziehungen. Die Frage, wer Zugang zu Machtpositionen hat und wer nicht, ist ebenfalls ein Ausdruck der Betriebskultur.
- *Institutionelle Bezüge:* Kultur ist eng in den jeweiligen institutionellen Hintergrund eingewoben, in dem Sie auftritt. Sie versteht sich demzufolge auch als Netzwerk aus sozialen Beziehungen, Zeichen, Bildern, Wörtern, Gesten u. a. m.

- *Subjektivität:* Kultur wird als etwas sehr Subjektives verstanden, das sich in philosophischen oder psychoanalytischen Fragestellungen, in Diskussionen rund um den Begriff der Identität sowie über Sprache und Diskurs manifestiert. Die kritische Erforschung betrieblicher Artefakte im Hinblick auf die darin enthaltenen Archetypen beispielsweise kann z. B. Aufschluss über die jeweils gelebten und handlungsleitenden Kulturmerkmale einer Organisation geben.
- *Praktische Relevanz:* Die CS sehen sich als ein Ansatz, der eine Verbindung zwischen Theorie und Politik schafft sowie als Weg, der politisch brauchbares Wissen erzeugt. Die Integration in solche – von den CS inspirierten – Analysen als Grundlage des Handelns im Rahmen eines DGM kann insofern aufschlussreiche Erkenntnisse befördern und neue Handlungsmaximen generieren.

5.3.5 „Behindert sein" oder „behindert werden" in Arbeit und Organisation

Wie bereits in den bisher diskutierten Kategorien von Vielfalt geht es auch im vorliegenden Abschnitt darum, Modelle und Konzepte von Diversity einander gegenüber zu stellen. Damit soll nicht nur deutlich werden, dass Vielfalt in unterschiedlicher Weise verstanden und beschrieben werden kann, sondern auch, dass bestimmte Grundannahmen dazu beitragen gesellschaftliche Wirklichkeit in verschiedener Weise zu deuten und zu konstruieren. Ebenso wie für die bisher beschriebenen Differenzkategorien gilt für den Schwerpunkt ‚Behinderungen', dass die dargestellten Modelle keinen vollständigen Überblick über die Theorieentwicklung geben können und wollen. Die Auswahl verfolgt vielmehr das Ziel, durch das Aufzeigen kontrastreicher Positionen das Bewusstsein dafür zu schärfen, welche – meist unausgesprochenen – Vorstellungen von Vielfalt – in der betrieblichen Praxis handlungsleitend sein können, und diese ggf. zum Gegenstand der Reflexion, Diskussion und Veränderung zu machen.

Individualisierendes Modell

Wie Waldschmidt (2020: 59) erläutert, wurde das individualisierende Modell von Behinderung als solches nie ausdrücklich formuliert; es stellt vielmehr eine Rekonstruktion dar, die als Kontrastfolie für kritische Diskurse zum Thema Behinderung genutzt wird. Im Prinzip repräsentiert das individualisierende Modell einen Ansatz, der Behinderung mit einer diagnostizierbaren Beeinträchtigung des Individuums gleichsetzt. Behindertsein wird als persönliches

Schicksal verstanden, das professioneller Unterstützung bedarf. Dannenbeck (2015) verortet neben den medizinischen auch rehabilitationswissenschaftliche Ansätze im Bereich der individualisierenden Konzeption, denn auch pädagogische, psychologische und andere therapeutische Rehabilitationsmaßnahmen zielen nach traditionellem Verständnis darauf, die betroffene Person an die Mehrheitsgesellschaft anzupassen.

Auch wenn, wie die weiteren Ausführungen zeigen, dieses Modell von Seiten der Disability Studies stark unter Kritik steht, ist es im Alltagsverständnis vieler Menschen und damit auch im Arbeitskontext sehr verbreitet. Seine Stärke besteht darin, auf die Bedürfnisse des Einzelnen eingehende und durchaus wirksame Therapien und Fördermaßnahmen entwickelt zu haben (Waldschmidt 2020). Kritikwürdig an der individualisierenden Sichtweise von Behinderung ist jedoch der Umstand, dass gerade in einer – an Konkurrenz- und Leistungskriterien orientierten – Arbeitsgesellschaft akute und chronische Krankheit und Behinderung oft als Störung oder Abweichung angesehen wird, die ein reibungsloses Funktionieren gefährden und daher kontrolliert bzw. beseitigt oder „wegtherapiert“ werden müssen. Das individualisierende Modell schließt sich – meist unausgesprochen bzw. in der Absicht „der betroffenen Person zu helfen“ – dieser Auffassung an.

Auf der Ebene wissenschaftlicher Theorien vertritt die strukturfunktionalistische Position des Soziologen Talcott Parsons (1958) genau diese Sichtweise. Der Strukturfunktionalismus betrachtet Gesundheit als Voraussetzung, die dazu dient, mit den gesellschaftlichen Leistungsanforderungen zurechtzukommen. Parsons geht davon aus, dass jeder Mensch auf Grundlage verbindlicher Rollenerwartungen funktionale Beiträge zur Aufrechterhaltung und zum Funktionieren der gesellschaftlichen Strukturen erbringen muss. Krankheit ist nach diesem Verständnis eine generalisierte Störung der Leistungsfähigkeit der Person, die dazu führt, dass sie die an sie gerichteten Erwartungen nicht (mehr) erfüllt (Reibling 2021). Die Erwartungen selbst werden jedoch nicht hinterfragt.

Ein weiterer theoretischer Ansatz, der Behinderung im Individuum verortet, ist die interaktionstheoretische Sicht Erving Goffmans (2018). In seinen theoretischen Ausführungen im Band „Stigma“ beschreibt Goffman die Mechanismen und Wirkungen sozialer Ausgrenzungsprozesse und verleiht den stigmatisierten Menschen durch die Art der Darstellung eine Stimme. Aber auch an seinem Ansatz lässt sich kritisieren, dass er Diskriminierung zwar beschreibt und dadurch bewusstmacht; aber auch er stellt nicht die Frage, wie es dazu kommt, dass eine Gesellschaft bestimmte Menschen als behindert und damit als abweichend einstuft (Waldschmidt 2020; Wyss 2018).

Menschenrechtsmodell

Das am 3. Mai 2008 in Kraft getretene Übereinkommen der Vereinten Nationen über die Rechte von Menschen mit Behinderungen (UN BRK) konkretisiert bestehende Menschenrechte für die Lebenssituation von Menschen mit Behinderungen und verfolgt das Ziel, ihre Chancengleichheit in der Gesellschaft zu fördern (Beauftragter der Bundesregierung für die Belange von Menschen mit Behinderungen 2008). Vor diesem Hintergrund formuliert das Übereinkommen wesentliche Ideen und Prinzipien der internationalen Behindertenbewegung und fasst Behinderung als einen Aspekt menschlicher Vielfalt auf.

Die dem Dokument zugrundeliegende Ethik ist geprägt von der Idee, dass es universale Rechte gibt, die jedem Menschen zustehen und weder durch Leistung oder Status erworben noch durch bestimmte Merkmale aberkannt werden können. Um sicherzustellen, dass eine Inanspruchnahme dieser Rechte für Menschen mit Behinderungen gewährleistet ist, müssen – so die Auffassung des Abkommens – diese Rechte konkretisiert werden. In diesem Sinne deklariert Artikel 27 der UN-BRK den gleichberechtigten Anspruch behinderter Menschen auf Arbeit. Dieses Recht schließt die Möglichkeit ein, den Lebensunterhalt durch Arbeit zu verdienen, die frei gewählt oder frei angenommen wird. In diesem Zusammenhang formuliert Artikel 27 die staatliche Pflicht, die Verwirklichung des Rechts auf Arbeit durch geeignete Schritte zu sichern und zu fördern. Die Vorschriften des Artikel 27 Absatzes 1 Buchstabe a bis k der UN-Behindertenrechtskonvention zählen beispielhaft auf, worauf die zu treffenden Maßnahmen zielen sollen. Beispielsweise hebt Ziffer b des Artikels hervor, dass Menschen mit Behinderungen das gleiche Recht auf gerechte und günstige Arbeitsbedingungen haben, dass ihnen gleiches Entgelt für gleichwertige Arbeit zusteht, dass sie das gleiche Recht auf sichere und gesunde Arbeitsbedingungen, einschließlich Schutz vor Belästigungen haben und bei Missständen zu schützen sind. Ziffer j stellt heraus, dass das Sammeln von Arbeitserfahrung auf dem allgemeinen Arbeitsmarkt durch Menschen mit Behinderungen zu fördern ist.

Die Stärke des der Konvention zugrundeliegenden, menschenrechtlichen Ansatzes besteht nach Waldschmidt (2020: 70) in ihrem Pragmatismus und einem hohen Konkretisierungsgrad der für die Politikgestaltung spezifischen Grundsätze ausführt. Ihre Schwäche besteht im Risiko, dass die Zustände durch diese Konkretisierung affirmativ verstärkt werden, anstatt dass bestehende gesellschaftliche Verhältnisse und ihre Auswirkungen auf Menschen mit Behinderungen in Frage gestellt werden.

Die Unterzeichnung der UN BRK durch die Bundesrepublik Deutschland hatte in vielfältiger Hinsicht Auswirkungen auf die Arbeit von Menschen mit

Behinderungen. Wie in Kapitel 7 dargelegt wird, sind beispielsweise die Vorschriften in den Arbeitsstättenrichtlinien, die auf die Herstellung eines höheren Maßes an Chancengleichheit zielen, ein Resultat des Menschenrechtsansatzes.

Disability Studies – soziales Modell

Die historischen Wurzeln der Disability Studies verortet Dederich (2015) in den 1970er Jahren. Damals hatten behinderte Menschen in den USA die Disability Rights Movement initiiert, eine soziale Bewegung, die nicht nur Strukturen der gegenseitigen Unterstützung und Solidarität etablierte, sondern auch Rechte für Menschen mit Behinderung als gleichberechtigte Bürger der amerikanischen Gesellschaft einforderte. Etwa zeitgleich wurden im Vereinten Königreich erste Schritte unternommen, Behinderung neu zu verstehen. Kontrastierend zum medizinischen sowie zum sozial-karitativen Verständnis, das Behinderung als individuelle Pathologie bzw. als Gegenstand sozialer Fürsorge sieht, wurde Behinderung zunehmend als Anlass für soziale Unterdrückung wahrgenommen. In Deutschland war ein wichtiger Meilenstein für die Profilierung der Disability Studies die im Jahr 1978 durch Horst Frehe und Franz Christoph vorangetriebene Gründung so genannter „Krüppelgruppen". Diesem provokativen Ansatz zufolge sind Menschen mit Behinderungen eine unterdrückte Minderheit, die nicht nur mit einem erheblichen Anpassungsdruck an gesellschaftliche Werte und ästhetische Normen konfrontiert ist, sondern die auch in Behinderteninstitutionen, Behindertensonderschulen und Behinderten-Rehabilitationseinrichtungen vom Rest der Gesellschaft segregiert wird (Dederich 2015).

Auf wissenschaftlicher Ebene, die zunächst stark von Forscher*innen mit Behinderungen geprägt wurde, haben sich in dem – als Diversity Studies bezeichneten – Ansatz sehr unterschiedliche Facetten und differenzielle Schwerpunktsetzungen entwickelt. Ihnen gemeinsam ist die Kritik am traditionellen, individualisierenden defekt- und defizitorientierten Verständnis von Behinderung (Dederich 2015; Waldschmidt 2020). Ziel der Diversity Studies ist es, ein weit über das ambivalente Integrationsgebot hinausgehendes, theoretisches Modell zu formulieren, das den Anspruch hat, den gesellschaftlichen und politischen Umgang mit Differenz zu verändern. Als veränderungswürdig werden nicht Menschen mit Behinderungen eingestuft, sondern vielmehr die gesellschaftlich-kulturellen Verhältnisse, die offen oder latent behindertenfeindliche, abwertende oder unterdrückende Lebensumstände und Handlungsweisen hervorbringen. Diese – innerhalb der Diversity Studies oft als *soziales Modell* beschriebene – Auffassung basiert nach Waldschmidt (2020: 65) auf drei Grundannahmen:

- Erstens wird Behinderung als Form sozialer Ungleichheit verstanden, deren Ursache in der industriell-kapitalistischen Produktionsweise und den damit verbundenen, ausbeuterischen Arbeitsverhältnissen liegt, die zur Exklusion von Menschen mit Behinderung führen.
- Zweitens postuliert der Ansatz, dass zwischen disability (im Sinne einer klinisch relevanten Auffälligkeit oder funktionalen Einschränkung einer Person) und impairment (als Produkt sozialer Strukturen, die so gestaltet sind, dass Menschen mit Behinderung nicht gleichberechtigt am gemeinschaftlichen Leben teilnehmen können) unterschieden werden muss.
- Drittens wird darauf verwiesen, dass Menschen mit Behinderung mündige Bürger*innen sind, deren Erfahrungen und Interessen bei politischen Entscheidungen einzubeziehen sind.

Bezogen auf die betriebliche Praxis lassen sich Ansätze, die eine Einbindung von Menschen mit Behinderung in Entscheidungen – etwa in Form einer Beteiligung von Inklusionsbeauftragten nach §§ 181 SGB IX an Entscheidungen – als eine Manifestation des sozialen Modells in der betrieblichen Praxis interpretieren. Aber auch Ansätze, die darauf gerichtet sind, eine bedürfnisorientierte Passung zwischen Menschen mit Behinderung und dem Arbeitssystem, in das sie eingebunden sind, lassen sich dieser Kategorie zuordnen.

Disability Studies – kulturelles Modell

Innerhalb der – zunächst eher von sozialwissenschaftlichen Ansätzen geprägten – Debatte der Disability Studies gewinnen in den letzten Jahren zunehmend kulturwissenschaftliche Perspektiven Raum (Dederich 2015; Waldschmidt 2020; Dannenbeck 2015). Diese setzen sich beispielsweise mit Fragen auseinander, wie Behinderung in verschiedenen gesellschaftlichen Bereichen wahrgenommen und repräsentiert wird und mit welchen Bildern und Symboliken Behinderungen beschrieben und charakterisiert werden. So weisen Adams et al. (2015) darauf hin, dass in einer kommerziell geprägten Welt Gesundheit und körperliche Schönheit in aggressiver Weise propagiert werden und die Rhetorik der Mode-, Diät- und Fitnessindustrie ein Abweichen von diesen Idealen mit moralischem Versagen gleichsetzt. Das kulturelle Modell von Behinderung zielt vor diesem Hintergrund darauf, gesellschaftliche Einflüsse auf Identitätsbildung, Subjekttheorien und Körperkonzepte zu explizieren und den Vollzug von Behinderungsprozessen in alltäglichen Interaktionen nachzuzeichnen (Dannenbeck 2015). Darüber hinaus wird die analytische Perspektive umgekehrt und erweitert: Nicht mehr Menschen mit Behinderung sind Gegenstand wissenschaftlicher Untersuchungen, vielmehr wird die Mehrheitsgesellschaft zum eigentlichen Untersuchungsgegenstand (Waldschmidt 2020).

Auch für den Arbeits- und Organisationskontext liefert das kulturelle Modell von Behinderungen zahlreiche Anknüpfungspunkte für weitergehende Analysen, die sich im Sinne eines diversityorientierten Gesundheitsmanagements verstehen und für die Organisationsentwicklung nutzen lassen. Betriebs- und organisationsbezogene Forschungsfragestellungen können sich beispielsweise darauf beziehen, welche Wirkung die Sprache – bezogen auf das Themenfeld Behinderungen – auf Teamklima, Teilhabe oder Entscheidungen hat, welche körperbezogenen Ästhetizismen implizit in Unternehmen gepflegt werden, welche Auswirkungen sie auf den Umgang mit Behinderung haben u. v. a. m.

5.4 Zwischenfazit: Vielfalt in der Arbeit

Jenseits der thematischen Fokussierungen der hier vorgestellten Theorien machen die Ausführungen dieses Kapitels deutlich, dass der Umgang mit Vielfalt bzw. die Intention, eine vielfaltsfreundliche Kultur auf Organisationsebene zu etablieren, weit über einfache Interventionen – etwa Sprachregelungen, Teamtrainings, Verhaltensleitlinien u. ä. hinausgeht. Unabhängig von der jeweils adressierten Unterschiedskategorie zeigt sich immer wieder, dass Differenzkonstruktionen historisch gewachsen und tief in die gesellschaftlichen und wirtschaftlichen Strukturen ebenso wie in die individuellen Wahrnehmungsmuster eingewoben sind. Auf der betrieblichen Ebene manifestieren sich entsprechende Konstruktionen unter anderem in der Art, wie Macht verteilt ist und wer Zugang zu diesen Machtpositionen hat, aber auch darin, nach welchen Kriterien Entscheidungen getroffen werden. Überwiegend basieren diese auf einer Kultur der Funktionalität, Effizienz, des Wettbewerbs, der Stärke und Maskulinität. Aufgrund der Tatsache, dass es sich dabei um gesellschaftlich anerkannte wirkmächtige Ideale handelt, können Antidiskriminierungsbemühungen auf organisationaler Ebene nur dann erfolgreich sein, wenn gleichzeitig eine kritische gesellschaftliche Debatte um die Risiken und Schadenspotenziale dieser Konstrukte stattfindet.

Daneben kommen auch Diversity-Programme auf der betrieblichen Ebene nicht daran vorbei, sich kritisch mit entsprechenden handlungsleitenden Orientierungen auseinandersetzen und die diesen zugrundeliegenden Stereotype zu hinterfragen. Ohne eine entsprechende Reflexion kann es ansonsten leicht geschehen, dass gut gemeinte Regeln und Entscheidungsprämissen – etwa Vorgaben zur Unterstützung von als benachteiligt geltenden Communities – vorhandene Stereotypien affirmieren und damit zementieren. Ausschlaggebend für solche nicht intendierte Entwicklungen sind häufig unausgesprochene individualisierende Annahmen, die Abweichungen von der geltenden Norm in den einzelnen Personen verorten, anstatt die Strukturen und Prozesse zu hinterfragen, die eine Abweichung überhaupt als solche konstituieren.

Die Organisationsentwicklung zugunsten von Gesundheit bzw. Vielfalt hat bisher eine Reihe von Ansätzen hervorgebracht, die diesen Ansprüchen in sehr unterschiedlicher Weise nachkommen. Mit dem Ziel, entsprechende Veränderungskonzepte für Organisationen vorzustellen und vor dem Hintergrund der hier formulierten Prämissen zu überprüfen, stellt das folgende Kapitel einige zentrale Ansätze der Organisationsentwicklung zusammen und nimmt eine kritische Wertung der ihnen zugrundeliegenden Leitorientierungen vor.

6. Leitorientierungen der Organisationsveränderung

6.1 Kapitelübersicht

Die Ausführungen dieses Kapitels diskutieren die Ansätze der organisationalen Gestaltung von Veränderungen in den Bereichen von Gesundheit und Vielfalt vor dem Hintergrund des Spannungsfeldes zwischen ökonomischen Zwängen und dem Ziel einer menschengerechten Gestaltung von Arbeit. Im Laufe der historischen Entwicklung wurden zum Umgang mit den diesen Ansprüchen immanenten Gegensätzen verschiedene Antworten gefunden, deren Ausformung – so die These dieses Kapitels – geprägt sind von dem jeweiligen gesellschaftlich-historischen Kontext, in den sie eingebettet sind.

Im ersten Teil des Kapitels werden allgemeine Konzepte zur Veränderung von Organisationen im Kontext der historischen Entwicklung beschrieben und dabei die Leitorientierungen der klassischen Organisationsentwicklung denjenigen neuerer Managementkonzepte gegenübergestellt. Diese Gegenüberstellung setzt sich in den beiden folgenden Teilkapiteln mit spezifischen Bezügen zu den Themen Gesundheit und Vielfalt fort. Das Kapitel endet mit einem Zwischenfazit sowie einer Einschätzung aktueller gesellschaftlicher Einflüsse auf organisationale Veränderungskonzepte zu Gesundheit und Diversity.

6.2 Grundlegende Veränderungskonzepte

6.2.1 Soziale Bedürfnisse als Gewinnerzielungsfaktor: Der Ansatz der Human Relations

Im Zuge der Ausdehnung der tayloristisch organisierten Massenproduktion und der damit verbundenen Standardisierung der Herstellungsprozesse ebenso wie der erzeugten Waren geriet das System der hochgradig arbeitsteiligen Produktionsabläufe nicht zuletzt aufgrund der mit ihm verbundenen, rigiden technisch-organisatorischen Strukturen ab Ende der 1960er Jahre in eine erste Krise. Als Kristallisations- und symbolischer Wendepunkt werden oft die Erfahrungen beschrieben, die im Rahmen der Experimente in den Hawthorne Werken in Kalifornien gemacht wurden und die zu einer stärkeren Berücksichtigung der Person und ihrer sozio-emotionalen Bedürfnisse im Arbeitskontext führten (z. B. Neuloh 1953; Sichler 2018). Bis zu diesem Zeitpunkt war man im Geiste Taylors davon ausgegangen, dass es für eine hohe Arbeitsleistung genüge, den Beschäftigten differenzierte Anweisungen zu erteilen und die Beachtung dieser Vorgaben mithilfe eines Leistungslohnsystems sicherzustellen. Erst die Hawthorne-Experimente und deren Interpretation führten zur Anerkennung von sozialen Bedürfnissen und der Eingebundenheit in zwischenmenschliche Beziehungen als organisationsrelevante Tatbestände (Elsik 2011). Die Ergebnisse der Experimente machten deutlich, dass Anreize für die Leistungsbereitschaft und Performance bei der Arbeit nicht nur in Form von Anordnung und Strafe bestehen, sondern auch in Anerkennung und Aufmerksamkeit für die Person – ein Fazit, das sowohl mit dem Ziel der Akzeptanz von Vielfalt als auch dem heutigen neurowissenschaftlichen Erkenntnisstand zur Bedeutung sozialer Beziehungen für Gesundheit korrespondiert (Bauer/Hauser 2006).

Aus einer an ethischen Prinzipien orientierten Perspektive ist gegenüber dem Human-Relations-(HR-)Ansatz kritisch einzuwenden, dass hier menschliche Bedürfnisse nach Wertschätzung und sozialer Anerkennung zur Manipulation des Leistungsverhaltens missbraucht werden. Tayloristische Prinzipien wie Arbeitsteilung, Leistungsdruck und Rationalisierung wurden insofern im Rahmen des HR-Ansatzes nicht abgelöst, sondern lediglich ihr Methodenarsenal verfeinert. Die tayloristische Arbeitsgestaltung wurde nicht prinzipiell in Frage gestellt, lediglich der Umgang mit den Beschäftigten wurde revidiert (Kieser 2014).

6.2.2 Phasen des Veränderungsprozesses, Action Research und Survey Feedback

Parallel zu dem oben beschriebenen, eher individualpsychologisch geprägten Entwicklungsstrang führten gruppen- und organisationswissenschaftliche Erkenntnisse zu dem, was heute als Grundidee der Organisationsentwicklung (OE) gilt (Nerdinger 2019). Zu nennen sind in diesem Zusammenhang die auf die Forschungsergebnisse von Lewin zurückgehenden Ansätze des Drei-Phasen-Modells der Veränderung, des Action Research und des Survey-Feedback-Ansatzes sowie die Erkenntnisse aus den Studien von Trist und Bamforth im englischen Kohlebergbau.

Der Sozialpsychologe Kurt Lewin war 1933 vor den Nationalsozialisten in die USA geflüchtet und arbeitete von 1944 bis 1947 am Massachusetts Institute of Technology (MIT) in dem dort eigens für ihn eingerichteten Research Center of Group Dynamics. Vor dem Hintergrund der erlebten Barbareien des Naziregimes war es sein Ziel, mit Hilfe der Forschung Methoden zu finden, die Menschen zu humanem und demokratischem Handeln befähigen sollten (Grossmann et al. 2015: 15). Obwohl seine Arbeiten mittlerweile fast 80 Jahre zurückreichen, wird im Bereich der Gestaltung von Veränderungsprozessen auf kaum einen anderen Forscher so häufig Bezug genommen, wie auf Lewin. Große Verbreitung und Akzeptanz hat sein triadisches Phasenmodell, bestehend aus den Schritten „unfreezing – moving – refreezing" gefunden. Mit diesem Modell beschreibt Lewin, wie sich Menschen und Organisationen Veränderungen aneignen. Demnach entsteht das ‚Auftauen' verfestigter Verhaltensweisen und Einstellungen dann, wenn Gruppen oder Einzelpersonen ein Feedback über sich selbst erhalten. Oft löst dieses bei den Empfänger*innen zunächst Abwehrreaktionen aus. Wenn das Feedback im weiteren Prozess angenommen und reflektiert wird, entsteht Veränderungsbereitschaft. Darauf folgt das Ausprobieren neuer Verhaltensweisen, die sich allmählich stabilisieren (Nerdinger 2019: 181) (vgl. Abbildung 36).

Abb. 36: Drei-Phasen Modell der Veränderung nach Lewin (eigene Darstellung)

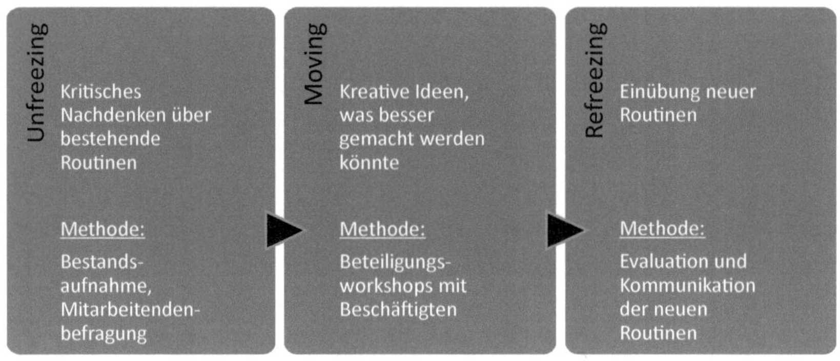

Viele spätere Veränderungsmodelle nehmen auf diese Denkweise Bezug, auch wenn sie mehr Phasen und detailliertere Beschreibungen zu diesen formulieren.

Im Gegensatz zum traditionellen Forschungsverständnis, bei dem Forschende möglichst keinen Einfluss auf den Verlauf einer Studie nehmen und den Forschungsgegenstand objektiv zu beschreiben trachten, ist das ebenfalls von Lewin entwickelte und in enger Verbindung mit dem Phasenmodell der Veränderung stehende Prinzip der Aktionsforschung ein gänzlich anderes.

Angeregt durch seine Forschungsarbeit mit selbstreflexiven Prozessen in Gruppen entwickelte Lewin ein innovatives Forschungsparadigma, bei dem Beobachtende und Beobachtete, Subjekte und Objekte der Forschungstätigkeit nicht mehr zu unterscheiden waren, sondern in ein und derselben Person in Erscheinung traten. Im Rahmen eines Prozesses der Aktionsforschung (action research) sammeln Forschende und die Mitglieder von Teams und Organisationen gemeinsam Daten darüber, wie die Organisation funktioniert und an welchen Stellen Probleme auftreten (survey). Dies kann auch in Form von quantitativen Methoden wie z. B. Fragebögen geschehen. Zentral dabei ist der anschließende Feedback-Prozess, der die Rückmeldung der ausgewerteten Daten an das Management und an die Beschäftigten der Organisation mit ihren Führungskräften umfasst. Diese Treffen bieten die Chance, die Ergebnisse ausführlich zu diskutieren und auf die Hintergründe und Ursachen von Problemen einzugehen. Auf diese Weise erhalten alle Beteiligten neue Erkenntnisse über sich selbst und die Abläufe im System. Gleichzeitig erleben die Mitarbeitenden die Chance zur aktiven Gestaltung (Partizipation). In der Organisationsentwicklung hat sich dieses Prinzip etabliert, zumal das Wissen der Beschäftigten so bestmöglich genutzt und ihre Bindung an die Organisation gestärkt wird. Im deutschen Sprachraum wurden die Impulse des Action Research erst in den 60er und 70er Jahren aufgegriffen (Grossmann et al. 2015: 18 f.).

6.2.3 Technik – Organisation – Individuum als interdependente Systemkomponenten

In den 1940er Jahren führte eine interdisziplinäre Forschendengruppe um Eric Trist am Londoner Travistock Institute of Human Relations aufschlussreiche Studien im englischen Kohlebergbau durch. Anlass war, dass es seit Einführung der Mechanisierung im Kohlebergbau massive Probleme bei den Beschäftigten gab: Neben stagnierender Produktivität, ständigen Konflikten mit den Gewerkschaften und einer hohen Fluktuation verbreitete sich in den Bergbaudörfern die Alkoholabhängigkeit in epidemischem Ausmaß. Gleichzeitig gab es infolge des Wiederaufbaus nach dem zweiten Weltkrieg einen erheblichen Bedarf an Kohleproduktion. Der Auftrag für die Forschungsaktivitäten des Travistock Institute zielte deshalb darauf, Erkenntnisse zur Steigerung der Produktivität sowie zur Verbesserung der Beziehungen zwischen Arbeiter*innen, Gewerkschaften und Unternehmer*innen zu gewinnen und innovative Arbeits- und Organisationsformen zu entwickeln (Frei 1993).

Im Rahmen ihrer Studien machten die Forschenden eine interessante Entdeckung: Während die meisten Gruben im Zuge der Mechanisierung ihre traditionellen Organisationsformen aufgegeben und neue, tayloristisch geprägte Strukturen und Prozesse eingeführt hatten (Longwall Methode), hatte es eine Grube geschafft, trotz der Mechanisierung ihre herkömmliche Form der Arbeitsorganisation beizubehalten. Diese bestand darin, dass sich die Arbeitsgruppen recht autonom organisierten, ihre Schichten selbst einteilten und sich bei den zu erledigenden Aufgaben und Einsätzen abwechselten. Externe Kontrollen fanden nur spärlich statt, und es gab eine hohe Identifikation mit der Gruppe. Die Arbeitenden in dieser so genannten Haighmoor-Grube waren hoch engagiert, hatten geringe Fehlzeiten, eine geringe Unfallquote und die Produktivität zeigte gute Ergebnisse (Frei 1993). Vor der Einführung der mechanischen Kohleförderung war diese Art der Aufgabenorganisation im Kohlebergbau üblich gewesen: Kleine Gruppen führten den gesamten Arbeitsprozess eigenverantwortlich aus. Mit zunehmender Mechanisierung und der damit einhergehenden Einführung der Longwall Methode waren diese autonomen Gruppen verschwunden. Die neue Methode war auf groß angelegte Abbauverfahren ausgerichtet und hatte dazu geführt, dass Prozesse fragmentiert und Arbeiter jeweils nur für einen bestimmten Arbeitsschritt zuständig waren. Während früher jeder Arbeiter für alle Aufgaben zuständig war und es keine Unterschiede gab, war die Einführung der Longwall Methode mit Statusdifferenzen verbunden. Beispielsweise war die Koordination und Kontrolle der Arbeiten jetzt Vorgesetzten überlassen, die gerne auch Einschüchterungstaktiken praktizierten. Dies verschärfte die Konflikte zwischen den Gruppen und ließen Störungen in den Arbeitsabläufen entstehen (Frei 1993).

Trist und seine Kolleg*innen erkannten, dass die Einführung der mechanischen Fördertechnik in Verbindung mit der Longwall Methode ohne Rücksicht auf die sozialen Beziehungen zwischen den Beschäftigten erfolgt und die traditionelle Arbeitskultur zerstört worden war. Im Gegensatz dazu war es den Arbeitenden in der Haighmoor-Grube gelungen, trotz der Mechanisierung den Gruppenzusammenhalt und die Selbstregulation zu bewahren. Aus diesen Beobachtungen leiteten die Wissenschaftler*innen den soziotechnischen Ansatz ab. Dieser basiert auf der Annahme, dass Organisationen aus zwei Teilsystemen bestehen – einem sozialen und einem technischen (wobei unter den Begriff des technischen Systems auch die Arbeitsorganisation subsummiert wird). Weiter wird angenommen, dass Organisationen und ihre Teile mit der Umwelt in einem Austauschprozess stehen. Der soziotechnische Ansatz stellte klar, dass sich die psychologischen und sozialen Probleme der Beschäftigten nicht unabhängig von den Bedingungen der neuen Technologie und deren Einsatz erklären ließen. Die Erkenntnisse aus der Theorie soziotechnischer Systeme weisen darauf hin, dass man ein System nicht einfach dadurch optimieren kann, dass man ein technisches System addiert, sondern dass Optimierung in Organisationen immer bedeutet, soziale Belange mit zu berücksichtigen.

6.2.4 Managementkonzepte der Organisationsveränderung

Etwa ab den 1990er Jahren wurden die beschriebenen, hier als klassische Ansätze der Organisationsentwicklung bezeichneten, Vorgehensweisen von stärker marktorientierten und auf ökonomischen Erfolg zielende Strategien des Change Managements abgelöst. Hintergrund waren die spätestens seit den 80er Jahren zunehmend an Bedeutung gewinnenden Entwicklungen in der Computertechnik bzw. die unter dem Schlagwort ‚Digitalisierung' zusammengefassten Veränderungen, die bis heute mit einer Intensivierung, Dynamisierung und Globalisierung des marktwirtschaftlichen Wettbewerbs einhergehen und von den Betrieben neue Formen der Gestaltung von Arbeitsprozessen verlangen. An den klassischen Modellen der Organisationsentwicklung formierte sich vor dem Hintergrund der genannten gesellschaftlichen Entwicklungen zunehmend Kritik. Vor allem wurde bemängelt, dass die Organisationsentwicklung mit ihrem Anspruch an Partizipation und Humanität von einer generellen Naivität gegenüber Machtstrukturen in Organisationen geprägt sei (u. a. Kühl/Schnelle 2001). Auch sei das in der klassischen OE vertretene Konzept des Wandels, das von relativ stabilen Verhältnissen ausgeht, an aktuelle Entwicklungen einer globalisierten Wirtschaft nicht mehr anschlussfähig. Veränderungen, so die Überzeugung der neueren Managementansätze, müssen schneller und ökonomischer umgesetzt werden. Als „change agents" werden die Führungskräfte in den Organisationen in die Verantwortung genommen und die Durchsetzung des Change Managements wird als ihre permanente Aufgabe deklariert (Trebesch/Kulmer 2008).

Im Vergleich zur klassischen Organisationsentwicklung zeichnen sich Change-Managementansätze der Veränderung durch folgende Charakteristika aus (vgl. Nöcker 2007):

- Eine stringentere Zielorientierung: Ziele werden konkretisiert, operationalisiert, nach ihrer Machbarkeit bewertet und es werden Zeithorizonte und Zielerreichungsgrade bestimmt.
- Eine aktivere und handlungsorientiertere Ausrichtung: Statt intensiver Diskussionsprozesse mit den Betroffenen steigt die Bedeutung der aktiven Verwirklichung der Pläne.

- Eine höhere Veränderungsdynamik: Veränderungsphasen folgen in hoher Geschwindigkeit aufeinander, die von Lewin postulierte Phase des ‚refreezing' findet in dieser Form nicht mehr statt.
- Eine deutlichere ökonomische Ausrichtung: Veränderungen stehen unter ökonomischem Legitimationsdruck und ihre Protagonisten sind gezwungen, die erzielten Gewinne und/oder Einsparungseffekte kurzfristig nachzuweisen.
- Eine klarere Top-down-Orientierung: Während klassische Organisationsentwicklungsansätze der Partizipation nachgeordneter Beschäftigter einen hohen Stellenwert beimessen, sind Managementstrategien von einer stärkeren Betonung hierarchischer Durchsetzungsmacht geprägt.
- Ein proaktiver Umgang mit Widerständen: Mit Widerständen von Seiten der Basis wird von Anfang an gerechnet, und es werden proaktiv Überlegungen zu deren Bewältigung angestellt.

Aus wissenschaftlicher Perspektive werden viele Change-Management-Programme kritisch gesehen. Indem sie ihre eigene Existenz durch die unhinterfragt postulierten „Notwendigkeiten des Marktes" legitimieren, bleiben kritische Fragen nach den von ihnen eingesetzten Strategien und den durch sie stabilisierten Machtverhältnissen unangetastet (Bretschneider-Hagemes 2017).

Nigsch (1997) zufolge verbinden sich mit dem Begriff ‚Management' positiv besetzte Assoziationen wie Klarheit, Unkompliziertheit, Sachlichkeit, Kompetenz oder Effizienz. Trotz – oder vielleicht gerade wegen – ihrer mangelhaften theoretischen und methodischen Fundierung fördern sie daher eine positive Erwartungshaltung und versprechen für den Fall der konsequenten Anwendung ihrer jeweils vermarkteten Strategie eine massive Steigerung des unternehmerischen (bzw. privaten) Erfolges bei einer gleichzeitig aufwandsarmen Einsetzbarkeit der Instrumente (Scholz 2016: 1).

Zu den immer wieder benannten Defiziten zählt auch die nur partielle Umsetzbarkeit der auf den ersten Blick meist einfach anmutenden Rezepte. Ihre Erfolglosigkeit zeigt sich darin, dass Organisationen trotz der Anwendung strategischer Management-Empfehlungen krisenanfällig sind und scheitern (Micklethwait/Wooldridge 1998; Scholz 2016).

Unabhängige Evaluationen verweisen auf erhebliche Wirksamkeitsdefizite entsprechender Ansätze. So konstatiert Nöcker (2007: 391): „Nahezu sämtliche Studien berichten von Erfolgsquoten von mehr oder weniger deutlich unterhalb der 50-Prozentmarke", wobei „Erfolg" hier das Erreichen der mit dem Veränderungsvorhaben angestrebten Ziele meint. Angesichts dieser offensichtlichen Defizite erstaunt die hohe und ubiquitär zu konstatierende Rekursion auf Managementstrategien, die heute bis in die private Lebensführung hineinreicht (Nigsch 1997: 418).

6.2.5 Einflüsse der Digitalisierung auf betriebliche Steuerungsprozesse

Vor dem Hintergrund der Erkenntnis, dass Konzepte der Organisationsveränderung nicht unabhängig von gesellschaftlichen Einflüssen und den jeweils gültigen Werten und Überzeugungen, ebenso wie von politischen und (betriebs-)ökonomischen Entwicklungen und Trends strukturiert sind, sollen abschließend aktuelle Entwicklungen im Zusammenhang mit der Digitalisierung reflektiert und ihre Chancen und Herausforderungen für Gesundheit und Diversity in Organisationen diskutiert werden.

Die Digitalisierung konstituiert sich spätestens seit Ende des letzten Jahrtausends als neue Phase der gesellschaftlich-technischen Entwicklung. Der Begriff beschreibt die komplexen Folgen digitaler Anwendungen, die auf einer mikroelektronisch basierten, ubiquitären Erfassung, Aufbereitung, Verarbeitung, Speicherung, dynamischen Nutzung digitaler Informationen und deren Vernetzung basieren und die Implementierung „lernender" Algorithmen ermöglichen. Die Auswirkungen der Digitalisierung manifestieren sich in zunehmenden Flexibilisierungsprozessen aller gesellschaftlichen Bereiche. In diesem Zusammenhang nehmen sie auch in erheblichem Maße Einfluss auf organisationsbezogene Abläufe, Ziele und Inhalte und modifizieren die Anforderungen an die Arbeitsgestaltung der involvierten Beschäftigten. Für die Unternehmen ist die Gestaltung des Wandels zu einer Daueraufgabe geworden, und es stellt sich die Frage, wie diese permanenten Veränderungen vielfalts- und gesundheitsgerecht gestaltet werden können.

Chancen der Digitalisierung für Gesundheit und Vielfalt in der Arbeit:
Aus arbeits- und gesundheitswissenschaftlicher Perspektive birgt die Digitalisierung weitgehende Potenziale: So lassen sich durch den Einsatz von Assistenzsystemen (Datenbrillen, Tablets, Smart Watches), technischen Unterstützungsmöglichkeiten (Mensch-Roboter-Kollaborationen, Exoskeletten, Drohnen) und weiteren Automatisierungsmechanismen gefährliche, gesundheitsbelastende, zeit- und kraftaufwändige Arbeiten ebenso wie monotone, fehleranfällige oder unangenehme Aufgaben durch digitale Tools ersetzen oder zumindest ergänzen (Graus et al. 2021). Insofern können digitale Anwendungen wesentliche Beiträge dazu liefern, dem in § 2 Abs. 1 des Arbeitsschutzgesetzes fixierten

Anspruch an eine menschengerechte Gestaltung der Arbeit näher zu kommen (vgl. Abschnitt 7.2.1).

Wenn geeignete Rahmenbedingungen im Unternehmen vorhanden sind, können agile Arbeitsformen, Selbstverantwortung, Flexibilität und selbstgesteuerte Teams durchaus gesundheitserhaltend wirken und förderlich für Motivation, Leistung und Produktivität sein (BDA 2021). Digitale Kommunikationstools wie Online-Videokonferenzen und andere mobile Anwendungen können die dafür erforderlichen Abstimmungsprozesse erleichtern, vielfältigen Bedürfnissen nachkommen und spontane Absprachen befördern (Schramm/Klausen 2020).

Auch hat spätestens die Corona-Pandemie gezeigt, welche Flexibilitätspotenziale die digitalen Möglichkeiten einer zeit- und ortsunabhängigen Arbeitsgestaltung bieten und die Chance eröffnet, Erwerbs- und private Belange besser zu vereinbaren. Laut einer ifo-Umfrage und einer Erhebung des Bundesamts für Sicherheit in der Informationstechnik (BSI) will eine Mehrheit der Firmen auch künftig mehr Homeoffice als vor der Corona-Krise ermöglichen. Arbeitgeber*innen versprechen sich eine gesteigerte Attraktivität im Wettbewerb um geeignete Fachkräfte, die Einsparung von Büroflächen und zufriedenere Beschäftigte. Studien zeigen zudem, dass Beschäftigte nach dem Wechsel ins Homeoffice teilweise messbar produktiver arbeiten (Corona Datenplattform 2021). Zudem tragen digitalisierungsseitig angetriebene Flexibilisierungspotenziale und technische Devices dazu bei, dass Menschen mit Behinderungen besser in den Arbeitsmarkt integriert, Anforderungen entsprechend ihrer Bedürfnisse gestaltet und Einschränkungen kompensiert werden können (Wellmann/Mierich 2021). Ferner eröffnet die Arbeit im Homeoffice Nachhaltigkeitspotenziale, indem auf Fahrten zwischen Wohnort und Arbeitsort verzichtet und so die Umwelt geschont werden kann (Carbon Trust/Vodafone Institute 2021).

Von einer besseren Vereinbarkeit von Berufs- und Sorgeaufgaben durch flexible und mobile Arbeit wird zudem eine stärkere Erwerbsbeteiligung von Frauen erwartet. Wenn Frauen vermehrt in Vollzeit beschäftigt wären und die Unterbrechungen im Erwerbsleben kürzer ausfallen würden, könnte dies dazu beitragen, den Gender-Pay-Gap zu schließen, weil sie im Hinblick auf Karriere- und den Verdienstmöglichkeiten bessere Chancen hätten (Evans o. D.). Eine notwendige begleitende Voraussetzung wäre allerdings eine stärkere Gleichverteilung der Sorgearbeit zwischen den Geschlechtern sowie ein flächendeckendes Angebot Sorgearbeit-unterstützender Dienste. Große Erwartungen und Potenziale richten sich schließlich auf digitale Weiterbildungsmaßnahmen und Angebote zur Information und Dokumentation: Unternehmen hoffen, auf diesem Weg die Qualifizierung ihrer Beschäftigten leichter in die Arbeitsabläufe integrieren zu können und mehr Möglichkeiten für selbst gesteuertes Lernen zu schaffen. Aus der Sicht von Beschäftigten bietet digitale Weiterbildung ein verbessertes Potenzial für sozialen Aufstieg, indem Lernen individualisiert und flexibel in den Arbeitsalltag integriert und die Vereinbarkeit mit anderen Verpflichtungen oder ein Lernen in Teilzeit erleichtert werden kann (BMAS/BMBF 2021).

Nach einer Umfrage der IHK zur Digitalisierung der Arbeitswelt sieht ein überwiegender Anteil der Unternehmen erhebliche Potenziale für die Beschäftigung von ausländischen Fachkräften, Menschen mit Handicap, Frauen und älteren Beschäftigten (vgl. Evans o. D.).

Herausforderungen der Digitalisierung für Gesundheit und Diversity

Auch wenn der Digitalisierung – wie im vorausgehenden Abschnitt gezeigt – starke Potenziale für Gesundheit und Diversity zugesprochen werden, stellt ihre Bewältigung dennoch erhebliche Anforderungen an Unternehmen und Organisationen. Zu diesen zählen insbesondere die im Folgenden aufgeführten Dynamiken (vgl. BDA 2021):

- Der kontinuierliche Veränderungsdruck verlangt von den Betrieben neue Arbeits- und Organisationsformen, zu denen vor allem agiles Arbeiten zählt. Dieses bietet Unternehmen und Beschäftigten die Möglichkeit, spontan auf Änderungen, z. B. neue Kund*innenanforderungen zu reagieren, setzt jedoch schnelle, zielgerichtete und reibungslose Zusammenarbeit in selbstorganisierten Teams voraus. Von den Teammitgliedern verlangt ein solches Arbeiten ein hohes Maß an persönlicher und sozialer Kompetenz sowie die Verfügbarkeit flankierender Qualifizierung, Beratung und Unterstützung.
- Agile Arbeitsweisen stellen neue Anforderungen an die Führung. Deren Aufgabe ist es, passenden Einsatzgebiete für Agilität zu identifizieren, Konfliktpotenziale so gering wie möglich zu halten und Mitarbeitende auf Augenhöhe zu unterstützen. Unter den Bedingungen des weiter steigenden Wettbewerbsdrucks, zunehmender Mobilität und Führung auf Distanz müssen sowohl Vertrauensbeziehungen aufgebaut und gepflegt und gleichzeitig exzellente Arbeitsleistungen erbracht werden. Auch in diesem Punkt bedarf es der Unterstützung, Beratung und Qualifizierung.
- Agilität erfordert Flexibilität auf allen Ebenen: Zum einen müssen Kundenwünsche zeitnah und zuverlässig erfüllt werden, zum anderen soll Flexibilität Beschäftigte dabei unterstützen, privaten Verpflichtungen, wie z. B. der Familien- und Sorgearbeit nachzukommen. Um beidem gerecht werden

zu können, ist eine gute und regelmäßige Kommunikation mit allen Betroffenen sowie die Verfügbarkeit familienunterstützender Hilfen für Beschäftigte mit Sorgeaufgaben von großer Bedeutung.

- Im Kontext der Flexibilisierung nimmt die Bedeutung der Schicht- und Nachtarbeit weiter zu. Gleichzeitig korreliert Schicht- und insbesondere Nachtarbeit mit erheblichen Gesundheitsbeeinträchtigungen (BAuA 2016). Daher stellen sich neue Herausforderungen für eine möglichst schädigungsarme Schichtplangestaltung. Lösungen müssen hier gemeinsam und unter Berücksichtigung arbeitswissenschaftlicher Erkenntnisse gefunden werden.
- Mobiles Arbeiten gewinnt weiterhin an Bedeutung und gilt als wesentlicher Attraktivitätsfaktor im Wettbewerb um Fachkräfte. Die Qualität der Teamarbeit, Führung, innerbetrieblichen Kommunikation und die Pflege einer Vertrauenskultur sind zentrale Grundelemente, die mobiles Arbeiten tragen und seine Ergebnisqualität bedingen.
- Das steigende Nachhaltigkeitsbewusstsein – sowohl auf Kund*innen- als auch Beschäftigtenseite hat Einfluss auf das Design von Tätigkeiten und Produkten. Diese verlangen geeignete Berufsbilder und Weiterqualifizierungen.
- Digitalisierungs- und Flexibilisierungsprozesse sind in vielen Fällen mit einer Zersplitterung von Belegschaften in Form einer zunehmenden Schaffung atypischer Arbeitsverhältnisse verbunden. Sofern sich diese Formen von Arbeit nicht gänzlich vermeiden lassen, ist es eine Herausforderung der Zukunft, den von diesen Erwerbsformen Betroffenen den Zugang zu gerechtem und ausreichendem Einkommen sowie zu den Strukturen der sozialen Sicherung zu eröffnen. Entsprechende Zugeständnisse können nicht von betrieblicher Seite allein realisiert werden; vielmehr bedürfen Sie gesetzlicher und fiskalischer Unterstützung von staatlicher Seite.

Diese Ausführungen machen deutlich, dass viele Ansätze zugunsten von Gesundheit und Diversity in der Arbeit zwar im betrieblichen bzw. organisationalen Rahmen realisiert werden können; eine konsequente Verbesserung von Arbeitsbedingungen setzt jedoch zusätzlich strukturelle Maßnahmen auf politischer Ebene voraus. Daneben haben die bisherigen Überlegungen gezeigt, dass vor allem die Gesetzmäßigkeiten des bestehenden Wirtschaftssystems Einfluss auf die arbeitsbedingen Konstellationen für Gesundheit und Diversity nehmen. Daher ist es notwendig, dass auch diese, von Menschen geschaffenen und daher durchaus veränderbaren Strukturen einer kritischen Reflexion und Veränderung unterzogen werden.

6.3 Gesundheitsfördernde Organisationsentwicklung und betriebliches Gesundheitsmanagement

6.3.1 Überblick

Die Ausführungen dieses Kapitels gehen von der Annahme aus, dass die von den jeweiligen gesellschaftlichen, wirtschaftlichen und ideologischen Einflüssen geprägten Veränderungskonzepte auch die Vorstellungen dahingehend formen, wie eine Verbesserung von Gesundheit bzw. Vielfalt in Organisationen zu planen und zu gestalten ist. Die in Abschnitt 6.2 herausgearbeitete Gegenüberstellung von klassischen Ansätzen der Organisationsentwicklung und stärker managementorientierten Ausrichtungen organisationaler Veränderung verfolgte das Ziel, die jeweils zugrundeliegenden paradigmatischen Differenzen im Sinne einer idealtypischen Verdichtung deutlich zu machen. Diese spiegeln sich in den nachfolgend dargestellten Veränderungskonzepten zur gesundheitsfördernden Organisationsentwicklung bzw. dem Betrieblichen Gesundheitsmanagement einerseits (Abschnitt 6.3) und der Förderung bzw. dem Management von Diversity im Betrieb andererseits (Abschnitt 6.4) wider.

6.3.2 Betriebliche Gesundheitsförderung

Die im Rahmen der ersten Internationalen Konferenz zur Gesundheitsförderung im Jahre 1986 verabschiedete Ottawa Charta (WHO 1986) wird oft als Geburtsstunde der Gesundheitsförderung beschrieben. Ihre Hauptausrichtung war zunächst weniger auf die Arbeitswelt hin orientiert, als auf kommunale und Gemeindesettings, die im Rahmen des ‚Healthy Cities Network' zu den ersten Interventionsfeldern nach dem Setting-Ansatz zählten (Ashton et al. 1986; Böhme/Stender 2020). Dennoch werden die in der Charta enthaltenen Formulierungen oft als Grundlage für die Charakterisierung von Ansätzen der Betrieblichen Gesundheitsförderung herangezogen.

Beeinflusst wurden die in der Ottawa Charta niedergelegten Prinzipien von den damaligen gesellschaftlichen Bewegungen und Trends, insbesondere der Kritik an einer einseitig naturwissenschaftlich orientierten Medizin, Prävention und Gesundheitserziehung, aber auch von Impulsen und Anregungen aus den neuen sozialen Bewegungen der 1970er und 1980er Jahre (Gesundheits-, Umwelt-, Verbraucher-, Frauen-, Selbsthilfebewegung oder der Bürgerrechtsbewegung in den USA) (vgl. Kaba-Schönstein 2018). In diesem zeitgeschichtlichen Kontext war es ein Novum der Ottawa-Charta, dass statt der traditionellen, auf individuelles Verhalten abzielenden Gesundheitserziehung strukturelle Determinanten von Gesundheit in den Blick genommen wurden und Maßnahmen auf eine gesundheitsgerechtere Gestaltung der sozialen und ökologischen Umwelten ausgerichtet sein sollten (Dieterich/Hahn 2012: 118).

Korrespondierend dazu gab es auf Ebene des Arbeitsschutzes bereits seit den 1960er Jahren Tendenzen in der Europäischen Gemeinschaft, die von einem breiteren Verständnis der Aufgaben des Arbeitsschutzes ausgingen (Pieper 1998). Sie hatten weniger die Vermeidung von Schädigungen und Risiken im Blick, sondern zielten auf eine umfassende Gestaltung und Aufrechterhaltung von Gesundheit im Sinne von Public Health (Müller 2001: 22f.). Dieser Wandel mündete in die Verabschiedung der EG Rahmenrichtlinie 89/391-EWG vom 12. Juni 1989 über die „Durchführung von Maßnahmen zur Verbesserung der Sicherheit und des Gesundheitsschutzes" und deren Umsetzung in nationales Recht in Form des bundesdeutschen Arbeitsschutzgesetzes vom August 1996. Im weiteren Verlauf wurden weitere EU-Richtlinien in nationales Recht umgesetzt. Müller (2001: 21) charakterisiert das hinter diesen europäischen Regelungen stehende Leitbild in dem Sinne, dass anstelle verengt technischer Orientierung, obrigkeitlicher Aufsicht, passiver Rolle der Beschäftigten, Schädigungen nur im Verständnis von Unfall und Berufskrankheiten nun ein Wechsel hin zu einem Arbeitsumweltrecht erfolgt ist, in dem Gefährdung umfassend verstanden, präventiv erfasst wird und alle im Betrieb auf die Gestaltung der Arbeit und ihrer Bedingungen einwirken können.

Parallel zu diesem Wandel im Verständnis des Arbeitsschutzes waren im zeitgeschichtlichen Kontext der 1970er und 1980er Jahre in Deutschland erste Ansätze der Betrieblichen Gesundheitsförderung entwickelt worden. Insbesondere gefördert durch das Forschungsprogramm „Humanisierung des Arbeitslebens", später „Arbeit und Technik", wurden neue Konzepte erprobt, die zur Verbesserung der Arbeitsbedingungen beitragen, Belastungen verringern und Handlungsspielräume der Beschäftigten erweitern sollten (Kleinöder et al. 2019). Inspiriert durch transnationale Einflüsse, vor allem der italienischen Arbeitermedizin (Lange D 2019; Wintersberger 1988) und des skandinavischen Modells ‚Demokratie am Arbeitsplatz' (Isacson 2019) standen partizipative Verfahren im Mittelpunkt einiger dieser als „Gesundheitszirkel" bezeichneten Konzepte. In dem einen Modellprojekt bot die Erfassung betrieblicher Gesundheitsdaten und deren gemeinsame Interpretation mit den Beschäftigten eine Basis für die beteiligungsorientierte Entwicklung von Maßnahmen (Slesina 1994), im anderen Modellprojekt dienten die subjektiven Deutungen der Beschäftigten für die Entstehung von Stress als Grundlage für die partizipative

Entwicklung von Veränderungsvorschlägen (vgl. Friczewski 1994). Alle diese Ansätze waren in hohem Maße vom Gedanken einer partizipativen und an den psychosozialen Bedürfnissen der Beschäftigten orientierten Gestaltung organisationaler Veränderungsprozesse im Sinne der Organisationsentwicklung gekennzeichnet.

6.3.3 Betriebliches Gesundheitsmanagement

Auch wenn die Ottawa Charta damals wie heute als normativer Bezugspunkt der Gesundheitsförderung in Anspruch genommen wurde und wird, stand sie bereits in den Folgejahren ihrer Veröffentlichung unter Kritik: Bemängelt wurde ihre idealistische Rhetorik, ihre geringe Verbindlichkeit, ihr Verzicht auf eine direkte Ansprache von Verantwortlichen für die Umsetzung und das Ausblenden jeglicher politisch-ökonomischer Strukturen und Machtverhältnisse (vgl. Rosenbrock 1998). Die dadurch verursachten Realisierungsdefizite sieht Rosenbrock in der Tatsache begründet, dass die Institutionen und Settings, die sich an den Prinzipien der Charta orientieren sollen, sämtlich nach anderen Kriterien funktionieren, als denjenigen der Selbstbestimmung, Partizipation, sozialen Gerechtigkeit und Chancengleichheit. Die Grundsätze der Ottawa Charta sollten daher konträr zu tradierten Perzeptionsmustern, Aufgabenzuweisungen, Handlungsroutinen und Interessenpositionen durchgesetzt werden, was nur ansatzweise gelang.

Abgelöst wurden diese stark normativ geprägten Gesundheitsförderungsansätze ab den 1990er Jahren von stärker managementorientierten Konzepten, die ein höheres Maß an Zielorientierung, Systematik und ökonomischer Effizienz einforderten. Den Hintergrund dieser Entwicklung bildeten die ökonomischen und sozialen Krisen in den westlichen Gesellschaften Ende der 1970er Jahre, die in eine stärkere Ökonomisierung aller Lebensbereiche mündeten. Die veränderte Zielrichtung manifestierte sich auch auf programmatischer Ebene der WHO: Auf Basis eines Vergleichs der Ottawa-Charta von 1986 mit der ca. zwanzig Jahre jüngeren Bangkok-Charta (WHO 2005) kommen Dieterich und Hahn (2012: 119) zu dem Ergebnis, dass „das vormals gesellschaftskritisch angelegte Projekt der Ottawa Charta zum technokratischen Gestaltungsprojekt ökonomischen Denkens [geworden ist], in dem Menschen auf Konsument*innen reduziert und gesellschaftliche Fragen nur noch als Fragen des Managements diskutiert werden“. Sie kritisieren, dass im Vordergrund managementorientierter Sozialtechnologien primär Fragen der Umsetzung ökonomisch validierter Gesundheitsziele stehen, während Fragen nach der gesellschaftlichen Verteilung von Macht und Gesundheitsressourcen ausgeblendet werden.

Auch auf Ebene der Betrieblichen Gesundheitsförderung lassen sich seit den 1980er Jahren in der Bundesrepublik Deutschland verstärkt Tendenzen erkennen, gesundheitsbezogene Interventionen durch den Nachweis ihrer ökonomischen Effekte zu legitimieren (Lutz et al. 2019; Pelletier 2009). Zudem fanden verstärkt Managementprinzipien Eingang in die Gestaltung gesundheitsfördernder Projekte und Vorhaben. Als bezeichnend beschreibt Stefan Müller (2019: 79 f.) in diesem Zusammenhang die Neuausrichtung des HdA-Programms in den 80er Jahren, in deren Rahmen anstelle von Modellversuchen zur demokratischen Beteiligung der Innovationsbegriff Einzug hielt und Partizipationsfragen von Wettbewerbskategorien abgelöst wurden.

In ihrer Konzeption von Betrieblichem Gesundheitsmanagement bringen Badura et al. (1999: 34) ein Verständnis zum Ausdruck, das Betriebliches Gesundheitsmanagement als unternehmerische Aufgabe versteht, deren Auftrag und Ziele in der „Senkung der Kosten durch Reduzierung von Fehlzeiten“ und in der „Motivation der Mitarbeiter und ihrer Bindung an das Unternehmen“ bestehen. Auch wenn die hier niedergelegte Präsenzphilosophie in späteren Veröffentlichungen Baduras von einer Positionierung abgelöst wurde, die betriebswirtschaftliche Defizite zudem in „verdeckten“ Produktivitätseinbußen infolge von Präsentismus begründet sieht (Steinke/Badura 2011), kommt darin ein Verständnis von Betrieblichem Gesundheitsmanagement zum Ausdruck, das die Förderung der Beschäftigtengesundheit weniger als eigenständigen Wert konzeptualisiert, sondern primär in den Dienst des betriebswirtschaftlichen Nutzenkalküls stellt.

6.3.4 Digitales betriebliches Gesundheitsmanagement

Mit dem aktuell unter dem Stichwort „digitales betriebliches Gesundheitsmanagement“ propagierten Aktivitäten verbindet sich im Wesentlichen die Verfügbarmachung von digitalen Gesundheitsanwendungen zur Verhaltens- und Befindlichkeitssteuerung für Beschäftigte (vgl. Faller 2020b; 2023a). Daneben werden Apps im Rahmen der Personalentwicklung, insbesondere der Führungskräfteentwicklung eingesetzt. Angesichts der oben beschriebenen Notwendigkeit, Autonomie der Beschäftigten zu fördern, Verantwortung zu delegieren und auf Distanz zu führen, wird von den Anbietern entsprechender Tools der Erwerb geeigneter Kommunikationskompetenzen auf Ebene des mittleren Managements in Aussicht gestellt. Apps zur Personalentwicklung von Führungskräften werden damit beworben, dass sie zu achtsamer Kommunikation, Authentizität und Selbstmanagement befähigen (Pscherer 2018). Angeboten werden Tools im Blended-Learning-Format sowie als komplett digitale Lernformen mittels Apps, Lernvideos und Micro-Learning-Formaten (Gronau et al. 2019).

Auch wenn erste vorliegende Metaanalysen positive Ergebnisse erkennen lassen, ist die Erkenntnislage noch nicht ausreichend, um eine generelle Bewertung digitaler Tools vornehmen zu können. Aktuell enthalten die „Kriterien zur Zertifizierung von Kursangeboten in der individuellen verhaltensbezogenen Prävention“ des GKV Spitzenverbandes (2020) unter Ziffer 1.2 die Möglichkeit, IKT-basierte Selbstlernprogramme anzubieten, sofern die Ziele nach § 20 SGB V sowie die Inhalte des Programms für Teilnehmende erkennbar sind und Transparenz über die Entwickler und Verantwortlichen besteht.

Wie aus den bisherigen Überlegungen deutlich geworden sein sollte, sind digitale Tools allenfalls in Ergänzung zu weitergehenden Programmen zu Gestaltung von Organisationen und ihrer Rahmenbedingungen sinnvoll. Das, was unter dem Begriff des digitalen betrieblichen Gesundheitsmanagements firmiert, adressiert nahezu ausschließlich die Beschäftigten – sowie im Fall von Führungskräfteentwicklung die Vorgesetzen – als Einzeladressat*innen von Veränderungen. Die Verantwortung für die Bewältigung der durch Flexibilisierung gestiegenen Anforderungen wird einseitig den Individuen zugesprochen, während der (freiwillige) Beitrag der Arbeitgeber*innenseite darin gesehen wird, diese Angebote verfügbar zu machen. Eine solche Ausrichtung von Gesundheitsförderung ignoriert jedoch, dass die wesentlichen Einflüsse auf Gesundheit, einschließlich derjenigen auf gesundheitsrelevantes Verhalten von den Lebens- und Arbeitsbedingungen ausgehen, in denen Menschen ihren Alltag verbringen (WHO 2003). Insbesondere Menschen in schwieriger sozialer Lage sind – wie gezeigt – verstärkten Belastungen ausgesetzt (z. B. Arbeitslosigkeit, prekärem Einkommen, arbeitsbedingten Fehlbeanspruchungen). Sie verfügen oftmals nicht über ausreichende Ressourcen zu deren Bewältigung (z. B. Unterstützung durch soziale Netzwerke, Angebote professioneller Unterstützung oder die Kompetenz, diese zu nutzen). Rein auf der Verhaltensebene ansetzende Angebote sind daher nicht nur unzureichend; aus Sicht einer von Gerechtigkeitsvorstellungen geprägten Ethik erscheinen sie sarkastisch, weil sie die Verantwortung für Gesundheitsbeeinträchtigungen den Opfern der Verhältnisse zuschreiben (zur Übersicht vgl. RKI o. J.).

Dennoch existieren durchaus auch digitale Anwendungen, die in der Lage sind, organisationale Entwicklungsprozesse zu unterstützen, wie zum Beispiel Programme für die Durchführung und Auswertung von Mitarbeitendenbefragungen, für die Umsetzung von Onlinekonferenzen oder Software zur Erleichterung von Projektmanagement (vgl. Faller 2023a).

6.4 Strategien zugunsten von Vielfalt im betrieblichen Kontext

6.4.1 Schutz von Minderheiten und positive Diskriminierung

Als historisch erste Aktivitäten zur Förderung und Akzeptanz von Diversity werden zumeist die affirmative-action-Programme in den USA genannt. Gemeint sind damit Aktivitäten der „positiven Diskriminierung", die darauf zielen, gerade solche Personengruppen gezielt zu begünstigen, die gewöhnlich gesellschaftlich benachteiligt werden – etwa Minderheiten, People of Colour oder Frauen (Schwarzer 2015). Als Meilenstein gilt in diesem Zusammenhang das Inkrafttreten des Civil Rights Act in den USA im Jahr 1964, das alle Formen von Diskriminierungen in Bezug auf Rasse, Hautfarbe, Religion oder nationale Herkunft verbot, sowie die im Folgejahr verabschiedete Executive Order, die staatliche bzw. staatlich subventionierte Organisationen verpflichtete, sich für die Einstellung unterrepräsentierter Personengruppen einzusetzen. Affirmative action versteht sich insofern als macht- und rassismuskritischer Diskriminierungsschutz durch die Etablierung von Chancengleichheit (Fereidooni/Massumi 2017: 702 f.).

Auch in der Bundesrepublik Deutschland BRD gibt es seit den 1980er Jahren Bemühungen im Sinne des affirmative action-Ansatzes. Diese betreffen primär die Gleichstellung von Frauen im öffentlichen und beruflichen Kontext sowie Menschen mit Behinderung in verschiedenen Bereichen des beruflichen und öffentlichen Lebens (vgl. Kapitel 7). Maßnahmen zur bevorzugten Behandlung von Menschen mit Migrationshintergrund existieren vereinzelt im öffentlichen Dienst und im Bildungswesen (vgl. Fereidooni/Massumi 2017: 705 f.).

Ob positive Diskriminierung geeignet ist, Benachteiligungen zu verhindern oder zu verringern, ist nicht unumstritten. Ein grundlegendes Problem wird unter dem Stichwort „Gruppismus" diskutiert. Wie bereits mehrfach erwähnt, stellt sich dieses Problem in der gesamten Diversitydiskussion, gewinnt aber im Zusammenhang mit affirmative action eine besondere Brisanz, weil bei diesen Maßnahmen Menschen aufgrund spezifischer Merkmale als Angehörige bestimmter Gruppen anders behandelt werden. Daher besteht das Risiko, dass auf diesem Weg stereotypisierende Mechanismen wiederholt werden: Menschen werden auf eine Eigenschaft reduziert und lediglich als Angehörige einer sozial konstruierten „Gruppe" gesehen. Maßnahmen, die – wenn auch in einer positiven Absicht – diese Gruppen adressieren, können Vorurteile verstärken, anstatt sie zu überwinden. Dieses „Dilemma der Differenz" wird darauf aufbauend noch weiter verstärkt, weil die Angehörigen dieser bevorzugten Gruppe wegen ihrer Sonderbehandlung oftmals erst recht benachteiligt werden (das „Stigma der Quote") (Klose/Merx 2010). Darüber hinaus ist bei der Beurteilung von Nutzen und Risiken positiver Diskriminierung zu prüfen, inwieweit das Risiko, dass vor allem diejenigen Angehörigen einer Gruppe unterstützt werden, die am wenigsten darauf angewiesen sind (Klose/Merx 2010).

6.4.2 Diversität als Wettbewerbsfaktor

Im Umgang mit Diversity in Organisationen kam es etwa um die Jahrtausendwende zu einem konzeptionellen Wandel dergestalt, dass die eher auf Assimilierung und Angleichung benachteiligter Gruppe zielenden affirmative action-Programme ergänzt und teilweise ersetzt wurden durch Diversity-Management-(DiM-)Ansätze. Ihr wesentliches Charakteristikum besteht darin, dass sie den Gedanken der Diversität als eigenes Potenzial betonen und die Einzigartigkeit von Individuen als grundlegenden Wert und als Ziel einschlägiger Aktivitäten formulieren (z. B. Becker 2015: 17; Bräuhöfer/Rieder 2021; Voigt 2013: 53). Anders als die isolierten affirmative action-Maßnahmen (partikularer DiM-Ansatz) postulieren umfassende DiM-Programme eine generelle Auseinandersetzung mit der bestehenden Unternehmenskultur, der Führungsphilosophie und mit den Möglichkeiten der Herstellung diskriminierungsfreier Arbeitsbeziehungen für heterogene Belegschaften (universalistischer DiM-Ansatz). Dennoch scheinen in der betrieblichen Praxis – sofern Diversity Management überhaupt ein Thema ist – immer noch Insellösungen anstelle übergreifender DiM-Ansätze zu überwiegen (Voigt 2013: 55).

Eine von der Europakommission in Auftrag gegebene, europaweite Studie zur Ermittlung der in der Unternehmenspraxis eingesetzten Verfahren, der Barrieren sowie der Motive und des Geschäftsnutzens von DiM zeigt, dass viele Unternehmen von den positiven wirtschaftlichen Effektendes Diversity Managements überzeugt sind und entsprechende Verfahren umsetzen. Allerdings führen die wenigsten dieser Organisationen systematische Messungen der erzielten Effekte durch. Die entsprechenden Aktivitäten adressieren alle, als gängigen Diskriminierungsdimensionen geltenden Themen – d. h. Geschlecht, Alter, Migrationserfahrung, Behinderung bzw. chronische Erkrankung, sexuelle Orientierung und Religion. Als wichtigste Nutzeneffekte ihrer Bemühungen sehen die Betriebe den Zugang zu einem neuen Arbeitskräftereservoir, bzw. die verbesserte Gewinnung von Fachkräften sowie ein attraktives Unternehmensimage bzw. einen positiven Stellenwert in der Gesellschaft. Betriebe, die zum Zeitpunkt der Untersuchung noch kein DiM implementiert hatten, gaben als Gründe vor allem Informationsdefizite sowie ein fehlendes Bewusstsein für Fragen der Vielfalt an. Speziell in KMU wurden unzureichenden Ressourcen als hemmende Faktoren genannt (EU Kommission 2005).

In der Literatur finden sich eine Reihe von Argumentationsmustern, die die Akzeptanz und Förderung von Diversität aus wirtschaftlicher Perspektive unterstützen. Zu diesen zählen (vgl. Krell 2010: 7 ff.; Voigt 2013: 56 ff.):

1. Das Arbeitsmarkt-Argument: Angesichts des steigenden Anteils bestimmter Personengruppen wie ältere Beschäftigte oder Personen mit Zuwanderungsgeschichte muss sich die Einstellungspolitik in Betrieben an diese veränderte Zusammensetzung anpassen.
2. Das Kosten-Argument: Durch Diskriminierung entstehen dem Unternehmen Kosten – etwa in Form von a) Reputationsverlusten oder b) indem Diskriminierungen innerhalb der Belegschaften Demotivation bewirken.
3. Das Kreativitäts-Argument: Auf Basis empirischer Erkenntnisse wird unterstrichen, dass homogene Gruppen zwar Probleme schneller lösen, aber gemischt zusammengesetzte – unter der Voraussetzung, dass sie entsprechend gemanagt werden – kreativer sind und zu tragfähigeren Problemlösungen kommen.
4. Das Personalmarketing-Argument: Aufgrund diversitätsfreundlicher Personalpolitik können leichter Fachkräfte gewonnen werden.
5. Das Marketing-Argument: Da eine vielfältig zusammengesetzte und entsprechend trainierte Belegschaft besser in der Lage ist, sich auf die Bedürfnisse und Wünsche der vielfältigen Kundschaft einzustellen, können neue Kund*innen gewonnen und gebunden werden.
6. Das Finanzierungs-Argument: Nachdem sich Anlageentscheidungen und Kreditvergaben zunehmend an sozialen Kriterien orientieren, lassen sich mit einer diversitätsfreundlichen Unternehmenspolitik auch Vorteile auf Finanzmärkten erzielen.
7. Das Flexibilitäts-Argument: Multikulturelle Organisationen versprechen Bereitschaft und Fähigkeit zur Anpassung an veränderte Umwelt-Bedingungen.
8. Das Internationalisierungs-Argument: Eine multikulturelle Organisation mit Diversity-kompetenten Mitgliedern erleichtert das Agieren und Interagieren in Ländern mit „fremden" Kulturen.

6.4.3 Diversity Management als systematischer Veränderungsprozess

Nach Aretz und Hansen (2002 z. n. Beham 2016: 468) konstituiert sich das Diversity Management einer Organisation aus der „Gesamtheit aller organisatorischen Maßnahmen, die auf einen Wandel der Unternehmenskultur abzielen, in der Vielfalt (Gemeinsamkeiten wie Unterschiede) anerkannt, wertgeschätzt und als positiver Beitrag zum Unternehmen genutzt werden". Ziel des Diversity Managements ist die Schaffung einer „multikulturellen" – oder auch „inklusiven Organisation" in der eine vollständige strukturelle Integration aller Mitarbeiter*innen möglich wird. In diesem Sinne beschreibt Diversity Management die Verwirklichung eines Wandels – weg von einer ‚monokulturellen Organisation, in der eine dominante Gruppe die Werte, Normen und Regeln bestimmt und die Führungspositionen besetzt, hin zu einer vielfältigen, vorurteils- und diskriminierungsfreien Unternehmung (Beham 2016: 468).

Um in Organisationen eine verbindliche Umsetzung von Diversity-Strategien zu erreichen und Diskriminierung zu vermeiden, ist eine verbindliche Umsetzung und damit in Verbindung ein klares Commitment auf Seiten der betrieblichen Entscheidungsträger erforderlich. Sie scheitert, wenn sie lediglich von freiwilligen, bewussten Handlungen der Organisationsmitglieder abhängt (Gächter 2017: 857). Die Vermeidung von Diskriminierung in Organisationen erfordert daher mehr als bloße Willensbekundungen; vielmehr müssen verbindliche Strategien etabliert werden, die die Wahrscheinlichkeit, dass Diskriminierung stattfindet, verringern. Dies bedeutet, dass bewusst Regeln und Entscheidungskriterien verabschiedet und mit geeigneten Sanktionen belegt werden.

Nach Bräuhöfer und Rieder (2021: 71) beginnt der Prozess der Implementierung von Diversity Management in Betrieben mit einer strategischen Betrachtung der vorhandenen und nicht vorhandenen Vielfaltspotenziale, ebenso wie der Bedürfnisse und Anliegen auf Seiten der Beschäftigten, Führungskräfte und weiterer Stakeholder. Auch Gächter (2017) empfiehlt, mit einer Analyse der vorhandenen Diversitätspotenziale zu starten und abzuwägen, welche diversitätsbezogenen Ressourcen darüber hinaus sinnvoll sein könnten bzw. welche Kosten mit ihrer Nutzbarmachung verbunden wären. Auf dieser ersten Auseinandersetzung der zentralen betrieblichen Entscheidungstragenden mit dem Thema Vielfalt basieren alle weiteren Schritte. Bräuhöfer und Rieder (2021) schlagen dazu ein Vorgehen in acht Aktivitäten vor, das die folgenden Elemente beinhaltet:

1. Formulierung einer Vision und Ableitung von Leitsätzen
2. Überzeugung des mittleren Managements
3. Festlegung von Ressourcen und Verantwortlichkeiten
4. Definition aussagekräftiger Indikatoren
5. Definition von Zielgrößen
6. Erstellung eines Arbeitsplans
7. Unternehmensweite Kommunikation
8. Kontinuierliche Evaluation.

In ähnlicher, wenn auch etwas weniger ausdifferenzierter Weise beschreibt Cox (2001 z. n. Voigt 2013: 65 ff.) den Managementprozess der Transformation der Unternehmenskultur hin zu einer multikulturellen Organisation. Sein Modell umfasst die Schritte (1) Leadership, (2) Research and Measurement, (3) Education, (4) Alignement/Management Systems sowie (5) Follow up.

6.4.4 Ambivalente Aspekte betrieblicher DiM-Aktivitäten

Im Zusammenhang mit ökonomischen Argumentationsmustern zugunsten von Diversity-Management ist aus ethischer Perspektive auf einige kritische Aspekte hinzuweisen, die nachfolgend diskutiert werden:

Rekonstruktion von Differenzen durch das Primat wirtschaftlicher Interessen
Wie im vorausgehenden Abschnitt ausgeführt wurde, erwarten sich Unternehmen von der Implementierung umfassender DiM-Programme wirtschaftliche Nutzeneffekte. Diese stehen unter der generellen Prämisse, dass Maßnahmen in einem – aus Unternehmenssicht – rentablen Verhältnis zwischen Ertrag und den aufgewendeten Kosten stehen müssen (Becker 2015: 25).

Vor diesem Hintergrund unterscheidet Eggers (2011: 60) idealtypisch zwischen einer gesellschafts- und herrschaftskritischen und einer marktorientierten Ausrichtung von Diversity. Beiden Ansätzen ist gemeinsam, dass sie eine positive Grundhaltung gegenüber der Heterogenität von Menschen haben, indem sie Unterschiedlichkeit als Potential und nicht als Defizit betrachten. Allerdings differieren die Zielsetzungen und der Umgang mit „Differenz" erheblich. Während der kritische Ansatz davon ausgeht, dass „Differenz" nicht per se existiert, sondern von Personen und/oder Institutionen erst konstruiert wird, setzt die marktorientierte Ausrichtung Unterschiede zwischen Menschen als gegeben voraus. Ausgehend von diesen – sehr unterschiedlichen Grundüberlegungen – differieren auch die Vorgehensweisen: Während der gesellschaftskritische Ansatz die Verwirklichung von Chancengleichheit intendiert und sich dabei auf die Etablierung diskriminierungskritischer Analysemechanismen stützt, stellt der marktorientierte Ansatz bestehende und zugeschriebene Differenzen in den Dienst wirtschaftlicher Erfolge. Der marktorientierten Ausrichtung wird daher vorgeworfen, dass sie Unterschiede rekonstruiere und stabilisiere, anstatt sie in Frage zu stellen (vgl. Kapitel 5).

Diversity Management als Strategie zur Zementierung von Machtdifferenzen
Nach Ansicht von Schwarzer (2015) müssen sich marktorientierte Diversity-Management-Ansätze darüber hinaus dem Vorwurf stellen, dass der Anspruch der Antidiskriminierung gegenüber der Gewinnerzielung in den Hintergrund tritt. Das ursprüngliche Motiv des Diversity-Gedankens, die kritische Hinterfragung von ungleichen Machtverhältnissen, wird ausgeblendet, und Vielfalt in den Dienst der Gewinnerzielung gestellt, was bedeutet, dass vor allem diejenigen Beschäftigten(-Gruppen) gefördert werden, die als so genannte „High-Potentials" gelten und deren Vorankommen für das Unternehmen Gewinne erwarten lässt. Auf diese Weise werden letztlich ökonomisch bedingte Machtverhältnisse stabilisiert und weiter verschärft.

Verfestigung von Differenzkategorien, die als konstitutiv für die Organisation und als legitim gelten
Wie die im vorausgehenden Abschnitt zitierte Erhebung der Europäischen Kommission zur Umsetzung von Diversity Management in Organisationen gezeigt hat, werden unter dem Label des DiM vor allem die als typische Diversity-Dimensionen geltenden Kategorien wie Alter, Geschlecht, Ethnische Herkunft, Sexuelle Orientierung, Behinderung und Religion/Weltanschauung adressiert. Unterschiede, die aus der Über- und Unterordnung im Rahmen der betrieblichen Hierarchie entstehen, werden gewöhnlich dagegen nicht in Frage gestellt. Vielmehr gilt Diversität, die aus der Ausübung funktionaler, personaler oder positionsbezogener Macht resultiert, für das Unternehmen als konstitutiv und wird damit als akzeptierte Form von Ungleichheit verstanden.

Im Gegensatz zur gängigen Reduktion des Diversity-Begriffs auf die genannten Kategorien charakterisiert Hays-Thomas (2004: 9) Diversity als „differences among people, that are likely to affect their acceptance, work performance, satisfaction or progress in an organization". Damit adressiert der Autor nicht nur gängige Vielfaltsdimensionen, sondern er verweist auch auf konstitutive organisationale Ungleichheitsdimensionen inklusive der aus ihnen resultierenden Folgen in Bezug auf Akzeptanz, Leistung, Zufriedenheit und Vorankommen.

Wie in den bisherigen Kapiteln gezeigt wurde, handelt es sich aber bei Unterschieden wie innerbetrieblichem Hierarchiestatus, Arbeitsbereich und -aufgabe, Mitspracherechte oder Bezahlung durchaus um gesundheitskritische Dimensionen. Da sie aber für die Konstellation von Organisationen konstitutiv sind, werden sie in der Regel nicht hinterfragt. Dies macht deutlich, dass Diversität als organisationales Gestaltungsfeld nicht als abstrakte, objektiv vorgegebene Realität zu verstehen ist, sondern als etwas, das von der Organisation selbst konstruiert, definiert und gestaltet wird. Die Erzeugung und Konstellation von Diversität orientiert sich ebenso wie der Umgang mit den zuvor als relevant ausgewiesenen Merkmalen an den expliziten und impliziten Zielen der Organisation. Diversity ist demnach kein wertfreies Faktum, sondern sie gewinnt ihre Bedeutung daraus, zu welchen Werten, Absichten und Interessen sie in Bezug gesetzt wird.

Top-down-Orientierung im klassischen Diversity Management

Nicht zuletzt aufgrund gesetzlich verankerter Diskriminierungsverbote gehen klassische DiM-Aktivitäten von der Führungsebene aus. Dabei spielen innerbetrieblichen Marketing- und Kommunikationsstrategien sowohl mit Blick auf die Motivation der mittleren Führung als auch der Beschäftigten auf allen anderen Hierarchieebenen eine zentrale Rolle. Implementierungsstrategien für die Verankerung und Durchsetzung einer vielfaltsorientierten Unternehmenspolitik setzen weiter darauf, dass innerhalb der Belegschaft Diversity-Kompetenzen erworben werden. Hierzu werden insbesondere Sensibilitäts- und Kompetenz-Trainings auf Ebene der Beschäftigten angeboten. Insofern gilt, dass die erforderlichen Veränderungen von Organisationsroutinen nicht ergebnisoffen mit den Beschäftigten gemeinsam erarbeitet, sondern vielmehr auf hierarchischem Wege durchgesetzt werden (Altgeld 2010). Die Umsetzung von betrieblichen Diversity-Strategien ist demzufolge von verschiedenen Paradoxa geprägt: Neben den oben formulierten Widersprüchen in Form einer Verstärkung identitätsfixierender Denkweisen und einer Unterordnung des Vielfaltsgedankens unter das betriebliche Zweckkalkül sind Diversity-Management-Strategien von dem Dilemma geprägt, dass durch sie einerseits Gleichberechtigung ermöglicht und strukturelle sowie verhaltensbezogene Diskriminierung verhindert werden soll, andererseits aber die Arbeitswelt ebenso wie der Zugang zu ihr im Bildungssystem durch komplexe Ungleichheitsverhältnisse geprägt ist. Diese Widersprüche führen u.a. dazu, dass die Implementierung von Diversity-Angeboten im Betrieb zwar in einer Hinsicht Chancenungleichheit verringert, an anderer Stelle jedoch dazu beiträgt, Ungleichheitsstrukturen zu verstärken (Altgeld 2010: 53).

Eine weitere Schwierigkeit besteht darin, dass es aus der Perspektive der betrieblichen Entscheidungstragenden schwer zu beurteilen ist, inwieweit bestehende Routinen fair sind bzw. ob strukturelle Diskriminierungstendenzen bestehen. Wie in Abschnitt 5.3 dargelegt, sind ihnen als Vertreter*innen der dominanten Gruppe die Erfahrungen benachteiligter Akteure nicht unmittelbar zugänglich, so dass sie darauf angewiesen sind, dass Betroffene aus ihrer Sicht über entsprechende Erfahrungen berichten können. Hierfür benötigen Führungskräfte ein offenes Ohr und die Bereitschaft, Bestehendes in Frage zu stellen. In operativer Hinsicht ist es sinnvoll geeignete Beteiligungsstrukturen zu etablieren, so dass die von betrieblichen Diskriminierungserfahrungen Betroffene dafür gewonnen werden können, ihre Perspektive darzulegen und Wünsche für eine Veränderung zu formulieren.

Kognitionsorientierung bei der Umsetzung von DiM-Aktivitäten

Gächter (2017: 671) zufolge werden im Rahmen der Maßnahmenumsetzung oftmals reflexartig Trainingsaktivitäten eingesetzt. Inwieweit diese ohne vorherige Betroffenen- und Ursachenanalyse in der Lage sind, die in der jeweiligen Organisation bestehenden strukturellen Benachteiligungen abzubauen, erscheint zumindest zweifelhaft. Zudem adressieren diese Trainings meist die Kognition der Teilnehmenden, d. h. sie vermitteln vor allem Wissen über Diversity sowie die Nutzung einer „diversitygerechten Sprachwahl". Die Änderung von Stereotypen und Vorurteilen ist dagegen sehr viel schwieriger zu erreichen.

Ein wirksamer Ansatz zur Verringerung von Stereotypien und Vorurteilen besteht darin, Kontakte – ggf. in Form von Kooperationsnotwendigkeiten – zwischen Vertreter*innen dominanter und benachteiligter Organisationsmitglieder zu ermöglichen. Damit diese im Sinne eines Abbaus von Vorurteilen gelingen, sind nach Allport (1954) vier Voraussetzungen notwendig: a) Die Zustimmung der Entscheidungstragenden, b) das Vorhandensein eines gemeinsamen Ziels, das c) nur durch Zusammenarbeit erreichbar ist sowie c) ein Machtgleichgewicht in Form einer gleichen hierarchischen Stellung der Beteiligten. Auf Basis einer Auswertung von mehr als 700 Kontaktsituationen in über 500 Studien kamen auch Pettigrew und Tropp (2006) zu dem Schluss, dass ein zentraler Faktor beim Abbau von Vorurteilen in der Reduktion von Unsicherheit und Angst in Kontaktsituationen besteht.

6.5 Zwischenfazit: Gesundheit und Diversity zwischen Humanität und Ökonomie

Wie aus dem bisher Gesagten deutlich geworden ist, konstituieren sich Ziele, Schwerpunktsetzungen und Interventionen sowohl im betrieblichen Gesundheits- als auch im betrieblichen Diversity-Management im Spannungsfeld von ethischen Ansprüchen an Menschengerechtigkeit einerseits und an den Geboten der Wirtschaftlichkeit, Gewinnerzielung und Konkurrenzfähigkeit andererseits (vgl. auch Gerlinger et al. 2021).

Die Stärken einer Orientierung an Managementansätzen zur Förderung von Gesundheit und Diversity in Organisationen bestehen darin, dass diese Konzepte ein zielorientiertes, systematisches und koordiniertes Vorgehen sowie die regelmäßige Evaluierung von Strukturen, Prozessen und Ergebnissen einfordern. Aus der Sicht einer von Gesundheits- und Diversity-Prämissen getragenen Ethik verlieren entsprechende Ansätze jedoch dann ihre Berechtigung, wenn sie nicht dazu dienen, strukturelle Machtungleichheiten zu verringern, sondern (ökonomische) gesellschaftliche Ungleichheiten zu zementieren oder zu vergrößern. Entscheidungstragende in Organisationen müssen hier ebenso wie Akteur*innen der Gesundheits- und Diversity-Förderung differenzierte Abwägungen treffen und Prioritätensetzungen vornehmen. Hilfreich sind dabei die von Seiten einer gesundheitswissenschaftlichen Ethik formulierten Prinzipien, die in entsprechenden Konfliktsituationen wertvolle Entscheidungshilfen darstellen können (vgl. z. B. Blickle 2007; Schröder-Bäck 2014; Hien 2022). Wichtig ist jedoch auch, dass die Unternehmensspitze sich zu den Prinzipien einer menschengerechten Arbeit bekennt und sie in entsprechenden Leitbildern und Leitlinien fixiert, ferner, dass diese von den Verantwortlichen selbst ernst genommen werden und ihre Berücksichtigung auch von allen anderen Organisationsmitgliedern einfordern.

7. Gesetzliche Grundlagen zugunsten von Gesundheit und Diversity im Betrieb[18]

7.1 Kapitelübersicht

Eine wichtige Grundlage für die Umsetzung eines diversityorientierten Gesundheitsmanagements (DGM) in Betrieben stellen die einschlägigen gesetzlichen Bestimmungen dar, die Maßnahmen zugunsten von Gesundheit bzw. Vielfalt auf der Organisationsebene einfordern. In den folgenden Abschnitten werden Rechtspflichten des diesbezüglichen Vorschriften- und Regelwerks dargestellt. Diese Darstellung nimmt dabei solche Regelungen in den Blick, die die betriebliche Ebene adressieren und zu diesem Zweck inner- wie außerbetriebliche Zuständigkeiten definieren.

Um deutlich zu machen, welche Aufgaben, Funktionen und Rollen mit der Umsetzung des DGM im Betrieb verbunden sind, orientiert sich das vorliegende Kapitel im ersten Teil an den Adressat*innen der jeweiligen Gesetzesnormen, im zweiten Teil stehen Regelungsinhalte im Mittelpunkt. Der erste Teil fokussiert insbesondere die Aufgaben von Arbeitgeber*innen und sonstigen verantwortlichen Personen, der Beschäftigtenvertretungen, der Fachleute in Arbeitssicherheit und Gesundheitsschutz sowie diejenigen verschiedener Beauftragter und Interessenvertretungen, aber auch die Pflichten relevanter betriebsexterner Akteur*innen und nicht zuletzt der Beschäftigten selbst. Im zweiten Teil werden die Regelungsinhalte mit Bezug auf die Diversity-Dimensionen Alter, Geschlecht, Care-Aufgaben sowie Behinderung und chronische Krankheit erläutert. Die in diesen spezifischen Gesetzesregelungen in Bezug genommenen Benachteiligungsdimensionen weichen zum Teil von der – in diesem Band vielfach vorgenommenen – Differenzierung nach Alter, Geschlecht, Herkunft und Behinderungen ab und nehmen vor allem solche Benachteiligungskonstellationen in den Blick, für die es spezifische gesetzliche Regeln gibt.

18 In den folgenden Passagen wurden die in den Gesetzestexten enthaltenen, zumeist sich der männlichen Sprachform bedienenden Begriffe durch die neutrale Asteriskform ersetzt.

7.2 Verantwortlichkeiten für Gesundheit und Vielfalt im Betriebskontext

7.2.1 Aufgaben von Arbeitgebenden

Der wesentliche Pflichtenkatalog im privaten Arbeitsrecht bzw. im öffentlichen Arbeitsschutzrecht richtet sich an Arbeitgebende. Zu diesen Verpflichtungen zählen nicht nur die im vorliegenden Abschnitt dargestellten Forderungen gemäß dem Allgemeinen Gleichbehandlungsgesetz (AGG) oder dem Arbeitsschutzgesetz (ArbSchG), sondern auch die meisten der in Abschnitt 7.3 aufgeführten Regelungen zur Kompensation von Benachteiligungen spezifischer Gruppen. Den Grund für diese Begrenzung der Handlungsfreiheit von Arbeitgebenden gegenüber ihren Beschäftigten bildet zum einen die Annahme, dass zwischen den beiden Parteien eine „gestörte Vertragsparität" bestehe, indem Beschäftigte aufgrund ihrer existenziellen Abhängigkeit in einer schlechteren Verhandlungsposition sind, die durch staatliches Handeln kompensiert werden muss, zum andern ist der in Abschnitt 6.4.1 erläuterte Gedanke der „positiven Diskriminierung" maßgebend, der dazu beitragen soll, Benachteiligungen bestimmter Gruppen durch eine bevorzugte Behandlung auszugleichen.

Gleichbehandlung und Antidiskriminierung

Das im Jahr 2006 in der BRD in Kraft getretene AGG erstreckt sich auf die Arbeitswelt sowie auf Handlungen in Lebenswelten wie z. B. Einkäufe, Restaurantbesuche, Bahn- und Busfahrten sowie auf dem Wohnungsmarkt (vgl. § 2 AGG). Von Arbeitgeber*innen verlangt das AGG, sich dafür einzusetzen, dass Beschäftigte nicht wegen ihrer ethnischen Herkunft, des Geschlechts, der Religion oder Weltanschauung, einer Behinderung, des Alters oder der sexuellen Identität benachteiligt oder diskriminiert werden dürfen. Nach Kocher (2022: 119) handelt es sich bei dieser Aufzählung lediglich um Konkretisierungen, wann von einer willkürlichen Benachteiligung auszugehen ist, so dass sich aus dem Grundsatz der Gleichbehandlung auch weitere Benachteiligungsverbote ergeben können.

Angesprochen sind alle möglichen Formen von Benachteiligung – von der Einstellung, über den beruflichen Aufstieg, der Erteilung von Weisungen, der Gestaltung der Arbeitsbedingungen bis hin zur Beendigung des Arbeitsverhältnissees (Viethen et al. 2015: 133). Unzulässig ist eine Entscheidung oder Behandlung dann, wenn ein benachteiligender Sachverhalt durch eines oder mehrere der oben genannten Merkmale veranlasst ist. Verboten sind dabei nicht nur unmittelbare Benachteiligungen – etwa in Form einer Zurücksetzung oder Schlechterbehandlung – sondern auch mittelbare Benachteiligungen. Letztere sind dann gegeben, wenn dem Anschein nach neutrale Vorschriften, Maßnahmen, Kriterien oder Verfahren Personen oder Personengruppen, bei denen eines der in § 1 AGG genannten Merkmale vorliegt, benachteiligen, es sei denn, die betreffenden Vorschriften, Kriterien oder Verfahren sind durch ein rechtmäßiges Ziel legitimiert und die Mittel sind zur Erreichung dieses Ziels angemessen und erforderlich. So liegt beispielsweise eine mittelbare Benachteiligung wegen des Geschlechts dann vor, wenn – überwiegend dem weiblichen Geschlecht angehörende – Teilzeitbeschäftigte von bestimmten Privilegien ausgeschlossen sind. Eine mittelbare Benachteiligung wegen Behinderung liegt beispielsweise dann vor, wenn die vom Arbeitgeber angebotenen Bildungsmaßnahmen nicht barrierefrei gestaltet sind (Viethen et al. 2015: 136).

Ausnahmen, die eine ungleiche Behandlung erlauben, werden in § 8 Abs. 1 des AGG beschrieben und betreffen besondere berufliche Anforderungen. Als Beispiel führen Viethen et al. (2015: 138f.) die unterschiedliche Behandlung wegen des Geschlechts, des Alters oder der Herkunft in Abhängigkeit von der zu besetzenden Rolle bei Schauspieler*innen und darstellenden Künstler*innen an. Nicht zulässig ist dagegen beispielsweise eine unterschiedliche Behandlung älterer Arbeitnehmer*innen mit der pauschalen Begründung einer geringeren Leistungsfähigkeit, eines höheren Krankenstandes oder höherer Lohnkosten. § 10 Satz des AGG enthält einen nicht abschließenden Katalog zulässiger Ungleichbehandlungen wegen des Alters.

Zu den Pflichten der Arbeitgebenden zählen erstens Benachteiligungsverbote im Rahmen von Stellenausschreibungen (§ 11 AGG): Hier sind Formulierungen zu vermeiden, die vermuten lassen, dass Personen aus einer bestimmten Altersgruppe schlechtere Chancen haben („young talents") oder solche, die sich nur auf ein Geschlecht beziehen. Erlaubt sind dagegen Formulierungen im Sinne einer positiven Diskriminierung (vgl. Kapitel 6.4.1), wenn dadurch Benachteiligungen ausgeglichen werden, wie zum Beispiel bei der Formulierung „Schwerbehinderte werden bei gleicher Eignung bevorzugt" (vgl. auch § 5 AGG).

Eine weitere Pflicht von Arbeitgeber*innen besteht darin, geeignete Maßnahmen zum Schutz der Beschäftigten vor Benachteiligung zu treffen, unabhängig, von welcher Seite diese Benachteiligungen ausgehen – also auch vor Benachteiligungen durch Arbeitskolleg*innen, Kund*innen oder weitere dritte Personen. Zu den einschlägigen Schutzmaßnahmen zählen u.a. vorbeugende Aktivitäten, wie z.B. die Prävention von Konflikten, die Etablierung von Strukturen zur Konfliktbewältigung sowie die Sensibilisierung der Beschäftigten hinsichtlich des Themas Diskriminierung. Abs. 2 des § 12 AGG verlangt von

Arbeitgebenden, dass sie in geeigneter Art und Weise, insbesondere im Rahmen der beruflichen Aus- und Fortbildung, auf die Unzulässigkeit von Benachteiligungen nach dem AGG hinweisen und darauf hinwirken, dass diese unterbleiben.

Für den Fall, dass ein*e Beschäftigte*r Opfer einer Benachteiligung geworden ist, muss der/die Arbeitgeber*in die im Einzelfall geeigneten, erforderlichen und angemessenen Maßnahmen zur Unterbindung der Benachteiligung zu ergreifen. Falls die Diskriminierung von Betriebsangehörigen bzw. Kolleg*innen ausgegangen ist, können Abmahnung, Umsetzung, Versetzung oder Kündigung erforderlich sein. Arbeitgebende sind generell verpflichtet, ihre Betriebs- und Arbeitsstrukturen so zu organisieren, dass Beschäftigte durch ihre Kolleg*innen nicht diskriminiert, sexuell belästigt oder auf andere Weise benachteiligt werden.

Sicherheit und Gesundheit von Beschäftigten

Der Zweck des ‚Gesetzes über die Durchführung von Maßnahmen des Arbeitsschutzes zur Verbesserung der Sicherheit und des Gesundheitsschutzes der Beschäftigten bei der Arbeit' (Arbeitsschutzgesetz – ArbSchG) besteht nach § 1 Abs. 1 darin, Sicherheit und Gesundheitsschutz der Beschäftigten bei der Arbeit durch Maßnahmen des Arbeitsschutzes sicherzustellen und zu verbessern. Als solche werden gem. § 2 Abs. 1 solche zur Verhütung von Unfällen bei der Arbeit sowie arbeitsbedingten Gesundheitsgefahren einschließlich Maßnahmen zur menschengerechten Gestaltung von Arbeit formuliert.

Dabei ist zu betonen, dass sich die Pflicht von Arbeitgeber*innen, arbeitsbedingte Gesundheitsgefahren zu verhüten, nicht allein auf nachweisbare Ursache-Wirkungs-Zusammenhänge beschränkt, wie sie z. B. im Berufskrankheitenrecht gelten, sondern gerade auch solche – oft psychosoziale – Einwirkungen aus der Arbeitswelt einschließt, die in individuell unterschiedlicher Weise zur Entstehung von Gesundheitsschäden beitragen können (Faber/Faller 2017: 59). Die Verpflichtung, Beschäftigte vor schädlichen arbeitsbedingten Einwirkungen zu bewähren, ist damit sehr weitreichend.

Auch der Begriff der menschengerechten Gestaltung der Arbeit ist als Grundlage für ein DGM von erheblicher Bedeutung, verlangt er doch über die Schadensvermeidung hinaus eine „Verbesserung der Bedingungen, unter denen Arbeit zu leisten ist" (Pieper 2022: 156). Neben den, auf gesicherten arbeitswissenschaftlichen Erkenntnissen beruhenden, etablierten Bewertungskriteriensystemen (Luczak 1998) benennt Pieper (2022: 157 f.) auch Prinzipien wie „Achtung der Menschenwürde, Schutz und Förderung der Persönlichkeitsrechte von Beschäftigten, Berücksichtigung der individuellen Belastbarkeit,

Sicherstellung sozialer Interaktion und Kommunikation mit anderen Beschäftigten sowie Entwicklungs- und Qualifizierungsmöglichkeiten" als Merkmale einer menschengerechten Gestaltung von Arbeit. Nach gesundheitswissenschaftlichem Verständnis handelt es sich bei diesen um salutogenetische Anforderungen, die über eine Fokussierung auf Schadensvermeidung bzw. -minimierung hinausgehen und auf die Stärkung und Weiterentwicklung der Potenziale und Fähigkeiten von Beschäftigten zielen (vgl. Faber/Faller 2017: 60).

Um die betriebliche Umsetzung der Forderungen nach dem ArbSchG zu gewährleisten, verlangt § 3 Abs. 2 ArbSchG von Arbeitgebenden, für eine geeignete Organisation zu sorgen, diese mit den betrieblichen Führungsstrukturen zu verknüpfen, die erforderlichen Mittel bereitzustellen und Möglichkeiten der Beschäftigtenpartizipation sicherzustellen. Zu den prozessbezogenen Pflichten zur Verankerung gesundheitsorientierter Prinzipien in der betrieblichen Aufbau- und Ablauforganisation zählen insbesondere die Beurteilung der Arbeitsbedingungen bzw. Gefährdungsbeurteilung gemäß §§ 5, 6 ArbSchG, in deren Rahmen insbesondere physische und psychische Arbeitsbelastungen als Quellen für Gefährdungen zu ermitteln und zu beurteilen sind, die Pflicht zur Wirksamkeitsüberprüfung der auf dieser Grundlage durchzuführenden Maßnahmen sowie das Gebot der ständigen Verbesserung des betrieblichen Arbeitsschutzes (vgl. § 3 Abs. 1 ArbSchG). Diese Vorgaben der Gefährdungsbeurteilung und Erfolgskontrolle, der strukturellen Verankerung in der Organisation sowie der Sicherstellung von Partizipation korrespondieren in hohem Maße mit den Prinzipien des Public Health-Action Cycles (vgl. Abschnitt 2.2.2) und machen deutlich, dass sich ein zeitgemäßes Arbeitsschutzverständnis sehr gut mit Ansätzen des DGM verbinden lässt.

Nach § 1 des Gesetzes über Betriebsärzte, Sicherheitsingenieure und andere Fachkräfte für Arbeitssicherheit (Arbeitssicherheitsgesetz – ASiG) sind Arbeitgeber*innen verpflichtet, Betriebsärzt*innen und Fachkräfte für Arbeitssicherheit zu bestellen. Deren Aufgaben bestehen darin, Arbeitgebende und betriebliche Interessenvertretungen in Fragen des Arbeitsschutzes und der Unfallverhütung zu unterstützen und zu beraten (vgl. Abschnitt 7.2.4).

Für die Belange des DGM besonders hervorzuheben sind spezifische Regelungen für besonders schutzbedürftige Beschäftigte in § 4 Nr. 5 ArbSchG sowie im Mutterschutzgesetz (MuSchG), im Jugendarbeitsschutzgesetz (JArbSchG) und im 9. Buch Sozialgesetzbuch (SGB IX). Zudem ist in § 167 Abs. 2 SGB IX ist zudem das übergreifende „Betriebliche Eingliederungsmanagement" (BEM) geregelt. Entsprechende Ausführungen hierzu enthält Abschnitt 3.3.

Weitere Pflichten von Arbeitgebenden

Neben den oben dargestellten gesetzlichen Vorgaben zugunsten von Antidiskriminierung sowie Sicherheit und Gesundheit von Beschäftigten existieren weitere gesetzliche Vorgaben, die Arbeitgeber*innen zu spezifischen Aktivitäten in den genannten Bereichen verpflichten. Eine Auswahl dieser weitergehenden Bestimmungen enthält Abschnitt 3 dieses Kapitels.

7.2.2 Aufgaben von Führungskräften

Wie in Abschnitt 7.2.1 deutlich geworden ist, tragen Arbeitgeber*innen die grundsätzliche Gesamtverantwortung für Sicherheit, Gesundheit und Antidiskriminierung ihrer Beschäftigten. Für die praktische Verwirklichung in allen Unternehmensbereichen sind Arbeitgebende jedoch auf die Unterstützung weiterer Personen, insbesondere die der nachgeordneten Führungskräfte angewiesen. Die gesetzliche Grundlage zur Unterstützung durch Vorgesetzte bietet § 13 Abs. 2 ArbSchG. Dieser Bestimmung zufolge können Arbeitgeber*innen zuverlässige und fachkundige Personen damit beauftragen, Aufgaben in eigener Verantwortung wahrzunehmen. Die Arbeitsschutzvorschriften selbst enthalten weder spezifische Regelungen für Führungskräfte noch besondere Pflichten. Ob und in welchem Umfang Vorgesetzte Verantwortung tragen, ergibt sich vielmehr daraus, inwieweit die Unternehmensleitung Pflichten an sie delegiert (BG RCI 2016).

Mit Blick auf die rechtliche Absicherung für beide Seiten sollte diese Beauftragung schriftlich erfolgen und die übertragenen Befugnisse und Kompetenzen der beauftragten Person konkretisieren (Pieper 2022: 318 ff.). Je nach Art und Umfang der Verantwortungsdelegation an Führungskräfte müssen sie in ihrem Zuständigkeitsbereich in eigener Verantwortung nach den Arbeitsschutzvorschriften tätig werden. Dies gilt insbesondere für folgende Aufgaben (BG RCI 2016):

- die Veranlassung und Durchführung von Gefährdungsbeurteilungen
- die Beseitigung von Sicherheitsmängeln
- die Veranlassung und Durchführung von Unterweisungen
- die Beanstandung des Fehlverhaltens von Beschäftigten
- die Evaluation der Wirksamkeit von getroffenen Maßnahmen
- notfalls das Einstellen gefährlicher Arbeiten.

Wenn Führungskräfte den Eindruck gewinnen, dass ihre Befugnisse für die Veranlassung und Umsetzung notwendiger Maßnahmen nicht ausreichen, sollten sie dies gegenüber ihrer vorgesetzten Stelle melden und – bei unmittelbar bestehender Gefahr – vorläufige Sicherungsmaßnahmen treffen.

7.2.3 Aufgaben der Beschäftigtenvertretung

Grundlagen der gesetzlichen Interessenvertretung

Im Hinblick auf die Beteiligung von Beschäftigten an Entscheidungen der Arbeitgebendenseite wird grundsätzlich zwischen der kollektiven und der individuellen Partizipation unterschieden. Die kollektive Mitwirkung erfolgt im Öffentlichen Dienst über die von den Beschäftigten zu wählenden Personalräte nach den Personalvertretungsgesetzen des Bundes (BPersVG) und der Länder, in gewerblichen Betrieben gemäß Betriebsverfassungsgesetz (BetrVG) über Betriebsrät*innen. Im kirchlichen Bereich wird die kollektive Mitbestimmung auf Grundlage der Mitarbeitervertretungsgesetze der Kirchen ausgeübt. Als gewählte Repräsentant*innen der Arbeitnehmenden haben Beschäftigtenvertretungen im Hinblick auf Gesundheit und Vielfalt im Betrieb eine Schlüsselrolle inne (Pieper 2022: 1475). Sie verfügen über Informations-, Beteiligungs- und Mitbestimmungsrechte auf Basis der jeweiligen gesetzlichen Bestimmungen.

Mitwirkungs- und Mitbestimmungsrechte

Zwischen Mitwirkungs- und Mitbestimmungsrechten gibt es einen zentralen Unterschied: Während Mitwirkungsrechte lediglich das Recht auf Information, Vorschlagsrechte, Anhörungs- und Beratungsrechte umfassen, besteht Mitbestimmung darin, dass bei Entscheidungen explizit die Zustimmung der Beschäftigtenvertretung einzuholen ist bzw. diese eine Entscheidung durch Zustimmungsverweigerung oder Widerspruch boykottieren kann. Zu den Mitbestimmungsrechten zählt auch das Initiativrecht. Dieses bedeutet, dass die Beschäftigtenvertretung von sich aus eine Entscheidung der Arbeitgeber*innenseite verlangen und ggf. über die Einigungsstelle durchsetzen kann. Damit wird sichergestellt, dass Arbeitgebende die Mitbestimmung nicht dadurch umgehen, dass sie Entscheidungen unterlasen (Schelz/Shahatit 2015: 474 ff.).

Allgemeine Pflichten der Beschäftigtenvertretung

Neben den oben skizzierten Rechten haben Beschäftigtenvertretungen auch Pflichten. So haben Betriebsräte nach § 80 BetrVG nach § 80 Abs. 1 darüber zu wachen, dass die zugunsten der Arbeitnehmer*innen geltenden Gesetze (z. B.

im Bereich des Arbeitsschutzes, der Gleichbehandlung, des Datenschutzes u. v. a. m.) auch durchgeführt werden. Vergleichbares gilt für die Personalrät*innen im Öffentlichen Dienst nach § 62 BPersVG. Förderpflichten beschreiben die Aufgabe der Beschäftigtenvertretung, bei der Arbeitgeber*innenseite Maßnahmen zu beantragen, die dem Betrieb und der Belegschaft dienen, und zwar auch dann, wenn diese nicht ausdrücklich gesetzlich genannt sind (Schelz/Shahatit 2015: 485 ff.).

Aufgaben der Beschäftigtenvertretungen im Bereich Gesundheit und Vielfalt

Mit Blick auf die Ziele von Gesundheit und Vielfalt kommt den Beschäftigtenvertreter*innen eine entscheidende Initiativ- sowie eine nachhaltige Gestaltungsrolle zu. So verpflichten zahlreiche Bestimmungen die Beschäftigtenvertretungen dazu, sich für die Belange vielfältiger Beschäftigter einzusetzen. § 80 Abs. 1 BetrVG fordert von Betriebsrät*innen u. a.,

- sich für die Durchsetzung der tatsächlichen Gleichstellung von Frauen und Männern einzusetzen und diese insbesondere bei der Einstellung, Beschäftigung, Aus-, Fort- und Weiterbildung und dem beruflichen Aufstieg zu fördern (Ziffer 2a),
- ferner die Vereinbarkeit von Familie und Erwerbstätigkeit zu fördern (Ziffer 2b),
- Anregungen von Arbeitnehmer*innen und der Jugend- und Auszubildendenvertretung aufzugreifen (Ziffer 3),
- die Eingliederung schwerbehinderter Menschen einschließlich der Förderung des Abschlusses von Inklusionsvereinbarungen nach § 166 des Neunten Buches Sozialgesetzbuch und sowie die Förderung sonstiger besonders schutzbedürftiger Personen (Ziffer 4),
- die Beschäftigung älterer Arbeitnehmer im Betrieb zu fördern (Ziffer 6),
- die Integration ausländischer Arbeitnehmer im Betrieb und das Verständnis zwischen ihnen und den deutschen Arbeitnehmern zu fördern, sowie Maßnahmen zur Bekämpfung von Rassismus und Fremdenfeindlichkeit im Betrieb zu beantragen (Ziffer 8).

Bereits im Rahmen der Änderung des BetrVG im Jahr 2001 wurde in der Gesetzesbegründung ausgeführt, dass Fremdenfeindlichkeit und Diskriminierung vor den Betriebstoren nicht haltmachen. Vor diesem Hintergrund erfuhr das Gebot der betrieblichen Integration von ausländischen Arbeitnehmer*innen sowie die Bekämpfung fremdenfeindlicher Aktivitäten seit der Jahrtausendwende im Aufgabenkatalog der Betriebsrät*innen eine deutliche Aufwertung

(Deutscher Bundestag 2001). Das BPersVG von 2021 geht mit Blick auf Diversität noch weiter und verpflichtet Personalrät*innen in § 62 Ziff. 5 sinngemäß, Benachteiligungen von Menschen entgegen zu wirken, die sich keiner binären Geschlechtskategorie zuordnen, sowie in Ziff. 7, generell Aktivitäten gegen gruppenbezogene Menschenfeindlichkeit in der Dienststelle zu beantragen. In der Gesetzesbegründung hierzu wird ausgeführt, dass der Begriff der gruppenbezogenen Menschenfeindlichkeit neben Rassismus und Fremdenfeindlichkeit jegliche Form der Abwertung von Beschäftigten auf Grund ihres „Andersseins", etwa auf Grund ihrer sozialen Herkunft, religiösen Einstellung oder sexuellen Orientierung umfasst.

Betriebs- und Dienstvereinbarungen

Eines der wichtigsten Werkzeuge für die Arbeit des Betriebs- bzw. Personalrats sind Betriebs- bzw. Dienstvereinbarungen. Als verbindliche Verträge haben sie für alle Beschäftigten eines Betriebs Gültigkeit. Allerdings sind Dienstvereinbarungen im öffentlichen Dienst nur in den ausdrücklich genannten Mitbestimmungsfällen zulässig (§ 63 Abs. 1 Satz 1 BPersVG), so dass freiwillige Dienstvereinbarungen wie diejenigen auf Grundlage des BetrVG hier nicht möglich sind (Pieper 2022: 1526).

Betriebsvereinbarungen lassen sich in erzwingbare (obligatorische) und freiwillige Betriebsvereinbarungen unterteilen. Wenn in mitbestimmungspflichtigen Angelegenheiten eine einvernehmliche Lösung zwischen Betriebsrat und Arbeitgeber*in nicht möglich ist, werden verbindliche Regelungen durch einen Spruch der Einigungsstelle herbeiführt. In sonstigen Angelegenheiten, die nicht der Mitbestimmung des Betriebsrats unterliegen, sind freiwillige Betriebsvereinbarungen möglich. Zu den in § 88 BetrVG aufgeführten Regelungsbereichen für freiwillige Betriebsvereinbarungen zählen u. a. zusätzliche Maßnahmen zur Verhütung von Arbeitsunfällen und Gesundheitsschädigungen, aber auch Maßnahmen zur Integration ausländischer Arbeitnehmender sowie zur Bekämpfung von Rassismus und Fremdenfeindlichkeit im Betrieb.

7.2.4 Aufgaben von Fachkräften für Arbeitssicherheit und Betriebsärzt*innen

Wie bereits in Abschnitt 7.2.1 erwähnt, sind Arbeitgeber*innen nach § 1 ASiG verpflichtet, Betriebsärzt*innen und Fachkräfte für Arbeitssicherheit (SiFas) zu bestellen. Mit dieser Verpflichtung sollen Arbeitgebende bei der Planung und Durchführung eines wirksamen Arbeitsschutzes fachlich unterstützt werden (zur damit korrespondierenden Unterstützung der betrieblichen Beschäftigtenvertretungen vgl. § 9 i. V. mit § 16). Neben der Anstellung entsprechender Personen ist es auch möglich, freiberuflich tätige SiFas und Betriebsärzt*innen oder überbetrieblicher Dienste zu beauftragen (Pieper 2022: 1428).

Nach den §§ 2 und 5 ASiG haben SiFas und Betriebsärzt*innen Anspruch darauf, bei der Erfüllung ihrer Aufgaben von ihren Arbeitgeber*innen unterstützt zu werden, beispielsweise indem ihnen erforderlichenfalls Hilfspersonal, Räume, Einrichtungen, Geräte und Mittel sowie die für die Ausübung ihrer Aufgaben erforderlichen Informationen zur Verfügung gestellt werden.

Die §§ 4 bzw. 7 ASiG regeln die Qualifikationsanforderungen an SiFas und Betriebsmediziner*innen, während die Auflistung ihrer konkreten Aufgaben in den §§ 3 und 6 ASiG fixiert sind. Demnach haben SiFas vor allem die Pflicht, die Unternehmensleitung sowie die Führungskräfte in allen Fragen des Arbeitsschutzes, einschließlich der menschengerechten Gestaltung der Arbeit, zu unterstützen und Entscheidungen und Maßnahmen der Unternehmensleitung vorzubereiten. Dazu machen sie Vorschläge zur Verbesserung des Arbeitsschutzes. Als beratende Personen haben sie jedoch selbst nicht unmittelbar die Möglichkeit, sicherheitswidrigen Zuständen abzuhelfen. Entscheidungen über die Durchführung und damit auch die Verantwortung liegt bei der Unternehmensleitung oder deren Beauftragten (BG RCI 2016: 9)

Betriebsärztinnen und -ärzte haben auf dem Gebiet der Arbeitsmedizin vergleichbare Aufgaben wie SiFas in sicherheitstechnischen Fragen, und sie sind im selben Umfang verantwortlich. Auch sie sind bei der Anwendung ihrer arbeitsmedizinischen Fachkunde weisungsfrei. Betriebsärzt*innen unterliegen darüber hinaus der ärztlichen Schweigepflicht – auch gegenüber der Unternehmensleitung (BG RCI 2016: 10). Darüber hinaus weist Absatz 3 des § 3 ASiG ausdrücklich darauf hin, dass es nicht zu den Aufgaben der Betriebsärzt*innen gehört Krankmeldungen der Arbeitnehmer*innen auf ihre Berechtigung zu überprüfen.

7.2.5 Individuelle Partizipation von Beschäftigten

Beschäftigte haben nicht nur dann Beteiligungsrechte und -pflichten, wenn eine gewählte Interessensvertretung existiert; gerade in Arbeitsschutzbelangen regeln mehrere Bestimmungen im Arbeitsschutzgesetz die Möglichkeiten der direkten Beteiligung von Arbeitnehmenden. Dazu zählt nach § 17 ArbSchG das Recht, der Arbeitgebendenseite Vorschläge zu allen Fragen der Sicherheit und des Gesundheitsschutzes bei der Arbeit zu machen. Wenn sie dann auf Grund konkreter Anhaltspunkte der Auffassung sind, dass die von Arbeitgebendenseite getroffenen Maßnahmen und bereitgestellten Mittel nicht ausreichen, um die Sicherheit und den Gesundheitsschutz bei der Arbeit zu gewährleisten, und wenn die Arbeitgebendenseite den Beschwerden von Beschäftigten nicht abhilft, können sich diese an die zuständige Behörde wenden. Hierdurch dürfen den Beschäftigten keine Nachteile entstehen (§ 17 Abs. 2 ArbSchG).

Ferner haben Beschäftigte einen Anspruch auf Unterweisung über die Risiken und Gefährdungen bei der Arbeit (§ 12 ArbSchG; vgl. Pieper 2022: 304 ff.), das Recht zur eigenständigen Gefahrenabwehr in Notfällen nach § 9 Abs. 2 ArbSchG sowie das Recht zur Entfernung vom Arbeitsplatz in Krisensituationen gemäß § 9 Abs. 3 ArbSchG (Pieper 2022: 285 ff.). Andererseits sind Beschäftigte nach § 16 ArbSchG verpflichtet, der Arbeitgebenden- oder Vorgesetztenseite jede von ihnen festgestellte unmittelbare erhebliche Gefahr für die Sicherheit und Gesundheit sowie jeden an den Schutzsystemen festgestellten Defekt unverzüglich zu melden (Pieper 2022: 332), und gemeinsam mit dem/der Betriebsärzt*in und der Fachkraft für Arbeitssicherheit den/die Arbeitgeber*in darin zu unterstützen, die Sicherheit und den Gesundheitsschutz der Beschäftigten bei der Arbeit zu gewährleisten. Und selbstverständlich müssen die Beschäftigten für ihre eigene Sicherheit und Gesundheit sowie diejenige der Kolleg*innen bei der Arbeit Sorge tragen (§ 15 ArbSchG).

Neben den im Arbeitsschutzgesetz aufgeführten Rechten und Pflichten enthält auch das Betriebsverfassungsgesetz Regelungen zur individuellen Beteiligung von Beschäftigten. So sieht § 81 Abs. 3 BetrVG vor, dass Arbeitgebende in Betrieben ohne Betriebsrat die Arbeitnehmer*innen zu allen Maßnahmen zu hören haben, die Auswirkungen auf deren Sicherheit und Gesundheit haben können (vgl. zum öffentlichen Dienst auch § 14 ArbSchG). Und gemäß § 82 Abs. 1 muss ein*e Arbeitnehmer*in nicht nur in ihn/sie tangierenden Betriebsangelegenheiten angehört werden, er oder sie ist auch berechtigt, zu entsprechenden Maßnahmen Stellung zu nehmen und Vorschläge zur Gestaltung des Arbeitsplatzes und des Arbeitsablaufs zu machen.

7.2.6 Sicherheitsbeauftragte sowie weitere Beauftragte im Arbeitsschutz

Gemäß § 22 des Siebten Buches Sozialgesetzbuch (SGB VII) sind Unternehmer*innen ab einer Beschäftigtenzahl von 20 verpflichtet, Sicherheitsbeauftragte zu bestellen. Ihre geforderte Anzahl steigt mit dem Gefährdungsgrad der im Betrieb auszuführenden Aufgaben und wird grundsätzlich auf Basis der Gefährdungsbeurteilung festgelegt (Pieper 2022: 1612). Die Unfallversicherungsträger haben in ihrem Vorschriften- und Regelwerk dazu konkretisierende Empfehlungen verabschiedet.

Aufgabe der Sicherheitsbeauftragten ist es, den/die Unternehmer*in bei der Durchführung der Maßnahmen zur Verhütung von Arbeitsunfällen und Berufskrankheiten zu unterstützen, insbesondere, sich vom Vorhandensein und der ordnungsgemäßen Benutzung der vorgeschriebenen Schutzeinrichtungen und persönlichen Schutzausrüstungen zu überzeugen und Kolleg*innen auf Unfall- und Gesundheitsgefahren aufmerksam zu machen.

Im Gegensatz zu den SiFas und Betriebsärzt*innen nach ASiG sind Sicherheitsbeauftragte ehrenamtlich tätig und fungieren als Vertrauens- sowie als Kontaktpersonen „an der Basis", indem sie Anliegen von Sicherheit und Gesundheit aus der Beschäftigtenperspektive formulieren. Sie dürfen wegen der Erfüllung der ihnen übertragenen Aufgaben nicht benachteiligt werden (§ 22 Abs. 3 SGB VII).

Neben der Funktion des Sicherheitsbeauftragten gibt es im Arbeitsschutz noch eine beträchtliche Zahl an Beauftragtenfunktionen, die zum Teil gesetzlich vorgeschrieben sind (z. B. Strahlenschutzbeauftragte nach der Strahlenschutzverordnung) oder zum Teil nur empfohlen werden (z. B. im Fall von Gefahrstoffbeauftragten oder Biostoffbeauftragten zur GefStoffV bzw. BioStoffV). Die jeweiligen Aufgaben und Pflichten zu den konkreten Verantwortlichkeiten ergeben sich aus den einschlägigen Gesetzen bzw. aus der schriftlichen Beauftragung durch den/die Unternehmer*in.

7.2.7 Arbeitsschutzausschuss

Betriebe in einer Größenordnung ab 20 Beschäftigten sind nach § 11 ASiG verpflichtet, einen Arbeitsschutzausschuss einzurichten. Aufgabe dieses quartalsweise tagenden Gremiums ist es, Anliegen des Arbeitsschutzes und der Unfallverhütung zu beraten. Die Vorschrift macht außerdem konkrete Vorgaben zur Zusammensetzung dieses Ausschusses: Ihm müssen neben der arbeitgebenden bzw. der von ihr beauftragten Person zwei Mitglieder der Beschäftigtenvertretung, Betriebsärzt*innen, SiFas und Sicherheitsbeauftragte angehören. Der Ausschuss selbst kann keine verbindlichen Beschlüsse fassen, er ist vielmehr als beratende Struktur zu verstehen, die es der Arbeitgebendenseite erleichtert, den Arbeitsschutz in allen Bereichen der Organisation sicher zu stellen (Pieper 2022: 1464).

7.2.8 Aufgaben der Gesetzlichen Krankenkassen in der betrieblichen Gesundheitsförderung (BGF)

Die gesetzlichen Krankenkassen sind gemäß § 20b SGB V verpflichtet, Betrieben Leistungen zur Gesundheitsförderung anzubieten. Dabei müssen sie die Qualitätsanforderungen berücksichtigen, die in der Gesetzesformulierung aufgeführt sind. Zu diesen zählt insbesondere, dass mit den Leistungen gesundheitsförderliche Strukturen in den Betrieben aufzubauen und diese zu stärken sind. Mit anderen Worten beschreibt dieses Gebot, dass es den Gesetzlichen Krankenkassen primär darum gehen muss, Rahmenbedingungen für gesundes Arbeiten zu unterstützen, anstatt lediglich verhaltenspräventive Kurse anzubieten. Weiter konkretisieren die Bestimmungen dieses Paragrafen, wie die Krankenkassen vorzugehen haben, und zwar indem sie eine Bedarfsanalyse im Sinne einer Erhebung der gesundheitlichen Situation einschließlich ihrer Risiken und Potenziale durchführen. Dabei hebt die Gesetzesformulierung ausdrücklich die Beteiligung der Beschäftigten sowie ferner der betrieblichen Entscheidungstragenden und der Betriebsärzte und der Fachkräfte für Arbeitssicherheit hervor. Aus der Bedarfserhebung sind dann Vorschläge zur Verbesserung der gesundheitlichen Situation sowie zur Stärkung der gesundheitlichen Ressourcen und Fähigkeiten abzuleiten, wobei die Krankenkassen die Umsetzung dieser Vorschläge unterstützen müssen. Mit diesen Formulierungen orientiert sich das Gesetz an den etablierten Standards einer verhältnisbezogenen und partizipativen gesundheitsfördernden Organisationsentwicklung und weist dieser eine prioritäre Stellung zu. Erst im Nachsatz zu § 20b Abs. 1 wird auf Leistungen zur individuellen, verhaltensbezogenen Prävention hingewiesen, für die, wenn sie im Rahmen von BGF realisiert werden, die gleichen Anforderungen gelten, wie sie allgemein in § 20 Abs. 5 Satz 1 des SGB V vorgeschrieben sind.

Aufgrund der inhaltlichen Nähe und Überschneidungen zu den Themenfeldern des Arbeits- und Gesundheitsschutzes werden die Krankenkassen in § 20b Abs. 2 dazu verpflichtet, bei der Wahrnehmung der Aufgaben nach Absatz 1 mit den zuständigen Unfallversicherungsträgern sowie mit den für den Arbeitsschutz zuständigen staatlichen Stellen zu kooperieren. Auch können die Krankenkassen Aufgaben der BGF für die bei ihnen versicherten Beschäftigten an andere Krankenkassen delegieren, sowie zweckgebundene Arbeitsgemeinschaften bilden.

In Absatz 3 werden die Krankenkassen dazu aufgefordert, so genannte BGF-Koordinierungsstellen zu gründen. Dabei handelt es sich um ein Gemeinschaftsangebot der gesetzlichen Krankenkassen, das sich vor allem an kleine und mittlere Unternehmen richtet. Der wesentliche Zweck dieser gemeinsamen Koordinierungsstellen besteht in einer kostenloser Erstberatung zur BGF sowie im Bedarfsfall in der Weitervermittlung an eine Krankenkasse, die die weitere Begleitung übernimmt. Auf Basis von § 21b Abs. 3 werden von Seiten der Krankenkassen zudem Betriebsnetzwerke zur betrieblichen Gesundheitsförderung etabliert und koordiniert.

7.2.9 Weitere externe Akteur*innen in Arbeitsschutz und betrieblicher Gesundheitsförderung und deren Zusammenarbeit

Neben den gesetzlichen Krankenkassen haben auch die Träger der Gesetzlichen Unfallversicherung den Auftrag, Betriebe und Unternehmen im Rahmen der Prävention unterstützen. Im Siebten Buch Sozialgesetzbuch ist bestimmt, dass die Unfallversicherungsträger mit allen geeigneten Mitteln für die Verhütung von Arbeitsunfällen, Berufskrankheiten und arbeitsbedingten Gesundheitsgefahren sowie für eine wirksame Erste Hilfe zu sorgen dabei auch den Ursachen von arbeitsbedingten Gefahren für Leben und Gesundheit nachzugehen haben (§ 14 Abs. 1 SGB VII). Hierfür stehen ihnen die Instrumente der Beratung und Überwachung zur Verfügung (§ 17 Abs. 1 SGB VII). In einem von der DGUV (2011) verabschiedeten Positionspapier ist das Verständnis des Beratungsauftrags der Unfallversicherungsträger näher erläutert. Diesem zufolge verstehen sie sich als Expert*innen für Gesundheit im Betrieb und daher als erste Ansprechpartner*innen für die versicherten Unternehmen in allen Fragen der Sicherheit und Gesundheit. Sie sehen ihre Kompetenzen u. a. auf den Gebieten des Arbeitens im demografischen Wandel, in der Arbeitsorganisation und gesundheitsgerechten Gestaltung der Arbeitsaufgaben, im Betrieblichen Eingliederungsmanagement (BEM), im gesundheitsförderlichem Führungsverhalten, in interkulturellen Aspekte der Prävention sowie psychischen Belastungen und Beanspruchungen u. a. m. Daraus geht ein breites Präventionsverständnis hervor, das diversitätsbezogene und gesundheitsförderliche Ansätze in den Aufgabenkatalog der Unfallversicherungsträger integriert.

Parallel dazu haben auch die für den Arbeitsschutz zuständigen, staatlichen Stellen einen Beratungs- und Überwachungsauftrag im Rahmen der Prävention. Dieser ist in § 21 ArbSchG niedergelegt. Um sicher zu stellen, dass die Unfallversicherungsträger und die staatlichen Stellen für den Arbeitsschutz ihre Arbeit im Rahmen der Prävention koordinieren und den Betrieben keine widersprüchlichen Vorgaben machen, wurden beide Stellen im Jahr 2008 durch die so genannte „Gemeinsame deutsche Arbeitsschutzstrategie“ (GDA) zur Zusammenarbeit verpflichtet. Nähere Bestimmungen dazu finden sich in §§ 20a und 20b ArbSchG (vgl. auch Pieper 2022: 350 ff.) bzw. in § 20 SGB VII.

Darüber hinaus sind die Träger der Gesetzlichen Unfallversicherung bei der Verhütung arbeitsbedingter Gesundheitsgefahren gemäß § 14 Abs. 2 SGB VII zur Zusammenarbeit mit den Gesetzlichen Krankenkassen verpflichtet. Korrespondierend dazu ist dieser Kooperationsauftrag auch Bestandteil des Aufgabenkatalogs der Krankenkassen. Gemäß § 20c SGB V sind sie u. a. verpflichtet, die Träger der gesetzlichen Unfallversicherung bei ihren Aufgaben zur Verhütung arbeitsbedingter Gesundheitsgefahren zu unterstützen, sich bei spezifischen Präventionsmaßnahmen mit den Trägern der Gesetzlichen Unfallversicherung abzustimmen und sie über Erkenntnisse, die sie über Zusammenhänge zwischen Erkrankungen und Arbeitsbedingungen gewonnen haben, zu informieren. Wie bereits in Abschnitt 7.3.8 erwähnt, bestimmt § 20b Abs. 2 SGB VII, dass die Krankenkassen bei der Umsetzung von Maßnahmen der betrieblichen Gesundheitsförderung eng mit den Trägern der gesetzlichen Unfallversicherung sowie mit den für den Arbeitsschutz zuständigen Landesbehörden zusammenzuarbeiten haben. Um diese Zusammenarbeit zu erleichtern, sollen die Krankenkassen insbesondere regionale Arbeitsgemeinschaften bilden.

Einen weiteren Präventionsauftrag im Bereich des Arbeitslebens haben die Träger der gesetzlichen Rentenversicherung nach § 14 SGB VI. Ihr Präventionsauftrag bezieht sich auf das Erbringen medizinischer Leistungen zur Sicherung der Erwerbsfähigkeit gegenüber Versicherten, die erste gesundheitliche Beeinträchtigungen aufweisen, die die ausgeübte Beschäftigung gefährden. Darüber hinaus sind die Träger der Rentenversicherung nach Abs. 3 des § 14 SGB VI verpflichtet, sich an der nationalen Präventionsstrategie zu beteiligen.

Letztere wurde im Jahr 2015 im Rahmen der Einführung des so genannten Präventionsgesetzes etabliert. § 20d SGB V verpflichtet in diesem Zusammenhang die Krankenkassen, im Interesse einer wirksamen und zielgerichteten Gesundheitsförderung und Prävention mit den Trägern der gesetzlichen Rentenversicherung, der gesetzlichen Unfallversicherung und den Pflegekassen eine gemeinsame nationale Präventionsstrategie zu entwickeln und deren Umsetzung und Fortschreibung im Rahmen der Nationalen Präventionskonferenz nach § 20e zu sichern. Instrumente der Nationalen Präventionsstrategie sind nach § 20d Abs. 2 zum einen die Vereinbarung bundeseinheitlicher, trägerübergreifender Rahmenempfehlungen zur Gesundheitsförderung und Prävention einerseits und deren Evaluation im Rahmen eines regelmäßigen Präventionsberichts andererseits.

Ergänzende Formen der trägerübergreifenden Zusammenarbeit im Bereich der betrieblichen Prävention und Gesundheitsförderung bestehen insbesondere in der Initiative Gesundheit und Arbeit (iga; vgl. www.iga-info.de), dem Deutschen Netzwerk für betriebliche Gesundheitsförderung (DNBGF, vgl. www.dnbgf.de/home/), in der Beratende Kommission des GKV-Spitzenverbandes sowie in der Bundesvereinigung für Prävention und Gesundheitsförderung (BVPG; vgl. https://bvpraevention.de).

7.3 Spezifische Bestimmungen zur Verwirklichung von Gesundheit und Vielfalt in Organisationen

7.3.1 Gesetzliche Regelungen mit Bezug auf das Lebensalter

Kinder und Jugendliche

Ein Großteil der gesetzlichen Bestimmungen zu Gesundheit im Kontext des Lebensalters bezieht sich auf die Phase der Kindheit und Jugend. Vor allem das Jugendarbeitsschutzgesetz (JArbSchG) zielt darauf, Gesundheits- und Entwicklungsgefahren zu verhindern, die aus der Gestaltung der Arbeit selbst sowie der Arbeitszeit resultieren. Durch das Gesetz geschützt werden grundsätzlich Kinder bis einschließlich 14 Jahre und Jugendliche im Alter von 15 bis unter 18 Jahren. Wichtig mit Bezug auf Aspekte der Vielfalt ist zudem die Tatsache, dass das Gesetz keinen Unterschied nach Nationalität macht, d. h. alle Kinder und Jugendlichen in der BRD fallen grundsätzlich unter den Anwendungsbereich des Gesetzes (Graue 2022a: 1154).

Das Gesetz kommt zur Anwendung, wenn Kinder oder Jugendliche in einer Berufsausbildung, als Arbeitnehmende, Heimarbeitende oder mit sonstigen Dienstleistungen beschäftigt werden, die den Charakteristika einer abhängigen Beschäftigung mit Weisungsrechten einer anderen Person entsprechen. Ausgenommen ist eine selbstständige Arbeit von Kindern und Jugendlichen sowie Beschäftigungen, die der Religionsausübung dienen oder die in Vereinen verrichtet werden bzw. solche, die sich auf geringfügige Gefälligkeiten beziehen. Ebenso ist eine Beschäftigung durch Personensorgeberechtigte im privaten Familienhaushalt vom Geltungsbereich des Gesetzes ausgenommen (Graue 2022a: 1152 ff.).

Abgesehen von einigen Ausnahmen ist die Beschäftigung von Kindern nach dem Jugendarbeitsschutzgesetz grundsätzlich verboten. Damit sollen Kinder vor wirtschaftlicher Ausbeutung geschützt und Gesundheitsgefährdungen vermieden werden, die sich negativ auf die kindliche Entwicklung und Schulausbildung auswirken könnten (Graue 2022a: 1160).

Für die Beschäftigung Jugendlicher gelten spezifische Bestimmungen zur Arbeitszeit und zu bestimmten Arbeitsaufgaben. So dürfen Jugendliche maximal acht Stunden täglich bzw. 40 Stunden wöchentlich beschäftigt werden. Bestimmungen zur Gestaltung der Arbeit umfassen – ebenfalls von spezifischen Ausnahmen abgesehen – Beschäftigungsverbote für gefährliche Arbeiten bzw. Aufgaben, die die Gesundheit infolge bestimmter physikalischer, chemischer und biologischer Noxen bedrohen, die sittliche Risiken sowie Gefahren bergen, die Jugendliche aufgrund mangelnder Erfahrung oder mangelnden Sicherheitsbewusstseins nicht erkennen können (Graue 2022a: 1189 ff.). Besonders hinzuweisen ist das in § 31 enthaltene Verbot körperlicher Züchtigung sowie das Verbot zur Abgabe von Alkohol und Tabak.

Regelungen zugunsten älterer Beschäftigter

Gesetzliche Regelungen mit Bezug auf die Gesundheit älter werdender Beschäftigter finden sich in § 3 der der Betriebssicherheitsverordnung (Verordnung über Sicherheit und Gesundheitsschutz bei der Verwendung von Arbeitsmitteln, BetrSichV). Dort ist geregelt, dass Arbeitgebende, bevor sie Arbeitsmittel verwenden (lassen), die dabei auftretenden Gefährdungen zu beurteilen (Gefährdungsbeurteilung) und daraus notwendige und geeignete Schutzmaßnahmen abzuleiten haben. Bei dieser Beurteilung sind lt. Gesetz insbesondere Fragen der Gebrauchstauglichkeit von Arbeitsmitteln einschließlich ihrer ergonomischen, alters- und alternsgerechten Gestaltung einzubeziehen. Dabei nimmt der Begriff der alter(n)sgerechten Gestaltung Bezug auf den Umstand, dass bestimmte Faktoren der Leistungsfähigkeit im Verlauf des Alterungsprozesses der Beschäftigten konstant bleiben, andere zu- und wieder andere abnehmen (vgl. Abschnitt 5.2.2). Schutzmaßnahmen zur alter(n)sgerechten Arbeitsgestaltung müssen sich demzufolge an den jeweils gegebenen Leistungsvoraussetzungen orientieren. Beispiele für geeignete Schutzmaßnahmen sind z. B. die Anpassung der Beleuchtungsstärke an das nachlassende Sehvermögen, die Bereitstellung höhenverstellbarer Schreibtische, die Einrichtung altersgemischter Teams oder die Möglichkeit zum Erfahrungsaustausch hinsichtlich der sicheren Nutzung von Arbeitsmitteln (Pieper 2022: 704 ff.).

Kündigungsschutz

Für ältere Arbeitnehmer gilt zwar kein besonderer Kündigungsschutz, dennoch sind sie bei Kündigungen in einigen Fällen ihren jüngeren Kollegen gegenüber bessergestellt. Zudem gilt es die Sozialauswahl zu berücksichtigen. Dieser Begriff bedeutet, dass ein*e Arbeitgeber*in im Fall von Entlassungen nicht nach Belieben bestimmen darf, welche Mitarbeitenden das Unternehmen verlassen; vielmehr muss er/sie soziale Kriterien bei der Auswahl berücksichtigen. Zu diesen zählen nach § 1 Abs. 3 Kündigungsschutzgesetz (KSchG) die Dauer der Betriebszugehörigkeit, das Lebensalter, evtl. Unterhaltspflichten und die Schwerbehinderung des Arbeitnehmers. Eine fehlerhaft durchgeführte Sozialauswahl führt zur Unwirksamkeit der Kündigung (Schneppendahl 2022: 1258).

Darüber hinaus finden sich in einzelnen Tarifverträgen Regelungen, die eine Kündigung von Arbeitnehmer*innen ab dem 55. Lebensjahr weiter erschweren. So verlängern sich beispielsweise Kündigungsfristen mit der Dauer der Betriebszugehörigkeit oder mit dem Alter. Bei der IG Metall gibt es die sogenannte Alterssicherung, die sich aus Alterskündigungsschutz sowie Altersverdienstsicherung zusammensetzt. Arbeitnehmer*innen in der Metallindustrie können demnach ab dem vollendeten 53. Lebensjahr nicht mehr gekündigt werden, und ihr Entgelt darf ab dem vollendeten 54. Lebensjahr nicht gemindert werden.

7.3.2 Gesetzliche Regelungen mit dem Ziel der Geschlechtergleichstellung

Gleichstellung im Öffentlichen Dienst

Das Bundesgleichstellungsgesetz (BGleiG) soll dazu beitragen, die Gleichstellung von Frauen und Männern zu verwirklichen sowie bestehende Benachteiligungen auf Grund des Geschlechts, insbesondere die Benachteiligungen von Frauen, zu beseitigen, künftige Benachteiligungen zu verhindern, die Familienfreundlichkeit und die Vereinbarkeit von Familie, Pflege und Berufstätigkeit für Frauen und Männer zu verbessern. Das BGleiG gilt ausschließlich in den Dienststellen und Unternehmen des Bundes und nicht für die Privatwirtschaft. In den Bundesländern wurden eigene Landesgleichstellungsgesetze für die Landesbehörden und Gerichte erlassen.

Die in den Geltungsbereich des Gesetzes fallenden Behörden werden durch das Gesetz verpflichtet, Gleichstellungsbeauftragte zu bestellen (§ 25 BGleiG) und Gleichstellungspläne aufzustellen (§§ 11 ff. BGleiG). Zentrale Aufgabe von Gleichstellungsbeauftragten ist es, den Schutz der Beschäftigten vor Benachteiligungen wegen ihres Geschlechts, insbesondere bei Benachteiligungen von Frauen, zu fördern und zu überwachen. Besonders betont wird in diesem Zusammenhang der Schutz von Frauen mit einer Behinderung bzw. von Frauen, die von einer Behinderung bedroht sind, sowie der Schutz vor sexueller Belästigung am Arbeitsplatz. Insbesondere haben Gleichstellungsbeauftragte nach § 25 Abs. 2 BGleiG die Aufgabe,

- an allen personellen, organisatorischen und sozialen Maßnahmen der Dienststelle mitzuwirken, die die Gleichstellung von Frauen und Männern, die Beseitigung von Unterrepräsentanzen, die Vereinbarkeit von Familie, Pflege und Berufstätigkeit sowie den Schutz vor sexueller Belästigung am Arbeitsplatz betreffen,
- einzelne Beschäftigte bei Bedarf zu beraten und zu unterstützen, insbesondere in den Bereichen der beruflichen Entwicklung und Förderung sowie der Vereinbarkeit von Familie, Pflege und Berufstätigkeit sowie in Bezug auf den Schutz vor Benachteiligungen.

Frauen in Führungspositionen

Gleichermaßen für Privatwirtschaft und den Öffentlichen Dienst gilt das seit 2015 in Kraft getretene Gesetz für die gleichberechtigte Teilhabe von Frauen und Männern an Führungspositionen in der Privatwirtschaft und im öffentlichen Dienst. Das Gesetz hat das Ziel, den Anteil von Frauen in den Führungsgremien von Wirtschaft und Verwaltung deutlich zu erhöhen. Zu diesem Zweck legt es eine Quote von mindestens 30 Prozent Frauen in Aufsichtsräten voll mitbestimmungspflichtiger und börsennotierter Unternehmen fest, die ab dem Jahr 2016 neu besetzt wurden. Unternehmen, die entweder börsennotiert oder mitbestimmt sind, werden verpflichtet, Zielgrößen zur Erhöhung des Frauenanteils in Aufsichtsräten, Vorständen und obersten Management-Ebenen festzulegen.

Auch das Bundesgleichstellungsgesetz und das Bundesgremienbesetzungsgesetz wurden novelliert, um den Anteil an Frauen in Führungspositionen im öffentlichen Dienst des Bundes zu erhöhen. Seit 2016 gilt für die Besetzung von Aufsichtsgremien, in denen dem Bund mindestens drei Sitze zustehen, ebenfalls eine Geschlechterquote von mindestens 30 Prozent für alle Neubesetzungen dieser Sitze.

Mutterschutz und Mutterschaftsgeld

Während die Vorschriften zum Schutz von Frauen während der Schwangerschaft, nach der Entbindung und in der Stillzeit bis 2017 nur für Frauen in Arbeits- und Heimarbeitsverhältnissen galten, führte die seit 2018 geltende Novellierung zur Inklusion weiterer Gruppen, u. a. von Auszubildenden, Studentinnen oder Frauen, die in einer WfbM arbeiten. Die Ziele des Gesetzes bestehen nach § 1 Abs. 1 MuSchG darin, erstens der Frau zu ermöglichen, ihre Beschäftigung oder sonstige Tätigkeit in dieser Zeit ohne Gefährdung ihrer Gesundheit oder der ihres Kindes fortzusetzen und zweitens, Benachteiligungen während der Schwangerschaft, nach der Entbindung und während der Stillzeit entgegen zu wirken. Zu den Regelungsinhalten des Gesetzes zählen Schutzfristen vor und nach der Entbindung (§ 3 MuSchG), das Verbot von Mehrarbeit und die Einhaltung von Ruhezeiten (§ 4 MuSchG), Nachtarbeitsverbote (§ 5 MuSchG), Kündigungsverbote (§ 17 MuSchG) u. a. m.

§ 10 MuSchG verpflichtet Arbeitgeber*innen, im Rahmen der Gefährdungsbeurteilung nach dem ArbSchG die Arbeitsbedingungen generell danach zu beurteilen, ob Gefährdungen für schwangere oder stillende Frauen bzw. ihr Kind vorliegen, unabhängig davon, ob an dem entsprechenden Arbeitsplatz eine schwangere oder stillende Frau arbeitet (Graue 2022b: 1447; Pieper 2022: 247). Hintergrund dieser Regelung war im Rahmen der Gesetzesnovellierung das Ziel, „eine verantwortungsvolle Abwägung zwischen dem Gesundheitsschutz für eine schwangere oder stillende Frau und ihr (ungeborenes) Kind auf der einen und der selbstbestimmten Entscheidung der Frau über ihre Erwerbstätigkeit auf der anderen Seite zu gewährleisten" (Deutscher Bundestag 2017: 1). Sobald Arbeitgebende von der Schwangerschaft erfahren, müssen sie die in der Gefährdungsbeurteilung genannten Maßnahmen umgehend umsetzen (Pieper 2022: 247).

Damit berufstätigen Frauen keine finanziellen Nachteile durch Verdienstausfall wegen der Geburt eines Kindes entstehen, haben sie – sofern sie Mitglied einer gesetzlichen Krankenkasse sind – Anspruch auf Mutterschaftsgeld. Für den Bezug von Mutterschaftsgelt ist es weiter notwendig, dass die betreffende Frau zu Beginn des Mutterschutzes in einem Arbeitsverhältnis stand. Zusätzlich zum Mutterschaftsgeld können abhängig beschäftigte Frauen nach § 20 MuSchG die Differenz zu Ihrem üblichen Gehalt als Zuschuss von ihrem/ihrer Arbeitgeber*in geltend machen.

Privat versicherte, familienversicherte und in Minijobs arbeitende Frauen können anstelle des Mutterschaftsgeldes bis zu 210 Euro als Einmalzahlung von der Mutterschaftsgeldstelle des Bundesversicherungsamtes erhalten (Graue 2022b: 1482). Selbstständigen Frauen steht Mutterschaftsgelt nur als Mitglied einer Gesetzlichen Krankenkasse zu; als privat versicherte Selbstständige haben sie Anspruch auf Krankentagegeld im Mutterschutz, sofern dies der Versicherungsvertrag vorsieht.

7.3.3 Gesetzliche Regelungen für Beschäftigte mit Care-Aufgaben

Erziehungszeiten und deren Finanzierung

Nach der Geburt eines Kindes hat jeder Elternteil nach dem Bundeselterngeld- und Elternzeitgesetz (BEEG) einen Anspruch auf bis zu drei Jahre Elternzeit für die Betreuung und Erziehung seines Kindes, sofern ein Arbeitsverhältnis besteht. Es handelt sich dabei um einen Anspruch von Beschäftigten an ihre*n Arbeitgeber*in (Voigt 2022: 547). Während der Elternzeit erhalten die Beschäftigten keinen Lohn. Eltern können jedoch, wenn sie das möchten, während der Elternzeit beide in Teilzeit arbeiten. Bei gleichzeitiger Elternzeit können sie insgesamt 64 Wochenstunden (32 + 32) erwerbstätig sein (Voigt 2022: 550). Im Zeitraum zwischen dem dritten Geburtstag und der Vollendung des achten Lebensjahres des Kindes können Mütter und Väter einen Anteil von maximal 24 Monaten Elternzeit beanspruchen. Eine Zustimmung des Arbeitgebers ist nicht erforderlich.

Das Arbeitsverhältnis bleibt während der gesamten Elternzeit bestehen und es besteht in dieser Zeit ein besonderer Kündigungsschutz (Voigt 2022: 569). Nach Ablauf besteht ein Anspruch auf Rückkehr zur früheren Arbeitszeit. Der/die Beschäftigte ist bei der Rückkehr an den Arbeitsplatz gemäß der im Arbeitsvertrag getroffenen Vereinbarungen zu beschäftigen (Voigt 2022: 554).

Das während der Elternzeit fehlende Einkommen kann durch das Elterngeld kompensiert werden. Nach den Bestimmungen des BEEG unterscheidet man die Varianten Basiselterngeld, ElterngeldPlus und Partnerschaftsbonus; diese können miteinander kombiniert werden. Auch getrennt lebenden Elternteilen steht das Elterngeld zur Verfügung.

Regelungen in Zusammenhang mit der Pflege von Angehörigen

Angesichts der zunehmenden Bedarfe von Beschäftigten, Beruf, Familie und Pflege besser vereinbaren zu können, wurden im Jahr 2015 das Pflegezeitgesetz und das Familienpflegegesetz in Kraft gesetzt. Das Pflegezeitgesetz erlaubt Berufstätigen, sich unter bestimmten Bedingungen für die häusliche Pflege von nahen Angehörigen ein halbes Jahr ganz oder teilweise von der Arbeit freistellen zu lassen (Pflegezeit) sowie bei plötzlich eintretender Pflegebedürftigkeit von Angehörigen kurzfristig eine bis zu zehntägige Auszeit von der Arbeit zu nehmen.

Das Familienpflegezeitgesetz (FPfZG) regelt hingegen die Rechte Berufstätiger, wenn sie bis zu zwei Jahre in Teilzeit arbeiten wollen, um nebenbei nahe Angehörige zu pflegen. Die Regelungen des Pflegezeitgesetzes und des Familienpflegzeitgesetzes gelten grundsätzlich für alle Beschäftigten. Beide Gesetze ergänzen sich gegenseitig und können kombiniert werden (Viethen et al. 2015: 159).

7.3.4 Gesetzliche Regelungen bei Behinderungen und chronischer Erkrankung

Wiedereingliederung nach längerer Krankheit

Für Beschäftigte, die über einen längeren Zeitraum krankheitsbedingt abwesend sind, gelten die Regelungen des § 167 Absatz 2 des Neunten Buches Sozialgesetzbuch. Nach dieser Bestimmung ist jeder Arbeitgeber und jede Arbeitgeberin dazu verpflichtet, tätig zu werden, sobald ein*e Beschäftigte*r innerhalb eines Jahres länger als sechs Wochen ununterbrochen oder wiederholt arbeitsunfähig ist. Arbeitgebende müssen in diesen Fällen gemeinsam mit den Betriebs- oder Personalräten bzw. den jeweils zuständigen Beschäftigtenvertretungen sowie im Fall schwerbehinderten Menschen außerdem mit der Schwerbehindertenvertretung klären, wie die Arbeitsunfähigkeit möglichst überwunden werden und mit welchen Leistungen oder Hilfen erneuter Arbeitsunfähigkeit vorgebeugt und der Arbeitsplatz erhalten werden kann (betriebliches Eingliederungsmanagement). Eine grundlegende Voraussetzung dabei ist die Zustimmung und Beteiligung der betroffenen Person.

Um ihrer Verpflichtung nachkommen zu können, ist es notwendig, dass Arbeitgebende regelmäßig die krankheitsbedingen Abwesenheiten in ihrem Unternehmen erfassen, denn nur so lässt sich feststellen, wann die sechs-Wochen-Frist erreicht ist. Entscheidend ist dabei nicht das Kalenderjahr, sondern der jeweils vor Erreichen der sechs-Wochen-Frist zurückliegende Zeitraum von einem Jahr (Kohte 2019).

Mit der Formulierung im Gesetzestext wird unmissverständlich deutlich, dass das Ziel des BEM im Erhalt des Arbeitsplatzes sowie der Arbeitsfähigkeit der betroffenen Person besteht, und nicht darin, sie wegen der Abwesenheit zu disziplinieren. In diesem Punkt unterscheidet sich das BEM kategorisch von so genannten „Krankenrückkehrgesprächen", wie sie in manchen Unternehmen üblich sind, und primär das Ziel verfolgen, Fehlzeiten zu verhindern, nicht aber, deren Ursachen anzugehen (vgl. Seel 2017; Stöpel et al. 2019). Anstelle von Krankenrückkehrgesprächen sind in manchen Unternehmen auch so genannte „Willkommensgespräche" üblich, als deren Zweck üblicherweise angegeben wird, nach Abwesenheit zurückkehrende Mitarbeitende über die aktuelle Situation zu informieren, ihnen den Einstieg zu erleichtern und mögliche Ursachen der Abwesenheit aufzuklären. Die Grenzen zwischen einem – tatsächlich intendierten – „Willkommen-Heißen" und dem disziplinierenden Charakter solcher Gespräche, die meist mit der direkten Führungskraft und ohne Beteiligung der Interessensvertretung stattfinden, sind fließend. Insgesamt sollte das Thema der krankheitsbedingen Abwesenheit mit hoher Sensibilität behandelt werden, denn nicht immer wird das, was führungsseitig für eine unverbindliche Einladung gehalten wird, von Betroffenenseite als solche wahrgenommen.

Während Arbeitgebende verpflichtet sind, das BEM anzubieten, steht es den Beschäftigten frei, dieses in Anspruch zu nehmen oder nicht. Das Verfahren darf nur umgesetzt werden, wenn ein*e Betroffene*r diesem zugestimmt hat. Die Zustimmung kann auch eingeschränkt werden – zum Beispiel auf einen bestimmten Personenkreis. Damit Beschäftigte wissen, worauf sie sich bei einem BEM einlassen, ist der Arbeitgeber verpflichtet, sie entsprechend zu informieren. Dies gilt insbesondere für Aspekte des Datenschutzes. Aus einer Ablehnung oder Beschränkung dürfen für den Betroffenen keine Nachteile resultieren (Kohte 2019).

Was den Datenschutz im Rahmen des BEM-Verfahrens angeht, gilt der Grundsatz, dass von ärztlicher Seite keine medizinischen Diagnosen weitergegeben werden dürfen. Für den Zweck des BEMs – den Erhalt der Arbeitsfähigkeit und des Arbeitsplatzes – genügt es, über die krankheitsbedingten Folgen für die Arbeitsausübung sowie die Anforderungen für die künftige Arbeitsplatzgestaltung Bescheid zu wissen. Eine zentrale Rolle bei der Übersetzung von – der ärztlichen Schweigepflicht unterliegenden – Diagnosen in Arbeitsfähigkeitsprofile kommt den Betriebsärzten zu (Kohte 2019; Lange 2019).

Der regelwidrige Verzicht eines Arbeitgebenden, BEM anzubieten, kann Schadensersatzansprüche der betroffenen Person zur Folge haben. Im Falle einer krankheitsbedingten Kündigung des Betroffenen kann ein Nicht-Durchführen des BEM darüber hinaus in Rechtsnachteilen auf Seiten der Arbeitgebenden resultieren (Kohte 2019).

Beschäftigung von Menschen mit Behinderungen

Ausgleichsabgabe: Um die Teilhabe behinderter Menschen am Arbeitsleben zu fördern, verpflichtet § 154 des Neunten Sozialgesetzbuchs (SGB IX) alle Arbeitgeber*innen mit mehr als 20 Arbeitsplätzen dazu, mindestens fünf Prozent davon mit schwerbehinderten oder ihnen gleichgestellten Arbeitnehmer*innen zu besetzen. Die Regelung gilt sowohl für private als auch für öffentliche Arbeitgebende. Wenn ein Unternehmen nicht genügend schwerbehinderte bzw. gleich gestellte Arbeitnehmer*innen beschäftigt, muss es eine Ausgleichsabgabe bezahlen. Tabelle 13 macht deutlich, wie diese Ausgleichsabgabe berechnet wird.

Tab. 13: Höhe der Ausgleichsabgabe im Jahr 2021 bei Nichterfüllen der Schwerbehindertenquote nach §§ 157 und 160 SGB IX

Erfüllte Beschäftigungsquote	Höhe der Ausgleichsabgabe
Behindertenquote 3 < 5 %	140 € pro Monat und unbesetztem Arbeitsplatz
Behindertenquote 2 < 3 %	245 € pro Monat und unbesetztem Arbeitsplatz
Behindertenquote < 2 %	360 € pro Monat und unbesetztem Arbeitsplatz

Die Mittel der Ausgleichsabgabe dürfen nur für Zwecke der Teilhabe schwerbehinderter Menschen am Arbeitsleben einschließlich begleitender Hilfen im Arbeitsleben verwendet werden. Von diesen Mitteln stehen den Integrationsämtern 80 % zur Verfügung, mit denen sie Teilhabemaßnahmen finanzieren (Viehten/Mußhoff 2015: 705 ff.).

Nach einem Beschluss des Bundeskabinetts im Dezember 2022 soll die Ausgleichsabgabe künftig erhöht werden, um mehr Menschen mit Behinderungen in den ersten Arbeitsmarkt zu bringen. Dem Gesetzentwurf zufolge sollen Arbeitgebende, die trotz Beschäftigungspflicht keinen einzigen schwerbehinderten Menschen beschäftigen, künftig eine höhere Ausgleichsabgabe zahlen. Für kleinere Arbeitgeber gelten weiterhin Sonderregelungen (Bundesregierung 2022b).

Inklusionsbeauftragte*r

Nach § 181 SGB IX ist jede*r Arbeitgeber*in verpflichtet, eine*n Inklusionsbeauftragte*n zu bestellen. Diese*r hat die Aufgabe, darauf zu achten, dass dem/der Arbeitgeber*in obliegende Pflichten erfüllt werden. Außerdem vertritt diese Person die Arbeitgeberseite in verantwortlicher Funktion. Falls erforderlich, können mehrere Inklusionsbeauftragte bestellt werden. Der/die Inklusionsbeauftragte soll nach Möglichkeit selbst ein schwerbehinderter Mensch sein.

Anspruch auf behinderungsgerechte Beschäftigung

Schwerbehinderte und mit ihnen gleichgestellte behinderte Menschen haben gegenüber ihren Arbeitgebenden Anspruch auf eine, an die Auswirkungen ihrer Behinderung angepasste Beschäftigung sowie auf eine Teilzeitbeschäftigung, wenn die kürzere Arbeitszeit wegen der Art oder Schwere ihrer Behinderung notwendig ist (§ 164 Abs. 4 SGB IX). Neben einer Verringerung der Arbeitszeit kann auch die Zuweisung einer anderweitigen vertragsgemäßen Beschäftigung in Frage kommen, und falls diese nicht möglich ist, eine vertragsfremde Beschäftigung. Um eine behinderungsgerechte Beschäftigung des/der schwerbehinderten oder gleichgestellten Arbeitnehmer*in zu ermöglichen, ist die Arbeitgebendenseite auch zu einer Umgestaltung des Arbeitsplatzes verpflichtet, sowie zu dessen Ausstattung mit den erforderlichen technischen Arbeitshilfen.

Alle diese Ansprüche bestehen jedoch nur, soweit ihre Erfüllung dem/der Arbeitgeber*in zumutbar bzw. nicht mit einem unverhältnismäßigen Aufwand verbunden ist. Auch ist der/die Arbeitgeber*in nicht verpflichtet, das Arbeitsverhältnis fortzusetzen, wenn kein entsprechender Beschäftigungsbedarf für den oder die Betroffene*n besteht. Andererseits kann ein*e schwerbehinderte*r Arbeitnehmer*in Schadensersatz beanspruchen, wenn die Arbeitgebendenseite trotz gegebener gesetzlicher Voraussetzungen schuldhaft eine behinderungsgerechte Beschäftigung oder Umgestaltung des Arbeitsplatzes bzw. der Arbeitsorganisation unterlässt. (Weber 2021).

Urlaub

Ausgehend von der Überlegung, dass schwerbehinderte Menschen stärker belastet sind und daher eine längere Zeit benötigen, sich zu erholen, haben sie (allerdings nicht Gleichgestellte) nach § 125 SGB IX Anspruch auf einen zusätzlichen bezahlten Urlaub im Umfang von einer Woche im Jahr.

Kündigungsschutz

Weiter genießen schwerbehinderte und ihnen gleichgestellte Menschen einen besonderen Kündigungsschutz, der allerdings erst sechs Monate nach Beschäftigungsbeginn wirksam wird. Neben der bereits erwähnten Sozialauswahl bei Massenentlassungen nach dem KSchG (vgl. Abschnitt 7.3.3) gilt, dass eine ordentliche Kündigung des Arbeitsverhältnisses durch den/die Arbeitgeber*in nicht ohne vorherige Zustimmung des Integrationsamtes möglich ist. Auch im Fall einer fristlosen Kündigung ist die Zustimmung des Integrationsamtes erforderlich, allerdings gibt es hier verkürzte Fristen (Viehten/Mußhoff 2015).

Versagen Arbeitgebende behinderten Arbeitnehmenden angemessene Vorkehrungen, liegt nach Art. 2 Abs. 3 der UN-Behindertenrechtskonvention (UN-BRK) eine Diskriminierung vor, mit der Folge, dass eine entsprechende Kündigung unwirksam sein kann (Weber 2021: 489 f.).

Gestaltung der Arbeitsstätte

Wenn ein*e Arbeitgeber*in Menschen mit Behinderungen beschäftigt, schreibt § 3a Abs. 2 der Arbeitsstättenverordnung (ArbStättV) besondere Gestaltungsmaßnahmen für die Sicherheit und Gesundheit dieser Beschäftigten in der Arbeitsstätte vor. Die Gestaltungsanforderungen gelten für alle Bereiche, die von Menschen mit Behinderungen genutzt werden, insbesondere für die Arbeitsplätze selbst, die Sanitär-, Pausen- und Bereitschaftsräume und die Kantinen, die Erste-Hilfe-Räume, Unterkünfte sowie Türen, Verkehrswege, Fluchtwege, Notausgänge bis hin zu Treppen und Orientierungssystemen.

Angesichts des steigenden Durchschnittsalters von Belegschaften und der damit verbundenen der erhöhten Wahrscheinlichkeit, dass entsprechende Gestaltungsanforderungen einzuhalten sind, empfiehlt es sich, bereits bei der Planung von Neu- und Umbauvorhaben, Barrierefreiheit mit zu berücksichtigen, um aufwändige Nachrüstungen, die zudem oft suboptimale Lösungen beinhalten, zu vermeiden.

Gemäß Ziffer V3a.2 der Arbeitsstättenrichtlinien (ASR) erstrecken sich die Anforderungen an eine behindertengerechte Gestaltung der Arbeitsstätte auf alle Beschäftigten mit Behinderungen, d. h., auch auf Personen mit einem Grad der Behinderung von weniger als 50 % sowie auf solche, die die Feststellung eines GdB nicht beantragt haben (Tannenhauer et al. 2019). Im Hinblick auf die Qualität der behindertengerechten Gestaltung gilt das Kriterium der Angemessenheit. Dieses ist nach Tannenhauer et al. (2019) dann gegeben, wenn die Maßnahme ihren Zweck erfüllt, d. h., wenn sie in der Lage ist, die betreffende Mitarbeitenden in den Arbeitsprozess zu integrieren. Die Entscheidung darüber trifft die Arbeitgeber*in gemeinsam mit der betrieblichen Interessenvertretung und der Schwerbehindertenvertretung im Unternehmen.

7.4 Zwischenfazit: gesetzliche Grundlagen

Die in diesem Kapitel zusammengefassten allgemeinen und spezifischen gesetzlichen Vorschriften stellen wichtige Grundlagen für das betriebliche und überbetriebliche Handeln zugunsten der Sicherung und Förderung von Gesundheit sowie zur Integration von Verschiedenheit dar. Wie in Abschnitt 2.3.1 ausgeführt, fungieren Betriebe und Organisationen aus soziologischer Sicht als Vermittlungsinstanzen zwischen der Ebene der Gesellschaft und derjenige der Individuen. Insofern ist davon auszugehen, dass die Qualität der Organisationsgestaltung zur individuellen Gesundheit einerseits und zur gesellschaftlichen Integration andererseits beiträgt. Dennoch weist die aktuelle Gesetzeslage auch Lücken auf. Fraglich bleibt beispielsweise, wie der Schutz der zunehmenden Zahl an Beschäftigten, die nicht oder nicht vollständig unter den Regelungsbereich der traditionellen betrieblichen Strukturen fallen – etwa von Solo-Selbstständigen, Mini- und Mehrfachjobbenden, Leiharbeitnehmer*innen u. a. m. – sichergestellt werden kann (vgl. Abschnitt 2.2 und Kapitel 3). Auch sind Beschäftigte in Betrieben, die über keinen Betriebsrat verfügen, insbesondere Kleinbetriebe, oftmals schlechter gestellt – etwa was die Umsetzung von BGM (Faller 2018b) oder von Gefährdungsbeurteilungen (Hägele 2019: 85) angeht.

Ferner gibt auch die limitierte Aufzählung von zu schützenden Personenkreisen nach dem AGG Anlass zur Kritik. Menschen etwa, die aus anderen, als den in § 1 AGG Gründen benachteiligt werden, sind nach dem AGG nicht ausdrücklich geschützt (Andrades 2016: 58). Daneben ist der im AGG verwendete Begriff der „Rasse“ keineswegs adäquat.

Problematisch erscheint zudem der Fakt, dass sich betriebliche Entscheidungstragende gerade in einer Zeit sich weltweit zuspitzenden Wettbewerbsdrucks oftmals mit konträr zu den Zielen von Gesundheit und Vielfalt gelagerten Handlungsanreizen konfrontiert sehen und hier eine Abwägung treffen müssen. Wie an mehreren Stellen jedoch auch deutlich geworden ist, kann ein systematisches und integratives Vorgehen zugunsten von Gesundheit und Vielfalt in Unternehmen die Qualität der Arbeitsergebnisse ebenso wie die Motivation der Beschäftigten fördern, zu einem positiven Betriebsklima beitragen und gleichzeitig die gesetzliche geforderten Ansprüche einlösen. Dennoch gibt es an keiner Stelle des aufgeführten Vorschriftenkatalogs die Forderung, spezifische Stellen für die Koordination von Gesundheits- oder Diversity-Management im Betrieb zu verankern. Bestehende Funktionen im Rahmen des arbeitsschutzrechtlichen Berater*innen- bzw. Beauftragtenwesens sind mit entsprechenden Zusatzaufgaben meist überlastet oder besitzen nicht die fachliche Qualifikation zur Umsetzung entsprechender Programme.

Aus diesem Defizit leitet sich die Empfehlung ab, geeignete und qualifizierte Fachleute zu den Schwerpunkten Gesundheit und Vielfalt zu engagieren. Das folgende Kapitel 8 enthält Empfehlungen zur praktischen Umsetzung entsprechender Programme.

8. Praxis des diversityorientierten betrieblichen Gesundheitsmanagements

8.1 Kapitelübersicht

Das vorliegende Kapitel skizziert ein idealtypisches Vorgehen mit dem Ziel der Integration von betrieblichem Gesundheits- und Diversity-Management, das hier mit dem Begriff „Diversityorientiertes Gesundheitsmanagement (DGM)" bezeichnet wird. Dabei werden die Qualitätsanforderungen an gelingende gesundheitsfördernde Organisationsentwicklung und die typischen Prozessschritte im Diversity-Management im Rahmen eines integrativen Konzepts verbunden.

DGM beschränkt sich dabei nicht auf die Durchführung singulärer Maßnahmen zugunsten von Gesundheit oder Gleichberechtigung von Beschäftigten. Vielmehr handelt es sich um eine Form der Organisationsentwicklung, die langfristig die gesundheitsbezogene Verbesserung der Arbeitsbedingungen im Blick hat und dabei die Benachteiligung von Beschäftigten und Beschäftigtengruppen aufgrund bestimmter Gruppenzugehörigkeiten vermeidet bzw. abbaut. Damit setzt sich der vorliegende Ansatz von – lediglich am Individuum ansetzenden – Bemühungen zur Verhaltensoptimierungen ebenso ab, wie von singulären Interventionen mit enger zeitlicher Befristung.

Ausgehend von einer Definition, die Gesundheit als Ergebnis einer dynamischen Balance zwischen Person, sozialer Mitwelt und organisationaler Umwelt interpretiert (vgl. Abschnitt 2.4), zielen die Interventionen im DGM auf die Gestaltung von Rahmenbedingungen, die insbesondere die Gesundheit benachteiligter Beschäftigtengruppen beeinträchtigen und auf Organisationsebene modifizierbar sind. Zu den veränderbaren, gesundheitsrelevanten Elementen zählen die Komponenten des Arbeitssystems (vgl. Abschnitte 2.2 und 2.3), einschließlich seiner psychosozialen Elemente wie die Art des Umgangs mit Hierarchie, die Qualität der organisationsinternen Kommunikation, die Möglichkeit der Entscheidungsbeteiligung oder die erfahrene Wertschätzung. Unter dieser Zielsetzung werden Voraussetzungen, Handlungsmöglichkeiten und -grenzen ebenso wie die hierfür erforderlichen Entwicklungsschritte dargestellt und damit verbundene, praxisbezogene Fragen erörtert. Dies bedeutet, dass vor allem diejenigen Personen ihre Perspektive in das DGM einbringen, die von entsprechenden Benachteiligungen betroffen sind.

Der Identifikation und Beteiligung dieser Gruppen kommt daher ein zentraler Stellenwert zu.

Angesichts der Komplexität eines solchermaßen anspruchsvollen Organisationsentwicklungskonzepts zugunsten von Gesundheit und Diversity im Unternehmen ist es für Entscheider*innen, Beratende, Interessenvertretungen und andere Fachleute, die mit der Umsetzung eines DGM in der Praxis betraut sind, von entscheidender Bedeutung, dass sie eine Langzeitperspektive verfolgen und dabei systematisch und zielgerichtet vorgehen. Das im folgenden Abschnitt präsentierte Vorgehensmodell versteht sich dementsprechend als „roter Faden", der bestehend aus 10 Schritten die zentralen Belange bei der Umsetzung eines professionell betriebenen DGM beinhaltet.

Abbildung 37 skizziert das im vorliegenden Kapitel erläuterte Ablaufmodell. Wie aus der Darstellung deutlich wird, lassen sich die 10 Elemente insgesamt drei Prozesskategorien zuordnen. So beschreiben die Phasen 1 und 2 in der Kategorie „Vorbereitungsprozess" diejenigen Schritte, die in einem Unternehmen realisiert werden müssen, das die Themen Gesundheit und Vielfalt bislang noch nicht systematisch im Organisationshandeln verankert hat. Die als „Kernprozess" beschriebenen Elemente 3 bis 7 umfassen diejenigen Schritte, die im Rahmen eines dauerhaften DGMs iterativ durchlaufen werden und dazu beitragen, das Niveau in den Bereichen Gesundheit und Vielfalt sukzessive anzuheben. Die zum „Supportprozess" zählenden Elemente 8 bis 10 finden parallel zum Kernprozess statt und tragen dazu bei, dass das gesamte Vorhaben erfolgreich verläuft und auf allen Ebenen des Unternehmens Akzeptanz findet.

Abb. 37: Prozessmodell für die Implementierung von DGM (eigene Darstellung)

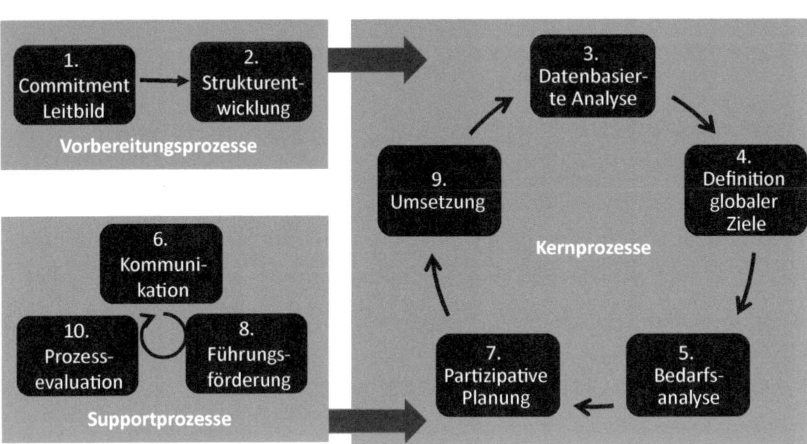

Der Diversity-Begriff wird vorliegend nicht ausschließlich auf die – im betrieblichen Kontext meist als typische Diversity-Dimensionen adressierten – Kategorien Alter, Geschlecht, Migrationserfahrung und Behinderung – begrenzt, sondern bezieht auch Kategorien für Ungleichbehandlung ein, die über diese traditionellerweise fokussierten Themen hinausgehen. Das in Abschnitt 8.2 beschriebene, allgemeine Vorgehenskonzept geht von diesem Diversity-Verständnis aus. Nachdem sich in der Praxis jedoch die vorgenannten Kategorien immer wieder als benachteiligungsrelevant zeigen, werden in Abschnitt 8.3 weitere Interventionen vorgestellt, die diese spezifischen Benachteiligtengruppen in den Blick nehmen. Dabei verstehen sich diese Interventionselemente nicht als separiert vom oben dargestellten Prozessmodell verlaufende, eigenständige Konzepte, sondern als Elemente, die in dieses allgemeine Vorgehensmodell zu integrieren sind. Daher werden in Abschnitt 2.3 auch Hinweise gegeben, an welchen Stellen sich diese spezifischen Interventionen in das allgemeine Vorgehensmodell zugunsten von Diversity integrieren lassen.

8.2 Grundmodell des DGM

8.2.1 Commitment auf der Managementebene

Ausgehend von seinem Selbstverständnis als Form der Organisationsentwicklung intendiert das DGM Eingriffe in die Organisationsstrukturen und -abläufe. Aus diesem Grund kommt der Klärung der Unterstützung von Seiten der Leitungsebene zentrale Bedeutung zu. Zu den wichtigsten Implementierungsschritten für ein fundiertes und professionelles DGM sind in diesem Zusammenhang die drei Elemente „Überzeugung des Managements“, „Leitbild“ und „Betriebsvereinbarungen“ relevant:

Überzeugung des Managements

Betriebliche Entscheidungstragende bewegen sich oftmals in einem Spannungsfeld zwischen ökonomisch bestimmten, an kurzfristigen Outputkriterien orientierten, strukturellen Zwängen einerseits und einer Ausrichtung betrieblicher Prozesse an Kriterien der Gesundheit und des Wohlbefindens aller – gerade mit Blick auf unterschiedliche Arbeitsbedingungen für diverse Beschäftigtengruppen (vgl. Kapitel 6). Nicht immer lassen sich ökonomische und humanitäre Ziele problemlos und vor allem kurzfristig in Übereinstimmung bringen. Wenn beispielsweise die strukturellen Rahmenbedingungen für gesundes Arbeiten, etwa aufgrund unzureichender Personalkapazitäten oder prekärer Arbeitsverhältnisse konterkariert werden, ist es für die Verfechter*innen des DGM oft schwierig, für ein entsprechendes Engagement im Unternehmen zu argumentieren.

Andererseits steigt mit zunehmendem Problemdruck die Bereitschaft von Entscheidungstragenden, Anstrengungen zugunsten von Veränderungen zu übernehmen, die über reine Verhaltensprogramme hinausgehen. Kontinuierlich reduzierte Belegschaften, nur noch schwer zu kompensierende, krankheitsbedingte Langzeitausfälle, massive Engpässe bei der Fachkräftegewinnung oder der Wunsch, vorhandenes Personal zu halten, zählen zu den wichtigsten Motiven für DGM und damit gleichzeitig zu den wirksamsten Argumenten bei der Verhandlung mit dem Management zugunsten der Einführung von DGM. Zudem verlangt der kontinuierliche Veränderungsdruck in Betrieben und Organisationen heute zunehmend Anpassungen an neue Arbeits- und Organisationsformen, wozu vor allem das agile Arbeiten zu zählen ist. Intendiert wird mit letzterem, spontan auf Änderungen, z. B. neue Kund*innenanforderungen reagieren zu können. Die für ein solches Arbeiten notwendigen Arbeitsweisen setzen eine schnelle, zielgerichtete und reibungslose Zusammenarbeit in selbstorganisierten Teams voraus. Die Implementierung entsprechender Organisations- und Steuerungsmechanismen können mit den Zielen und Prämissen des DGM durchaus kompatibel sein, sofern die Beschäftigten auf allen Ebenen in Entscheidungsprozesse mit hineingenommen und ihre Belange bei der Umsetzung berücksichtigt werden (vgl. Faller 2023a).

Als eine Form der Organisationsentwicklung kann DGM keine kurzfristigen Lösungen schaffen. Aber es bietet das Potenzial, durch die Explikation von Problemen aus Sicht verschiedener Mitarbeitendengruppen Defizite aufzudecken und Korrekturen an maßgeblichen Stellen anzubringen. Von den Entscheidungstragenden verlangt dies u. a., sich auf die Mitarbeitendenperspektive einzulassen und manchmal auch von gewohnten Ursachenzuschreibungen Abstand zu nehmen. Eine solide Auftragsklärung zwischen den Prozesskoordinator*innen und den Vertreter*innen aller Leitungsebenen ist daher insbesondere im Hinblick auf die Akzeptanz von Impulsen von Seiten potenziell benachteiligter Mitarbeitendengruppen gerade zu Beginn von DGM-Vorhaben hoher Erfolgsrelevanz.

Unternehmensleitlinien

Damit die Verbindlichkeit des jeweiligen gesundheits- und diversityorientierten Anliegens für alle Organisationsmitglieder deutlich wird, ist es wichtig, dass das oberste Management gegenüber der betrieblichen Öffentlichkeit deutlich macht, welche grundsätzlichen Regeln im Umgang mit Vielfalt gelten.

Letztere finden ihren verbindlichen Ausdruck in einem schriftlichen Unternehmensleitbild, welches die explizite Grundlage für die darauf aufbauenden Konzepte und Maßnahmen eines kulturbezogenen Diversity Managements darstellt (Watrinet 2010: 93). Gleichzeitig sollte ein entsprechendes Leitbild nicht allein Top-down vorgegeben werden, sondern unter aktiver Beteiligung der unterschiedlichen Beschäftigten(-gruppen) entstehen, denn nur so kann es seine Identifikations-, Orientierungs- sowie organisationskulturelle Transformationsfunktion erfüllen. Dabei empfiehlt es sich, die Formulierung von Leitlinien durch eine entsprechende Projektgruppe zu realisieren, die sich funktions- und bereichsübergreifend zusammensetzt, dabei Vertreter*innen von Minderheitengruppen im Betrieb einbezieht und im Rahmen einer beteiligungsorientierten Workshop-Reihe entsprechende Grundsätze ausarbeitet (vgl. Abschnitt 8.2.2).

Damit Unternehmensleitlinien ernst genommen und im Unternehmensalltag berücksichtigt werden, muss ihre Einhaltung insbesondere von den Führungsebenen vorgelebt und immer wieder in Erinnerung gebracht werden. Auf diese Weise tragen sie dazu bei, dass Sensibilität für die adressierten Belange gefördert und Stereotype abgebaut werden.

Betriebsvereinbarungen

Betriebs- bzw. Dienstvereinbarungen sind schriftlich festgehaltene, rechtlich verbindliche Vereinbarungen zwischen Arbeitgeber*in- und Betriebs- bzw. Personalrat. Betriebs- bzw. Dienstvereinbarungen beziehen sich auf Maßnahmen, die nicht bereits durch entsprechende Gesetze oder Tarifvereinbarungen erfasst sind, bzw. die weiter konkretisiert werden sollen (vgl. Abschnitt 7.2.3). Im Gegensatz zu Unternehmensleitlinien sind Betriebs- bzw. Dienstvereinbarungen verbindlicher und spezifischer. Sie können sich auf alle möglichen Belange von Gesundheit und Diversity beziehen – etwa das betriebliche Gesundheitsmanagement, die ethnische Diskriminierung, die Vereinbarkeit Beruf und Privatleben, die sexuelle Belästigung und Mobbing, Chancengleichheit u. a. m.

Nach § 88 des Betriebsverfassungsgesetzes sind freiwillige Betriebsvereinbarungen u. a. ausdrücklich zu zusätzlichen Präventions- und Gesundheitsförderungsaktivitäten möglich, darüber hinaus zur Integration ausländischer Arbeitnehmer*innen, zur Bekämpfung von Rassismus und Fremdenfeindlichkeit im Betrieb sowie zur Eingliederung von Menschen mit einer Schwerbehinderung. Der Abschluss einer Betriebsvereinbarung zum DGM lässt sich damit problemlos begründen. Auch im Geltungsbereich des Bundespersonalvertretungsgesetzes werden in § 69 mit Verweis auf § 80 BPersVG eine Reihe von

Konstellationen benannt, die den Abschluss einer Dienstvereinbarung zum DGM ermöglichen.

8.2.2 Strukturentwicklung und Verantwortungsklärung

Vorhaben mit der Intention, gesundheitlich ungleiche Arbeitsbedingungen zu verringern, lassen sich kaum mithilfe einmaliger und befristeter Angebote umsetzen; vielmehr ist ein nachhaltiges, zielgerichtetes und systematisches Vorgehen erforderlich, das in den Strukturen und Abläufen der Organisation verankert ist und alle relevanten Akteure in koordinierter Weise einbindet. Ein professionelles DGM orientiert sich dabei grundsätzlich am Public Health Action Cycle (Rosenbrock 1995) mit den Phasen

- Analyse,
- Planung,
- Umsetzung und
- Evaluation.

Gleichzeitig zeigt die Praxis, dass Organisationen eigenwillige Dynamiken aufweisen, die immer wieder Flexibilität und Anpassungsfähigkeit an neue Konstellationen einfordern und dazu führen, dass festgelegte Strategien überdacht werden müssen. Zu den wichtigsten Garanten für eine langfristige Verankerung und ein systematisches Vorgehen im DGM zählt die Schaffung von Verantwortlichkeiten und die Etablierung von Organisationseinheiten, deren Aufgaben im Bereich der Konzeption, Abstimmung, Analyse, Planung, Umsetzung und Evaluation des DGM liegen.

DGM-Koordinator*in beauftragen

Angesichts der längerfristigen Ausrichtung und der Anforderungen an die Koordination der mit dem DGM verbundenen komplexen Prozesse ist es unabdingbar, dass eine einrichtungsinterne Person die Gesamtsteuerung übernimmt und dabei die einzelnen Schritte mit allen am Vorhaben Beteiligten intensiv kommuniziert, abstimmt und, wenn erforderlich, korrigiert. Unternehmensberater*innen sollten ebenso wie Interessenvertretungen sowie Betriebs- und Personalrät*innen darauf drängen, dass eine entsprechende Koordinationsstelle – ggf. auch als Teilzeitaufgabe – eingerichtet und mit den erforderlichen Kompetenzen ausgestattet wird. Zu den Anforderungen, die diese Funktion auszeichnen, zählen neben fundierten Fachkenntnissen und einem guten Organisationstalent die Fähigkeit, adressatengerecht zu kommunizieren – sowohl gegenüber den Entscheidungstragenden als auch gegenüber diversen Beschäftigtengruppen – sowie das Vermögen, unterschiedliche Meinungen zu moderieren, Konflikte zu mediieren und konstruktive Lösungen zu indizieren. Mindestens ebenso wichtig sind die Akzeptanz bei den Vertreter*innen aller Management-Ebenen, eine gute Integration in alle betrieblichen Strukturen und eine klare Aufgabenzuweisung durch die Leitung, die mit dem erforderlichen Rückhalt und adäquaten Zugeständnissen an den erforderlichen Arbeitszeitaufwand verbunden sein sollte (Grossmann/Scala 2006).

Die Beauftragung einer/eines internen DGM-Koordinators*in bedeutet allerdings nicht, dass das Vorhaben für das Management damit erledigt ist. Während es die Aufgabe einer entsprechenden Koordinationsstelle ist, den Prozess zu moderieren und zielgerichtet zu begleiten, bleiben Unterstützung und Entscheidungen weiterhin der Leitung – ggf. in Abstimmung mit der Mitarbeitendenvertretung – vorbehalten.

Eine Projektgruppe gründen

Für die Umsetzung des DGM-Programms sind weiter betriebsinterne Multiplikator*innen erforderlich. In Frage kommen dabei Personen, die inner- oder außerhalb des Betriebes spezifische Funktionen mit Bezug zur Beschäftigtengesundheit und -vielfalt innehaben: die Arbeitsmedizin und die Arbeitssicherheit, die Beschäftigtenvertretung, die Personalverwaltung und -entwicklung, das Qualitätsmanagement, die Sozialberatung, in der Organisation vorhandene Interessenvertretungen wie Inklusionsbeauftragte, Gleichstellungsbeauftragte oder Menschen mit Migrationserfahrung, Vertreter*innen von Kranken- und Unfallkassen und – je nach Einzelfall – weitere sinnvollerweise zu beteiligende Stellen. Die Aufgabe der aus diesen Beteiligten zu bildenden Projektgruppe besteht darin, Informationen sowie personelle und kompetenzbezogene Ressourcen zu bündeln und durch ein gemeinsames Auftreten die Veränderungsdynamik in der jeweiligen Institution zu befördern. Als erfolgversprechend hat sich zudem erwiesen, Vertreter*innen der mittleren Führung in diesem Kreis zu beteiligen. Letztere können nicht nur unmittelbar Auskunft darüber geben, welche Themen in den Bereichen jeweils akut sind. Gleichzeitig fungieren sie als Promotor*innen der Veränderung in ihren Abteilungen. Ihre Einbindung in die Projektgruppe schafft Veränderungsbereitschaft durch Beteiligung und schlägt die Brücke zur Umsetzung. Nicht immer existiert unmittelbare Einigkeit über Ziele und Vorgehensweisen, und infolge heterogener Rollen und Fachlichkeit entstehen leicht Missverständnisse und Konflikte. Wegen Befangenheiten oder Gewohnheiten kann es für interne Koordinator*innen in manchen Fällen schwierig sein, gewachsene Kulturmerkmale wahrzunehmen oder notwendige Konfrontationen zu wagen. Neben einer Person, die die interne Projektkoordination verantwortet, ist es daher oft sinnvoll, zusätzlich eine externe Beratung mit spezifischen Anliegen zu beauftragen, beispielsweise um Rollen zu klären, widersprüchliche Positionen zu explizieren oder die Möglichkeiten eines gemeinsamen Vorgehens zu identifizieren.

Einen Lenkungskreis und Fachteams bilden

Neben den bereits dargestellten Strukturelementen des DGM – einer Koordinierungsstelle und einer betriebsweit zusammengesetzten Projektgruppe aus betrieblichen Multiplikator*innen – empfiehlt es sich im DGM, weitere Gremien zu etablieren. Zum einen ist ein Zusammenschluss der zentralen Entscheidungstragenden für den jeweiligen Betrieb sinnvoll, in dem wichtige Grundsatzentscheidungen bezüglich des DGM getroffen werden – etwa hinsichtlich des Budgets, der Personalausstattung oder der grundsätzlichen Ausrichtung des Vorhabens. Zu diesem Lenkungskreis zählen neben betriebsinternen Entscheidenden (Unternehmensleitung) auch externe Verantwortliche – beispielsweise Vertreter von Aufsichtsräten oder im Öffentlichen Dienst von übergeordneten Behörden.

Daneben hat es sich bewährt, themenspezifische Fachteams zu bilden, die für bestimmte gesundheits- bzw. vielfaltsrelevante Anliegen zur Verfügung stehen und die Arbeit der Projektgruppe unterstützen. In Fällen wie erfahrener Diskriminierung, Ausgrenzung und Mobbing stehen diese Teams beispielsweise als Ansprechstelle zur Verfügung und können in auffälligen Arbeitseinheiten sowohl innerbetriebliche Krisenintervention einleiten als auch den Betroffenen Beratung und weitere Hilfe anbieten. Aber auch in weiteren Belangen kann es – je nach thematischer Schwerpunktsetzung des DGM sinnvoll sein, weitere Fachteams zu bilden – etwa Gruppen mit Kolleg*innen, die als Beratungs- und Vermittlungsstellen für die Pflege von Angehörigen, Kinderbetreuung, Arbeit mit Beeinträchtigungen u. a. m. zur Verfügung stehen, oder die die Aufgabe des BEM Teams übernehmen (vgl. Abschnitt 8.3). Diese Fachteams sollten in engem Austausch mit der DGM Projektgruppe stehen, ihre Erfahrungen in die Arbeit einfließen lassen und je nach Bedarf Zuarbeiten übernehmen.

Einen Überblick über den hier erläuterten, strukturellen Aufbau des DGM im Betrieb bietet Abbildung 38. Die Funktion und Bedeutung dort aufgeführten Beteiligungsgruppen werden in Abschnitt 8.2.7 erläutert.

Abb. 38: Strukturmodell für die Implementierung von DGM (eigene Darstellung)

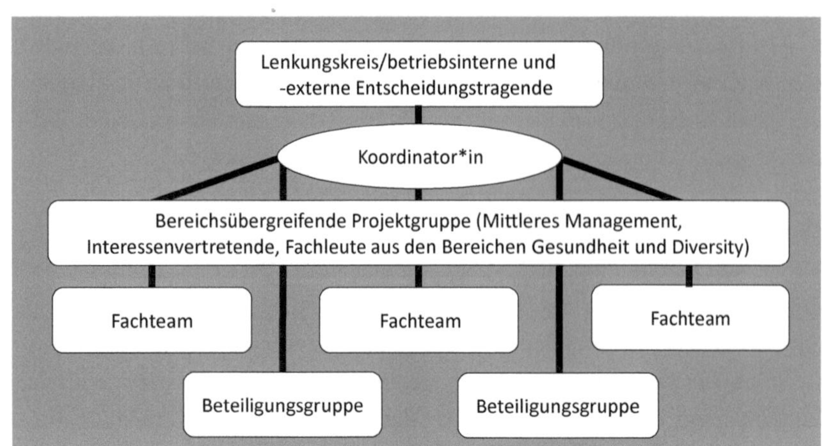

8.2.3 Datenbasierte Analyse

Zur Vorbereitung der im folgenden Abschnitt (8.2.4) beschriebenen, qualifizierten Zielbestimmung ist es erforderlich, dass bei den beteiligten Akteur*innen Einigkeit dahingehend erzielt wird, wie das DGM ausgerichtet sein soll. Alle möglichen gesundheitsrelevanten Vielfaltsdimensionen gleichzeitig bearbeiten zu wollen, dürfte die Veränderungs- und Leistungskapazitäten – auch gut strukturierter – Betriebe sprengen. Langfristig ist es dagegen sinnvoll, sich immer wieder neue Schwerpunkte zu setzen und beispielsweise in jeder Phase des Projektzyklus einen anderen Fokus zu wählen.

Um eine adäquate Entscheidung hinsichtlich der mittelfristigen Ausrichtung des DGM in der jeweils nächsten Projektphase treffen zu können, empfiehlt es sich, zunächst vorhandene betriebliche Datenbestände heranzuziehen bzw. solche zu nutzen, die mit geringem Aufwand von externen Stellen beschafft werden können. Um daraus Informationen zu vielfaltsrelevanten betrieblichen Herausforderungen gewinnen zu können, ist es notwendig, diese Statistiken nach spezifischen Unterschiedskategorien zu differenzieren, um daraus Schlussfolgerungen über Problemschwerpunkte ziehen zu können.

Die aus entsprechenden Gegenüberstellungen gewonnenen Informationen liefern eine erste Basis für die Entscheidungen dazu, welche thematischen Schwerpunkte in der anstehenden Interventionsphase bearbeitet werden sollen. Gleichzeitig dienen sie der Ergebnisevaluation zum Ende eines DGM-Zyklus. Eine noch wichtigere Funktion ist aber die, dass sie eine sachliche Kommunikationsbasis für die unternehmensinterne Auseinandersetzung darstellen. Denn die Erhebung quantitativer Daten trägt dazu bei, dass diversity- und gesundheitsbezogene Problemlagen auf einer operationalen Grundlage diskutiert, Hypothesen über das Zustandekommen von Benachteiligung, Krankheit und Unzufriedenheit formuliert, weiterführende Untersuchungen geplant und der Erfolg von Interventionen dokumentiert werden kann. Für die erste Stufe der Datenanalyse kommen besonders folgende Quellen in Betracht:

- Arbeitsunfähigkeitsdaten wie Krankenstand, Dauer von Krankschreibungen, Arbeitsunfähigkeitsquoten, Entwicklung krankheitsbedingter Abwesenheit im Zeitverlauf,
- Daten des Qualitätsmanagements (z. B. über Kritik und Verbesserungsvorschläge),
- Daten des Arbeitsschutzes (Gefährdungsbeurteilungen, anonymisierte Daten der betriebsärztlichen Dienste),
- systematisch dokumentierte Erkenntnisse des Wiedereingliederungsmanagements (BEM),
- Informationen des Personalmanagements oder betrieblicher Beschwerdestellen zu Diskriminierungserfahrungen, Benachteiligung u. ä.

Wichtig mit Blick auf Fragen der Gleichbehandlung ist zudem, dass diese Daten nach betrieblichen Subgruppen differenziert und verglichen werden. Dabei kommen nicht nur die üblichen Diversity-Dimensionen wie Alter, Geschlecht, Migrationserfahrung und Behinderung in Betracht, sondern gerade auch Kategorien, die organisationsstrukturell Ungleichheit erzeugen können – etwa Bildungsstand, Hierarchieebene, Berufs- und Tätigkeitsgruppen oder Vertragsformen. Bei den Indikatoren in der oben angeführten Liste handelt es sich überwiegend um sichtbare Anteile tieferliegender komplexerer Zusammenhänge, die meist einer differenzierteren Auseinandersetzung bedürfen. Daher sollte sich eine vertiefende Bedarfsanalyse an diese erste, orientierende Datenauswertung anschließen (vgl. Abschnitt 2.3.5)

8.2.4 Definition globaler Ziele

Um Einverständnis darüber zu erzielen, in welche Richtung das DGM grundsätzlich gehen sollte, und welche Schlüsse aus der – im vorausgehenden Abschnitt beschriebenen – Datenauswertung zu ziehen sind, hat es sich als empfehlenswert erwiesen, in einer der ersten Steuerungsgruppensitzungen eine

Abstimmung über die mit dem DGM verbundenen Intentionen herbeizuführen und hierüber Einigkeit mit dem Lenkungskreis zu erzielen. Die Formulierung von Grundsatz-Zielen für die jeweils anstehende Projektphase ist wichtig, weil so die Beteiligten auf eine gemeinsame Richtung eingestimmt, Motivation und Veränderungszuversicht erzeugt und zur Bündelung von Ressourcen beigetragen werden kann (Sutorius 2017: 17). Für die methodische Umsetzung der Entwicklung dieser Globalziele in der Projektgruppe haben sich klassische Moderationsverfahren wie Karten- und Punktabfragen als besonders geeignet erwiesen, weil sie alle Teilnehmer gleichermaßen beteiligen und eine sachbezogene Diskussion über die Wünsche der Anwesenden unterstützen. Eine Konkretisierung und Operationalisierung der Ziele erfolgt dann im nächsten Schritt (vgl. Abschnitt 8.2.5), wenn darüber beraten wird, wie die Erreichung gemessen werden kann und welche Daten dazu genutzt werden können.

8.2.5 Vertiefende Bedarfsanalyse

Ist allen Beteiligten klar, in welche Richtung das DGM zugunsten welcher Zielgruppen gehen soll, ist im nächsten Schritt der Status quo der gesundheitsbezogenen Arbeitssituation der im Fokus stehenden Beschäftigtengruppen – ggf. im Vergleich zu den Referenzwerten anderer Beschäftigter oder ggf. verfügbarer Branchenwerte – zu ermitteln. Bei der Entscheidung darüber, welche Erhebungsinstrumente zur Bedarfsanalyse eingesetzt werden sollen, spielt die Abwägung von Aufwand und Erkenntnisgewinn eine wichtige Rolle. In der Praxis betreiben viele Unternehmen mit der Durchführung von Mitarbeiterbefragungen einen hohen Aufwand, scheuen sich dann aber, die Ergebnisse auf der Ebene einzelner Abteilungen oder Bereiche auszuweisen. Auf diese Weise erhält die Organisation zwar allgemeine Angaben darüber, welche Prozentanteile der Beschäftigten im Unternehmen mit den jeweils abgefragten Belastungen konfrontiert sind, nicht aber, in welchen Abteilungen oder Teams diese Probleme besonders ausgeprägt sind, welche Berufsgruppen darunter leiden, ob es Unterschiede zwischen Geschlechtern, älteren und jüngeren Beschäftigten oder solchen mit und ohne Familienaufgaben, oder zwischen Arbeitnehmenden in unterschiedlichen Vertragsformen und anderes mehr gibt. Befragungsergebnisse sind umso aussagekräftiger, je detaillierter die Auswertungen sind. Andererseits ist bei allen Datenauswertungsverfahren darauf zu achten, dass Rückschlüsse auf Einzelpersonen ausgeschlossen sind. Dies setzt eine ausreichend große Zahl bei der Definition der Aggregationsebenen voraus.

In kleinen Betrieben bis zu etwa 50 Mitarbeitenden sind schriftliche Befragungen daher oft wenig sinnvoll. Ertragreicher ist es stattdessen meist, Probleme und Verbesserungswünsche direkt im Rahmen von Workshops oder moderierten Arbeitsgruppen direkt anzusprechen (vgl. Abschnitt 8.2.7). Probleme ergeben sich auch, wenn sich ein zu geringer Prozentsatz der Mitarbeitenden an der Erhebung beteiligt, und die Ergebnisse dann nicht aussagekräftig sind. Solche Phänomene können auf verschiedene Problemlagen hindeuten, etwa darauf, dass nicht ausreichend über das Vorhaben informiert wurde, die Beschäftigten Sorge im Hinblick auf Datenschutzverletzungen haben oder ein geringes Vertrauen in die Änderungsbereitschaft der Verantwortlichen besteht. Zum Teil sind schlechte Erfahrungen mit vorausgegangenen, gescheiterten Befragungen ausschlaggebend für eine geringe Teilnahme, selbst wenn sie schon länger zurückliegen. Eine Chance, verlorenes Vertrauen der Beschäftigten wiederzugewinnen besteht, wenn langsam und kontinuierlich eine intensive, glaubwürdige Informationspolitik, ein transparentes und integres Entscheidungsmanagement und eine zuverlässige Arbeit an den Veränderungswünschen der Beschäftigten betrieben wird. Von großer Bedeutung ist in jedem Fall ein gut durchdachtes Informationsmanagement vor Beginn der Befragung. Viele Organisationen koppeln dieses mit einem Aktionstag zur Gesundheit und nutzen den damit verbundenen Eventcharakter für die Aufmerksamkeitssteigerung zur Information über Ziele und Vorhaben des DGM und die Ankündigung einer Mitarbeiterbefragung. Gegebenenfalls muss bei der Informationsgestaltung zusätzlich daran gedacht werden, dass alle Beschäftigten, auch diejenigen die in Schichten und nachts arbeiten, einbezogen werden.

8.2.6 Kommunikationsmanagement

In der Praxis ist es leider kein Ausnahmefall, dass die Ergebnisse von Mitarbeiterbefragungen überhaupt nicht an die Beschäftigten kommuniziert werden. Auf Seiten der Mitarbeiter verursachen solche Erfahrungen meist einen erheblichen Vertrauensverlust in die Führung. Die Teilnahmemotivation an Folgeaktivitäten sinkt und die Glaubwürdigkeit des DGM insgesamt steht dann in Frage. Ein ideales Vorgehen im Umgang mit den Ergebnissen der Mitarbeiterbefragung umfasst dagegen mehrere Kommunikationsschleifen (Zepke/Stieger 2017).

Zunächst ist es wichtig, die Ergebnisse innerhalb der Projektgruppe zu diskutieren, um in diesem Kreis das weitere Vorgehen gemeinsam abzustimmen und eine Feinplanung der nächsten Schritte zu realisieren. Zu diesen zählen eine Präsentation der Ergebnisse gegenüber dem Management bzw. dem

Lenkungskreis und die Darlegung der darauf basierenden Empfehlungen zur weiteren Prozessgestaltung von Seiten der Projektgruppe. Dabei sollten sich deren Mitglieder nicht dazu verleiten lassen, bereits zu diesem Zeitpunkt Maßnahmen vorzuschlagen. Sie kennen die Bedarfslagen der einzelnen Teams bzw. weiterer Adressat*innengruppen nicht, so dass solche – von außen formulierten inhaltlichen Empfehlungen – weder auf Akzeptanz der Betroffenen treffen noch ihre Wünsche spiegeln. Vielmehr sollten die Empfehlungen Vorschläge zum weiteren Vorgehen im Prozess zu machen und darauf gerichtet sein, Formate zur Diskussion eben dieser Bedarfslagen in den Teams bzw. bei den adressierten Diversity-Gruppen zu schaffen.

Erfahrungsgemäß betreffen einige Kritikpunkte in Mitarbeiterbefragungen die direkten Vorgesetzten. Eine konstruktive Auseinandersetzung der betreffenden Führungskräfte mit den Einschätzungen der nachgeordneten Mitarbeiter ist dabei von hoher Erfolgsrelevanz für eine gelingende Umsetzung des DGM. Daher gilt es zu diesem Zeitpunkt, mit den Führungskräften auf den untersten Hierarchieebenen ins Gespräch zu kommen und mit ihnen zu beraten, welche Schritte sinnvollerweise in den Bereichen getätigt werden sollten. Besonders in Organisationen mit einem starken Hierarchiegefälle ist es oft schwierig, bei den statushöheren Gruppen Verständnis und Bereitschaft für die nötige kommunikative Offenheit zu erzielen. Andererseits setzt sich bei vielen Vorgesetzten zunehmend die Erkenntnis durch, dass die Akzeptanz von Impulsen von Seiten der Mitarbeitenden nicht nur ein zentrales Merkmal professioneller Führung ist, sondern wichtige Informationen für die eigene persönliche Weiterentwicklung enthält. Zu dieser positiven Kooperation müssen die Führungskräfte durch geeignete Ansprache und eine verständnisvolle Gesprächsführung ebenso gewonnen werden, wie durch eine nachdrückliche und eindeutige Erwartungskommunikation, aber auch Unterstützung im Umgang mit den Rückmeldungen durch die Betriebsleitung (vgl. Abschnitt 8.2.8).

8.2.7 Partizipative Planung

Nach Erkenntnissen der Partizipationsforschung fördert die Einbindung von Beschäftigten in die Gestaltung ihrer Arbeitsbedingungen nicht nur die Akzeptanz und den Realitätsbezug von Veränderungen. Sie ist auch von grundlegender Bedeutung für ihre Gesundheit und ihr Wohlbefinden (Hartung 2012).

Für die praktische Umsetzung der Beschäftigtenpartizipation haben sich ebenfalls moderierte Workshops als geeignet erweisen. Die Frage, wie Beschäftigtenworkshops zusammengesetzt sein sollten, hängt von der Spezifität der Problemlagen, der bestehenden Kommunikationskultur und der Verteilung der Umsetzungsverantwortlichkeiten im Betrieb ab. Ist die Kommunikation zwischen den Hierarchieebenen beispielsweise offen und wenig angstbesetzt, spricht nichts gegen eine heterogene Teilnehmer*innenmischung in den Gruppen. Der Vorteil dieser Konstellation besteht in der Möglichkeit, von Seiten der Beschäftigten direkte Rückmeldungen an die Führungskräfte zu geben und auf diesem Weg eine Verständigung in Gang zu setzen. Für die Lösung von Problemen und die Klärung von Konflikten erweist sich eine solche direkte Kommunikation als sehr konstruktiv. Bestehen dagegen Ängste auf Seiten der Beschäftigten, Kritik offen anzusprechen, ist es oft sinnvoller, zunächst mit Leitungen bzw. Mitarbeitergruppen separat zu arbeiten und die Ergebnisse dieser Arbeitssequenzen in einer moderierten gemeinsamen Sitzung gegenüber zu stellen.

Analog gilt dies auch für Workshops mit diversen Beschäftigtengruppen. Bestehen hier Konflikte – etwa zwischen Arbeitsbereichen oder Mitarbeitendengruppen, ist es oft sinnvoll, zunächst in separierten Gruppen die Perspektive auf die Konflikte zu klären, hier eine sachliche Darstellung der Perspektive zu formulieren und Verständigungsbereitschaft zu fördern, um dann in einer gemeinsamen, neutral moderierten Sitzung Schritte einer Annäherung zu entwickeln.

In der Praxis stellt sich oft die Frage, nach welchen Kriterien die Mitwirkenden solcher Beteiligungsworkshops ausgewählt werden sollen. Bereits Sochert (1998) berichtet von der Erfahrung, dass Empfehlungen, die sich eher auf technische Lösungen beziehen, wie z. B. die Anschaffung von Arbeitshilfen, die Regulierung der Klimatechnik oder das Anbringen neuer Hinweisschilder meist auf die Akzeptanz der Kolleg*innen treffen, selbst wenn sie nur von einer Auswahl von Beschäftigten erarbeitet wurden. Handelt es sich dagegen um Verbesserungsvorschläge auf der psychosozialen Ebene, deren Umsetzung ein Mitwirken aller erfordert, sollten möglichst alle Teammitglieder anwesend sein. Entsprechende Themen betreffen beispielsweise die Weitergabe von Informationen zwischen Bereichen oder Schichten, die Qualität der Zusammenarbeit zwischen Teams oder Berufsgruppen, eine gerechte Verteilung der Arbeitslast und Privilegien und vieles andere mehr. Besonders in Dienstleistungsbereichen, bei Schichtbetrieb oder geringer Besetzung stellt die Organisation der Beteiligungsworkshops manchmal eine Herausforderung dar, weil gleichzeitig darauf geachtet werden muss, dass Dienste ausreichend besetzt sind. Bei entsprechender Motivation – vor allem auf der Führungsebene – ist es jedoch meist möglich, kreative Lösungen zu finden.

Unabhängig von der Art und Zusammensetzung der Workshops ist es oft sinnvoll, die Moderation durch eine externe Beratung oder eine Supervision durchführen zu lassen. Andernfalls ist die Gefahr groß, dass herkömmliche Kommunikationsroutinen und -probleme reinszeniert werden und neue Lösungen verhindern. Unabdingbar ist die Einbindung supervisorischer oder mediatorischer Expertise, wenn Konflikte, Lagerbildungen und Vertrauensverluste eine Dimension angenommen haben, die eine sachliche Verständigung auf Augenhöhe nicht mehr möglich erscheinen lassen (vgl. Glasl 2013)

8.2.8 Einbindung und Unterstützung der direkten Führungskräfte

Zahlreiche empirische Studien belegen, dass Gesundheit, Befindlichkeit und Arbeitsmotivation von Beschäftigten enge Korrelationen mit dem Verhalten ihrer direkten Vorgesetzten aufweisen (Faller 2013). Dies hängt damit zusammen, dass Führungskräfte auf mehreren Ebenen Einfluss auf die Mitarbeitenden nehmen können: Sie entscheiden über materielle Arbeitsbedingungen ebenso wie die Arbeitsverteilung und die Strukturierung von Abläufen, sie prägen das Klima in ihren Teams und Bereichen und gestalten die sozialen Beziehungen zu ihren Mitarbeitenden – mit unmittelbaren und mittelbaren Auswirkungen auf deren Befinden.

In der Hoffnung, durch Wissen, Einsicht und Training ein gesundheitsförderndes Führungsverhalten zu fördern, bieten heute viele Einrichtungen ihren Führungskräften themenbezogene Schulungen oder ganze Qualifizierungsprogramme an. Diese Aktivitäten sind sinnvoll, sie reichen jedoch nicht aus, wenn sie implizit dazu dienen, Unzufriedenheiten zwischen den Hierarchieebenen zu tabuisieren. Führungskräfte wissen oftmals nicht, was Mitarbeitende von ihnen erwarten und welche Enttäuschungen und Missverständnisse sich angestaut haben. Hierarchische Strukturen verhindern ebenso wie unausgesprochene, destruktive Kommunikationsregeln die Möglichkeit zur Bearbeitung gegenseitiger Vorbehalte (Friczewski 2017). Aus diesem Grund ist es notwendig, dass z. B. im Rahmen von Beteiligungsgruppen wie Mitarbeitenden-Workshops oder Gesundheitszirkeln Möglichkeiten der Meta-Kommunikation geschaffen werden. Inhalte solcher Workshops sind neben einer Thematisierung des Führungsverhaltens häufig auch Fragen des Umgangs von Teams und anderen Gruppierungen unter- und miteinander, der gegenseitigen Kommunikation und Wertschätzung oder der Arbeitsverteilung und der Klärung von Kompetenzen.

Einseitige Führungskräftequalifizierungen reichen auch dann nicht aus, wenn die allgemeine Einrichtungspolitik Ziele verfolgt, die das mittlere Management in Zielkonflikte bringt. Dies ist beispielsweise dann der Fall, wenn Mitarbeitende von ihren Vorgesetzten zeitnahe Entscheidungen oder die Weitergabe von Informationen erwarten, während die Leitungskräfte auf den mittleren und unteren Ebenen selbst nicht ausreichend informiert werden, wenn gesundheitsförderndes Führungsverhalten als erwünscht verkündet wird, die allgemeine Hauspolitik aber eine autoritäre, restriktive Linie verfolgt, wenn die Wertschätzung von Vielfalt propagiert wird, während strukturelle Gegebenheiten ungleiche Behandlung forcieren und anderes mehr. Von entscheidender Bedeutung ist, dass Führungskonflikte seitens der Unternehmensleitung nicht nur als persönliche Probleme von Vorgesetzten interpretiert, sondern als Indikatoren eines strukturellen Optimierungsbedarfs auf Ebene der Organisation wahrgenommen werden. Ein Selbstverständnis, nach dem sich Betriebe als stetig lernende Organisationen verstehen, trägt zur Wirksamkeit und Glaubwürdigkeit des DGM bei.

8.2.9 Umsetzung und Differenzierung von Maßnahmenvorschlägen

Grundsätzlich lassen sich die in den Partizipationsworkshops mit Beschäftigten zu erarbeiteten Problemursachen und damit auch die Lösungsansätze in Bezug auf die Umsetzungsverantwortung drei Kategorien zuordnen:

1. Probleme, die eine Entscheidung der Unternehmensführung verlangen,
2. Probleme, die in Zusammenarbeit mit den direkten Vorgesetzten geklärt werden können,
3. Probleme, die mit allen Teammitgliedern besprochen und gemeinsam angegangen werden müssen.

Bei der Maßnahmenumsetzung ist also zu klären, welche Personen im Unternehmen für eine erfolgreiche Verwirklichung verantwortlich sind. Dies sollte bereits im Rahmen der Maßnahmenentwicklung mitbedacht werden, weil die Vorgehensweise in jedem dieser Fälle anders aussieht und spezifische Anforderungen mit sich bringt. Die Anforderungen für die Maßnahmenkategorie 2 (Veränderungswünsche an direkte Vorgesetzte) wurden bereits in Abschnitt 8.2.8 ausgeführt, so dass an dieser Stelle darauf zu verweisen ist.

Für Probleme der Kategorie 1 ist es wichtig, diese gegenüber der Unternehmensleitung deutlich zu machen und wenn möglich ihre Auswirkungen auf die Leistungsfähigkeit der Organisation zu quantifizieren. Hilfreich ist es in den meisten Fällen auch, wenn die Projektgruppe konkrete Lösungen vorschlägt, und beispielsweise Kostenvoranschläge und Kalkulationen für Anschaffungen bzw. die Vergabe von Aufträgen mitzuliefern; dies unterstreicht die Relevanz des Themas und entlastet die für diese Aufgaben zuständigen Stellen im Betrieb. Dringend anzuraten ist, dass die Unternehmensleitung zu den seitens der Beschäftigten erarbeiteten Vorschläge Stellung nimmt. In der Regel können nicht alle Ideen umgesetzt werden, aber umso wichtiger ist, dass die Entscheidungstragenden gegenüber den Beschäftigten begründen, warum ein Vorschlag nicht realisiert werden konnte bzw. was stattdessen möglich ist. Die stärkste vertrauensbildende Wirkung geht von einem entsprechenden Feedback dann aus, wenn dieses in Präsenz als Dialogveranstaltung gestaltet wird (Beispielsweise in Form einer Betriebsversammlung), bei der jede und jeder Beschäftigte die Chance hat, seine/ihre Perspektive einzubringen und eine spontane Antwort darauf zu erhalten.

Ein dritter Komplex von Belastungen resultiert z. B. aus der Art und Qualität des Zusammenwirkens im Team, aus der Qualität der internen Informationsflüsse über den Umgang mit Verantwortung und Arbeit bis hin zur Teamkultur. Abgesehen von der Bedeutung, die der Qualität des Führungsverhaltens auch bei diesen „weichen" Faktoren zukommt, hängt die Möglichkeit, eine Verbesserung des Miteinander zu gewährleisten, von der Verbindlichkeit der Teammitglieder im Umgang mit gegenseitigen Vereinbarungen ab, so dass entsprechende Belastungen der Kategorie 3 zuzuordnen sind. Im Rahmen des DGM geht es also darum, Abmachungen zwischen allen Teambeteiligten zu treffen, welche Regeln der Zusammenarbeit künftig eingehalten, und wie eine gemeinsame Teamkultur gepflegt werden kann.

8.2.10 Kontinuierliche Evaluation von Prozessen und Ergebnissen

Häufig wird mit dem Begriff der Evaluation die Vorstellung eines Datenvergleichs zwischen der Ausgangs- und der Abschlussphase eines Projekts verbunden. Daran knüpft sich die Erwartung, anhand der verwendeten Indikatoren prüfen zu können, inwieweit eine Annäherung an die gesetzten Ziele stattgefunden hat. Jedoch nimmt eine fachgerechte und verantwortungsvolle Verankerung und Umsetzung von DGM bereits in Betrieben mittlerer Größe erfahrungsgemäß Zeiträume von mehreren Jahren in Anspruch. In Großbetrieben sind Projektperioden von zehn und mehr Jahren keine Seltenheit. Aus diesem Grund ist es wenig sinnvoll, mit der Auswertung der DGM-Ergebnisse zu warten, bis ein Projektzyklus abgeschlossen ist. Vielmehr ist es notwendig, die geplanten ebenso wie die bereits vollzogenen Schritte in regelmäßigen Abständen zu dokumentieren, zu bewerten und ggf. zu korrigieren. Eine entsprechende formative Evaluation bietet die Chance, Fehlentwicklungen frühzeitig erkennen, um mit geeigneten Methoden gegensteuern zu können (vgl. Kolip 2019).

Erfahrungen zeigen, dass je offener und vertrauensvoller die Zusammenarbeit zwischen den Beteiligten in den Kommunikationseinheiten des Projekts ist, desto eher Defizite angesprochen werden können. Umso weniger ist das Vorhaben in der Gefahr, infolge unerkannter Risiken zu scheitern. Besonders für die formative Evaluation ist neben der Bewertung von (Zwischen-)Ergebnissen die Reflexion der bisherigen Prozesse eine zentrale Aufgabe. Diese Prozessbewertung kann sich einerseits auf eindeutig überprüfbare und im Rahmen der Zieldefinition operationalisierte Indikatoren wie

- Termineinhaltung,
- Budgetverbrauch,
- Sitzungshäufigkeit oder
- Teilnahmefrequenz beziehen.

Andererseits sind so genannte „weiche" Faktoren der Projektzusammenarbeit wie

- gegenseitiges Vertrauen der Steuergruppenteilnehmenden,
- die Offenheit der Kommunikation,
- die Effizienz der Zusammenarbeit

und anderes mehr für die Teilnahmemotivation und das Mitwirkungsengagement der Beteiligten von grundlegender Bedeutung.

Die regelmäßige Einplanung entsprechender Freiräume für Metakommunikation oder Supervisionssitzungen mit der Projektgruppe sind geeignete Instrumente für die Erfolgssicherung. Evaluation bedeutet demnach auch nicht ausschließlich die Bewertung des Projekts durch Entscheidungstragende und Fachleute. Ebenso wie das gesamte DGM-Vorhaben an verschiedenen Stellen des Prozesses unterschiedliche Beteiligte einbindet, sollte auch die Bewertung von allen diesen Personen geleistet werden. Daher ist für das Evaluationsvorhaben ein umfassendes, geplantes und zielorientiertes Vorgehen erforderlich. Der Vorteil einer möglichst breiten Ausrichtung der Evaluation auf heterogene Akteur*innengruppen besteht darin, unterschiedliche Sichtweisen, Prioritäten und Kritikpunkte zu erfassen und für die Weiterentwicklung des DGM nutzbar zu machen. Wenn Evaluation in diesem Sinne als eine möglichst breit angelegte, datengestützte Bewertung von Interventionen in soziale Systeme vor dem Hintergrund eines systematischen Vorgehens verstanden wird fügt sie sich nahtlos ein in eine nach stetiger Verbesserung von Arbeitsbedingungen, Organisationsabläufen und Kommunikationsroutinen strebenden Verwirklichung von Gesundheit und Diversity im Betrieb.

8.3 Spezifische Ansätze mit Bezug auf gängige Diversitätskategorien

8.3.1 Allgemeine Anmerkungen

Nach Altgeld (2010) ist der Ansatz des Betrieblichen Gesundheitsmanagements – verstanden als gesundheitsfördernde Organisationsentwicklung – aufgrund seiner thematischen Breite dafür geeignet, Dimensionen der Vielfalt in das Vorgehen zu integrieren, sofern Anforderungen an eine beteiligungsorientierte Ausrichtung erfüllt werden. Vor diesem Hintergrund versteht sich das in Abschnitt 8.2 dargestellte Vorgehen, bestehend aus den dort benannten Schritten, als integrativer Ansatz, der das Management spezifischer diversityorientierter Belange mit denjenigen einer gesundheitsfördernden Organisationsentwicklung verbindet. Gleichzeitig sind in Zusammenhang mit einzelnen Vielfaltsdimensionen bestimmte Idiosynkrasien und einschlägige Herausforderungen zu beachten. Die nachfolgenden Passagen verstehen sich daher als Ergänzungen und Hinweise auf besonders zu beachtende Aspekte eines DGM, die sich aus den Spezifika der jeweiligen Verschiedenheitsdimension ergeben. Damit kommt ihnen weniger der Charakter von separaten, in sich abgeschlossenen Interventionen zu, vielmehr erweisen sie sich erst im Rahmen eines auf Dauer angelegten, iterativen Managementprozesses auf Grundlage der oben genannten Phasen als wirksam und sinnvoll. Das in Abschnitt 8.2 präsentierte Vorgehensmodell dient dabei als Grundkonzept, an das die nachfolgenden Bestandteile im Falle einer jeweils vielfaltsspezifisch ausgerichteten Schwerpunktsetzung anzukoppeln sind. Dabei werden phasenbezogen passende Anknüpfungspunkte an dieses Grundmodell jeweils deutlich gemacht.

8.3.2 Spezifische Interventionen im Zusammenhang mit dem Lebensalter von Beschäftigten

Altersstrukturanalyse

Mit Blick auf die Herausforderungen älter werdender Belegschaften hat sich das Instrument der Altersstrukturanalyse als nützlich erwiesen. Dieses Instrument verbindet die Anliegen des Personalmanagements mit denjenigen einer gesundheitsorientierten Personalplanung und eignet sich insbesondere für den Einsatz in der Phase der dokumentenbasierten Vorab-Analyse.

Mithilfe einer Altersstrukturanalyse können Betriebe frühzeitig herausfinden, ob und in welchen Bereichen sie von einem altersbedingten Ausscheiden von Beschäftigten in bestimmten Arbeitsbereichen betroffen sind, damit sie frühzeitig geeignete Interventionen zur Vermeidung von Engpässen starten können. Dazu wird die Belegschaft – ggf. gegliedert nach Abteilungen bzw. Arbeitsbereichen – zunächst in Altersgruppen unterteilt und die Besetzungsstärke sowie die Altersentwicklung in den untersuchten Arbeitsbereichen dargestellt. Im zweiten Schritt wird daraus eine Prognose abgeleitet, wobei verschiedene Szenarien (z. B. mit und ohne Fluktuation, mit und ohne weitere Personalmaßnahmen etc.) durchgespielt werden können. Meist ist es sinnvoll, weitere Kriterien, insbesondere die Berufe, Qualifikationen und Kompetenzen der Beschäftigten in diese Analyse zu integrieren (Rimser 2014: 55). Die auf diese Weise vollzogene Erfassung der Qualifikations- und Bestandsstruktur des Personals schafft eine Grundlage für die frühzeitige Ermittlung von Interventionsbedarfen hinsichtlich Personalrekrutierung, Personalentwicklung, Wissenstransfer und Erhaltung der Arbeitsfähigkeit.

Abbildung 39 (nächste Seite) veranschaulicht, wie eine einfache Altersstrukturanalyse in einen bestimmten Bereich aussehen könnte. Dabei wurde der bestehende Personalbestand nach Altersgruppen erfasst (Kurve „aktuelle Situation“) und anhand der Geburtsdaten ermittelt, wie sich die Situation in fünf Jahren darstellen würde (Kurve „Situation in fünf Jahren“). Bei weiterführenden Versionen der Altersstrukturanalyse können darüber hinaus Szenarien unter Berücksichtigung der voraussichtlichen Fluktuation sowie weiterer Einflüsse prognostiziert werden.

Tabelle 14 zeigt darüber hinaus beispielhaft eine – nach Funktionsgruppen differenzierte – Altersstrukturanalyse. Hier wurden die gegenwärtigen und erwarteten Altersstrukturen in verschiedenen Funktionsbereichen eines Beispielkonzerns bestimmt. Auf Basis einer solchen differenzierten Zusammenstellung ist die Ableitung qualifikationsspezifischer Personalbedarfe möglich (vgl. Buck et al. 2002: 57).

Abb. 39: Beispiel einer einfachen Altersstrukturanalyse (eigene Darstellung)

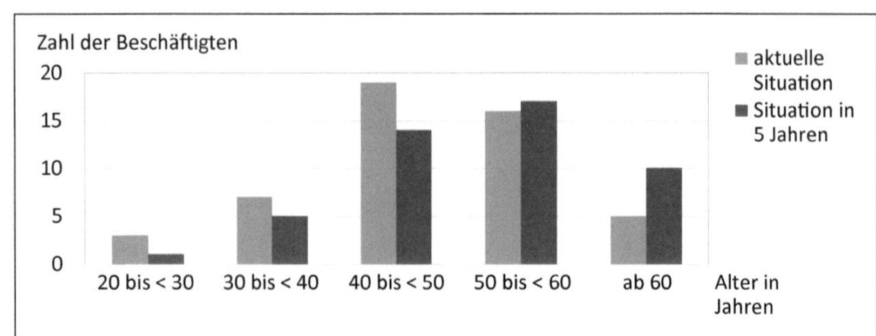

Tab. 14: Beispiel einer einseitigen Altersstrukturanalyse nach Funktionsgruppen (vgl. Buck et al. 2002: 57)

Funktionsgruppen (Rente in 2030 mit 65)	**Ersatz-bedarf bis 2030 in %**	**Anteil der über 50-Jährigen**		
		2020	**2030**	**Veränderung in %**
Vorgesetzte technische AT	33,9 (A)	45,2	32,1	−13,1
Kaufmännische AT-Angestellte	34,2 (A)	50,7	36,7	−14,0
Angestellte Meister	19,5	36,5	53,3 (B)	+17,0
Kolonnenführer	14,8	34,4	54,4 (B)	+20,0
Vorarbeiter	16,5	35,6	60,1 (B)	+24,5
Nicht-vorgesetzte technische Angestellte	17,2	33,4	45,9	+12,5
Kaufmännische Angestellte	9,5	23,0	45,0	+22,0
Fachkräfte	8,2 (C)	18,5	37,0	+18,5
Angelernte	13,6 (C)	25,7	35,0	+9,3

Entsprechende Analysen schaffen eine Grundlage für Entscheidungen darüber,

- in welchen Bereichen künftig Personalengpässe zu erwarten und frühzeitige Maßnahmen der Personalrekrutierung und/oder -entwicklung notwendig sind
- inwieweit in Bereichen mit hohen psychischen, körperlichen bzw. Umgebungsbelastungen vorbeugende Maßnahmen zum Erhalt der Arbeitsfähigkeit mit besonderer Dringlichkeit anzugehen sind

- an welchen Stellen Maßnahmen für den Transfer von Wissen zwischen Älteren und Jüngeren notwendig sind
- inwieweit Generationenkonflikte entstehen und präventiv durch geeignete Interventionen vermieden werden können
- u. a. m.

Vertiefende Bedarfsanalyse mit Schwerpunkt Alter(n)

Wie bereits in den Ausführungen im Zusammenhang mit der Altersstrukturanalyse deutlich geworden ist, erfordert die Auseinandersetzung mit der betrieblichen Altersentwicklung auch Informationen dahingehend, inwieweit arbeitsaufgabenbezogene Anforderungen und Belastungen von den Beschäftigten im Laufe ihrer Erwerbsbiografie bewältigt werden können. Nach Ilmarinen und Tempel (2002) beschreibt der Begriff der Arbeitsfähigkeit bzw. Arbeitsbewältigungsfähigkeit (Work Ability) das Potenzial eines Menschen, eine Anforderung zu einem gegebenen Zeitpunkt zu bewältigen. Ilmarinen (2010) vergleicht die Arbeitsfähigkeit in seinem Modell mit einem vierstöckigen Haus. Um diese im Verlauf der Erwerbsbiografie zu sichern, muss auf allen vier Ebenen angesetzt werden, wobei das Gewicht, d. h. die Bedeutung der einzelnen Elemente zunimmt, je weiter oben das Stockwerk angesiedelt ist (vgl. Abbildung 40).

Abb. 40: Haus der Arbeitsfähigkeit (eigene Darstellung in Anlehnung an Ilmarinen 2010: 21)

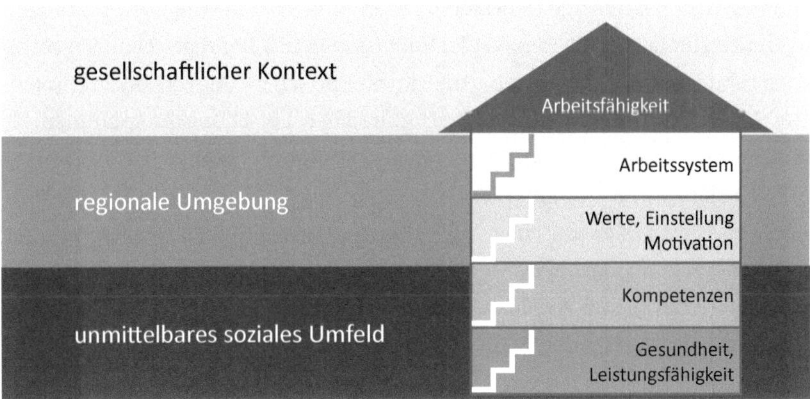

Das Konzept macht deutlich, dass eine rein auf personalwirtschaftliche Kennzahlen limitierte Datenbasis nicht ausreicht, um geeignete Maßnahmen zur Sicherung der Arbeitsfähigkeit zu planen und umzusetzen. Im Verlauf eines – das

Thema Altern fokussierenden – DGMs ist es unabdingbar, die subjektiven Einschätzungen der Beschäftigten selbst zu erfassen und in die Interventionsplanung einzubeziehen. Dies wird insbesondere mit Blick auf die Stockwerke 3 und 4 des Modells deutlich. So hält Ilmarinen (2010: 23 f.) es für den Erhalt der Arbeitsfähigkeit für wichtig, dass Einstellungen und Motivationen der Beschäftigten im Einklang mit ihren Arbeitsaufgaben stehen (3. Etage) und dass das Arbeitssystem – und hier insbesondere die Zusammenarbeit im Team und mit den Führungskräften – von den Betroffenen positiv erlebt werden (vgl. hierzu auch Abschnitt 8.2.8).

Im Rahmen des DGM-Zyklus lassen sich solche subjektiven Perspektiven auf die eigene Gesundheit, die Motivationslage und die Bewertung des Arbeitssystems gerade auch im Hinblick auf älter werdende Beschäftigte mittels der bereits in Abschnitt 8.2.5 angesprochenen Analyseinstrumente ermitteln. Sollen dabei die spezifischen Bedürfnisse von Mitarbeitenden ab bestimmten Alterskohorten identifiziert werden, ist es wichtig, entsprechend differenzierte Altersangaben im Fragebogen zu erheben und die Antworten durch geeignete Altersvergleiche zu analysieren. Bei der Bewertung der Ergebnisse wie auch der Ableitung von Maßnahmen ist die Einbeziehung der verschiedenen Alterskohorten unabdingbar.

Die Arbeitsgruppe um Ilmarinen hat in diesem Zusammenhang einen Fragebogen zur Erfassung des Work Ability Index (WAI) oder auch Arbeitsbewältigungsindex (ABI) entwickelt. Es handelt sich dabei um ein quantitatives Befragungsinstrument, das die aktuelle sowie zukünftige subjektive Arbeitsfähigkeit von Beschäftigten messen bzw. prognostizieren will. Der Fragebogen ist frei zugänglich und beinhaltet 7 Dimensionen mit 10 Fragestellungen sowie einer Krankheitsliste. Er wird in einer Kurz- und einer Langversion angeboten. Die Aussagekraft des WAI wurde in zahlreichen Forschungsprogrammen erforscht und belegt. Er gilt international als valide (vgl. Tuomi et al. 2001).

Kritisiert an der Nutzung des WAI-Fragebogens wird allerdings der Umstand, dass die Daten auf einer individuellen Ebene erhoben werden, was zur Folge haben kann, dass er zur Identifikation von Personen und/oder Gruppen eingesetzt wird, deren Arbeitsbewältigungsfähigkeit im Vergleich vermindert ist – mit der Konsequenz, dass lediglich individuelle Maßnahmen implementiert werden, anstatt Veränderungen auf Ebene des Arbeitssystems zu generieren. Wenn der WAI-Fragebogen dagegen als Indikator für systembezogenen Interventionsbedarf verstanden und genutzt wird, liefert er wertvolle Informationen dazu, wo angesetzt werden muss, um Arbeit alter(n)sgerecht gestalten zu können (vgl. Institut für Arbeitsfähigkeit o. D.).

Führungsverhalten gegenüber älter werdenden Beschäftigten

Wie Ilmarinen in seinen Langzeitstudien nachweisen konnte, übt die Qualität des Führungsverhaltens gegenüber älter werdenden Beschäftigten den stärksten Einfluss auf die Arbeitsfähigkeit aus (Richenhagen 2004). Auch spätere Studien bestätigen, dass Mitarbeitende, die mit dem Verhalten ihrer Vorgesetzten zufrieden sind, eine höhere Arbeitsfähigkeit und bessere Gesundheitswerte aufweisen als unzufriedene Beschäftigte (z. B. Prümper/Becker 2011).

Für die Beziehungsqualität zwischen älteren Mitarbeiter*innen und ihren Vorgesetzen spielen beiderseitige Einstellungen eine wichtige Rolle. Insbesondere wenn junge Führungskräfte ältere Mitarbeitende führen, sind problematische Zuschreibungen auf beiden Seiten keine Seltenheit. Solche Stereotype können die Zusammenarbeit und die Leistungsfähigkeit maßgeblich beeinträchtigen. Mit Blick auf ihre Führungsverantwortung sollten sich deshalb gerade (jüngere) Führungskräfte ihrer Altersstereotype und deren Problematik bewusstwerden. Dies gilt gleichermaßen für das Verhältnis von älteren Führungskräften gegenüber jüngeren Mitarbeitern (Mühlenbrock 2017: 47). Ein weiteres Risiko bei der Führung älterer Beschäftigter besteht darin, dass sie aufgrund ihrer – durch langjährige Arbeitserfahrung bedingten – Selbstständigkeit von sich aus wenig auf die Führungskräfte zukommen und auf diese Weise die Kommunikation sehr sporadisch erfolgt. Führungskräfte verkennen deshalb oftmals die Notwendigkeit, auch Ältere zu unterstützen, ihnen Anerkennung zu zollen und Feedback zu geben (Mühlenbrock 2017: 45). Eine Möglichkeit, diese Kommunikation herzustellen, sind regelmäßige Mitarbeitendengespräche – auch und gerade mit älteren Beschäftigten. Diese dienen nicht nur der Auseinandersetzung mit Leistungsergebnissen sowie individuellen Belastungen und Bewältigungserfahrungen der Beschäftigten mit dem Ziel der Optimierung der Arbeitsgestaltung, sondern auch als Form der Wertschätzung älterer Beschäftigter (vgl. z. B. Rahnfeld 2019: 63 ff.). Darüber hinaus sind Führungskräfte gefordert, gerade die Arbeitssituationen älterer Beschäftigter so zu gestalten, dass es möglichst nicht zu arbeitsbedingten Verschleißerscheinungen kommt. Eine Zusammenstellung entsprechender Gestaltungsanforderungen enthält der nachfolgende Abschnitt.

Gestaltungsanforderungen an die Arbeitsbedingungen von älteren Beschäftigten

Die folgenden Empfehlungen stützen sich – soweit nicht anders angegeben – auf die entsprechende BAuA Borschüre (vgl. Mühlenbrock 2017). Bezogen auf das DGM-Prozessmodell sind diese Maßnahmen in den Schritten 7 (partizipative Planung) und 9 (Umsetzung) anzusiedeln:

- *Arbeitsumgebung:* Die Arbeitsumgebung sollte an die sich verändernden sensorischen, muskulären und kardiovaskulären Kapazitäten angepasst sein. Im Bereich der optischen Wahrnehmung sind insbesondere die Beleuchtungsstärke und die Schriftgröße zu beachten, bei der akustischen Wahrnehmung die Vermeidung von Störgeräuschen, aber auch Lautstärke und Tonhöhe. Mit Blick auf klimatische Arbeitsplatzbedingungen sollten Extreme vermieden, die Dauer von Erholungspausen ausgedehnt, Sonnenschutz zur Verfügung gestellt und Einsatzzeiten begrenzt werden.
- *Physische Arbeitsanforderungen:* Studien zur Arbeitsfähigkeit belegen, dass hohe körperliche Anforderungen bei älteren Beschäftigten die Arbeitsfähigkeit deutlich beeinträchtigen. Geeignete technisch-ergonomische Maßnahmen sollten daher gerade bei Älteren prioritäre Berücksichtigung erfahren. Hilfsmittel sollten leicht zugänglich und so gestaltet sein, dass sie von den Beschäftigten auch tatsächlich verwendet werden.
- *Arbeitszeit:* Überstunden, lange Arbeitszeiten, Schicht- insbesondere Nachtarbeit und geringe Planbarkeit der Arbeitszeit können die Kompensationsfähigkeiten älterer Beschäftigter schnell überfordern. Empfohlen wird daher, diese Belastungen möglichst zu vermeiden, und wo nicht anders möglich, sie durch rechtzeitige und ausreichende Erholungszeiten so gering wie möglich zu halten.
- *Information und Komplexität:* Wie die Empirie zeigt, schützt geistig anspruchsvolle Arbeit vor kognitiven Beeinträchtigungen im höheren Alter (Bosma et al. 2002), während monotone, repetitive Tätigkeiten vorhandene Kompetenzen allmählich verkümmern lassen (Then et al. 2014). Führungskräfte können sich dafür einsetzen, dass für ältere Beschäftigte Lern- und Entwicklungsmöglichkeiten geschaffen und sie bei deren Inanspruchnahme unterstützt werden.
- *Handlungs- und Entscheidungsspielräume:* Ältere Beschäftigte benötigen oftmals mehr Zeit für Erholung und die Wiederherstellung ihrer Arbeitsfähigkeit. Eine größere Autonomie ermöglicht es ihnen, eigene Ressourcen besser einzuteilen und erforderliche Erholungspausen einzulegen. Aus diesem Grund ist es wichtig, dass ihnen arbeitsorganisatorische Freiräume eingeräumt werden, die es erlauben, alternsbedingte Veränderungen auszugleichen. Andreas Müller (2019) weist in diesem Zusammenhang darauf hin, dass der aktive Einsatz der direkten Vorgesetzten für die Gewährung entsprechender Freiräume für ihre Mitarbeitenden gerade in Unternehmen mit zentralisierten und hoch regulierten Abläufen eine wichtige Voraussetzung dafür ist, dass notwendige betriebliche Standards mit Einzellösungen in Einklang gebracht werden können.

- *Abwechslungsreichtum:* Aufgaben- und Anforderungsvielfalt wirken sich gleichermaßen positiv auf die Arbeitszufriedenheit und -motivation aus. Insbesondere Ältere profitieren davon, wenn sie einerseits kognitiv gefordert sind und andererseits ihre über die Jahre gesammelten Fähigkeiten anwenden können. Die Zunahme von Aufgabevielfalt lässt sich insgesamt durch die Konzepte der Aufgabenerweiterung (Job Enlargement) und des Arbeitsplatzwechsels (Job Rotation) realisieren.

Förderung der intergenerationalen Zusammenarbeit

Wie in Abschnitt 5.3.2 ausgeführt wurde, tragen positive Einstellungen der Teammitglieder hinsichtlich der Altersdiversität in Teams zur Steigerung der Arbeitszufriedenheit bei, verringern destruktive Konflikte und fördern die Teamleistung (Wegge et al. 2011). Betriebe können jedoch nicht pauschal voraussetzen, dass altersdiverse Teams die mit der Verschiedenheit einhergehenden Herausforderungen konstruktiv bewältigen. Insbesondere anhaltende stereotype Zuschreibungen gegenüber den älteren bzw. jüngeren Teammitgliedern führen in Kombination mit wenig herausfordernden Aufgaben zu Teamkonflikten und Leistungseinbußen (Wegge et al. 2011).

Wenn sich entsprechende generationenbezogene Konflikte im Team abzeichnen, sind Vorgesetzte gefordert, hierauf schnell und kompetent einzugehen. Bei der Konfliktklärung sollte es das Ziel sein, nicht das Alter, sondern aufgabenbezogene Kompetenzen der Beschäftigten zu thematisieren. Begleitet sein sollten diese Maßnahmen von einer Förderung positiver Einstellungen zur Altersdiversität mit Hilfe von Workshop-Angeboten, die in geeigneter Weise zu einer positiven Einstellungsänderung beitragen. Konfliktpräventiv kann darüber hinaus die Schaffung gemeinsamer, übergeordneter Gruppenziele sein. Nach Wegge et al. (2011) brauchen altersgemischte Teams – um gute Ergebnisse produzieren zu können – anspruchsvolle und komplexe Arbeitsanforderungen und Teamarbeitsstrukturen ohne Zeitdruck. Bereits eine Aufgabengestaltung bzw. die Auswahl und Definition von Arbeitszielen, die diese Anforderungen erfüllen, können dazu beitragen, in altersdiversen Teams eine positive Arbeitskultur zu etablieren. Ein weiterer Ansatz, Kooperationsmöglichkeiten zwischen älteren und jüngeren Teammitgliedern zu schaffen und dabei nicht nur Leistungsergebnisse zu verbessern, sondern auch die besonderen Kompetenzen älterer Beschäftigter zu nutzen, sind Mentoringprogramme, bei denen Nachwuchskräfte mit erfahrenen Beschäftigten als ihre festen Ansprech- und Begleitpersonen zusammengebracht werden (Mühlenbrock 2017; Rahnfeld 2019: 61 f.).

Personalentwicklung für Beschäftigte im höheren Alter

Während im Jahr 2018 nur 5 % der 25- bis 64-Jährigen in Deutschland an formalen Lernangeboten teilnahmen, besuchte mehr als die Hälfte dieser Altersgruppe (54 %) in diesem Jahr hingegen nonformale Kurse. Auch informelles Lernen war weit verbreitet. Bei Personen im Alter von 55 bis 64 Jahren lag die Weiterbildungsbeteiligung insgesamt deutlich niedriger (Ehlert 2021). Im Unterschied zum schulischen Lernen findet Lernen Älterer primär informell und implizit statt, d. h. Ältere lernen weniger durch die Aneignung abstrakter Lerninhalte, sondern vielmehr durch die Praxis und durch Integration neuer Informationen in vorhandene Wissensstrukturen. Das bedeutet für die Personalentwicklung Älterer, dass vor allem Arbeitssituationen so gestaltet sein sollten, dass sie Lernen fördern. Dies trägt nicht nur zur Kompetenzentwicklung der Beschäftigten bei, sondern stärkt auch ihre arbeitsbezogene Motivation und Gesundheit (Rau 2004; Richter 2005). Dabei ermöglichen lernförderliche Arbeitsbedingungen nicht nur das Hinzulernen neuer Fertigkeiten, Fähigkeiten oder Einstellungen, sondern haben nachweislich auch einen Einfluss auf die kognitive Leistung von Beschäftigten (vgl. Mühlenbrock 2017: 23).

Die Bedeutung lernförderlicher Arbeitsaufgaben scheint mit dem Alter sogar zuzunehmen: Während in lernförderlichen Arbeitsumgebungen kognitive Fähigkeiten über das Alter tendenziell erhalten bleiben, nimmt sie bei Beschäftigten mit wenig lernförderlichen Tätigkeiten ab. Das betriebliche Engagement im Bereich der Personalentwicklung älter werdender Beschäftigter sollte daher kontinuierlich auch im höheren Erwerbsalter bestehen bleiben. Dabei sollten lernförderliche Tätigkeiten grundsätzlich immer an das Fähigkeitsniveau der Beschäftigten angepasst sein, um ihnen einen Lernerfolg zu ermöglichen und sie nicht zu überfordern.

8.3.3 Spezifische Interventionen im Zusammenhang mit der Geschlechtszugehörigkeit von Beschäftigten

Frauen- und Männerquoten

Wie in Abschnitt 2.3 ausgeführt, stellt die Hierarchie ein zentrales Merkmal von Organisationen und eine wichtige Voraussetzung für deren Funktionsfähigkeit dar. Die mit der Bekleidung von Führungspositionen verbundene Macht hat einen starken Einfluss auf die Strukturen, Prozesse und Ergebnisse der Organisation, und die Frage, welche Gruppen Zugang zu diesen Positionen haben, prägt deren Funktionen und Merkmale ganz erheblich.

Auch wenn mit dem Führungspositionengesetz (FüPoG I) die Repräsentanz von Frauen in Führungsgremien seit 2015 gestärkt und im Jahr 2021 mit der Stufe II in seinem Gültigkeitsbereich erweitert wurde (vgl. Abschnitt 7.3.2), besteht nach wie vor eine erhebliche Unterrepräsentanz von Frauen in höheren Führungspositionen. Die geforderten Quoten verfolgen das Ziel, im Sinne einer positiven Diskriminierung vorübergehend Chancengleichheit zu erzeugen. Argumente gegen Quotenansätze richten sich darauf, dass sich Geschlechtergerechtigkeit nicht mit Zwang herstellen lasse und Vorurteile verstärken könne (Becker 2015: 345 ff.).

Dennoch zeigt das Gesetz Wirkung: Seit der Einführung der ersten Stufe im Jahr 2015 stieg der Frauenanteil in den Vorständen, während bei den Organisationen, die nicht unter die feste Quote fielen, ein deutlicher Aufholbedarf besteht. Die vierteljährliche Information der Bundesregierung weist für das Jahr 2021 einen Frauenanteil von 35,4 Prozent in Unternehmen aus, die unter die Quotenregelung fallen, während er im Jahr 2015 bei nur 25 Prozent lag. Der Frauenanteil in den Aufsichtsräten ohne feste Quote, betrug im Berichtsjahr dagegen nur 19,9 Prozent. Auch haben sich die Quoten-Unternehmen vermehrt Zielgrößen gesetzt, die zudem ambitionierter ausfielen (BMFSFJ 2021).

Quotenregelungen als Maßnahme zur Förderung der Geschlechtergerechtigkeit haben sich also als durchaus wirksam erwiesen. Mit Blick auf die Verankerung im DGM-Zyklus sind entsprechende Quotenregelungen in den Phasen der Maßnahmenplanung und deren Evaluation zu verorten.

Gender Mainstreaming

Im Bereich der geschlechterbezogenen Diversity-Ansätze hat sich darüber hinaus das Gender-Mainstreaming (GM) als wirksam und sinnvoll erwiesen. Der Begriff des GM beschreibt sowohl ein politisches Programm als auch ein Instrument, das auf die Gleichstellung von Frauen und Männern zielt. Zugrunde liegt der Gedanke, dass fast alle politischen, sozialen und wirtschaftlichen Entscheidungen spezifische Auswirkungen auf die sich unterscheidenden Lebensbedingungen von Männern und Frauen haben (Schubert/Klein 2020). Die Strategie des GM zielt darauf, alle Entscheidungen auf diese geschlechtsspezifischen Auswirkungen hin zu überprüfen und mögliche Benachteiligungen von Frauen (und Männern, soweit sie sich ergeben) zu beseitigen. Auf diese Weise sollen Strukturen, die die Ungleichheit immer wieder reproduzieren, umgestaltet werden (Pinl 2002).

Während andere Ansätze der Gleichstellungspolitik meist korrigierend wirken und sich darauf richten, entstandene Benachteiligungen abzubauen, will GM potenziell entstehende Benachteiligungen prospektiv erfassen, um bereits im Vorfeld geeignete Gegenmaßnahmen einzuleiten. Beispielsweise könnte der Beschluss, Besprechungen in einem Betrieb künftig nach 17.00 Uhr zu terminieren, Beschäftigte mit Erziehungsaufgaben benachteiligen, weil Kinderbetreuungseinrichtungen dann schließen und die betroffenen Eltern von entsprechenden Meetings ausgeschlossen würden.

GM-Ansätze berücksichtigen nicht nur das biologische Geschlecht. Vielmehr bringt der Gender-Begriff zum Ausdruck, dass insbesondere die Geschlechts*rolle* und die damit verbundenen Zuschreibungen in den Fokus genommen werden. Gender wird hier also als soziales Geschlecht oder soziale Konstruktion gesehen (vgl. Abschnitt 5.3.3).

Zur Umsetzung der Strategie des GM stehen eine Reihe von Tools zur Verfügung, die sich gut in den DGM-Zyklus integrieren lassen und so eine optimale Verbindung von gesundheits- und genderbezogenen Interventionen ermöglichen. Eine Auswahl dieser Tools wird nachfolgend näher erläutert (vgl. Schattschneider/Schaufel 2022):

Gender Impact Assessment (GIA)

Das Instrument GIA wurde von Verloo und Roggeband als Instrument für die Folgenabschätzung politischer Programme der Sozialpolitik aus der Entwicklungszusammenarbeit adaptiert. Es handelt sich dabei um ein Analyse- und Bewertungsinstrument, mit dem ein Vorhaben (z. B. eine Entscheidung, ein Projekt, eine Maßnahme) hinsichtlich seiner gleichstellungsrelevanten Wirkungen überprüft wird. Üblicherweise umfasst ein GIA folgende zwei Schritte:

1. Relevanzprüfung, mit der die Gleichstellungsrelevanz festgestellt und begründet wird.
2. Hauptprüfung, die die Gleichstellungswirkungen detailliert analysiert werden und in Empfehlungen zur Verbesserung des Vorhabens münden.

Im Rahmen der Hauptprüfung können folgende Schlüsselfragen zum Einsatz kommen:

- Hat die Maßnahme Auswirkungen auf gleichstellungspolitische Zielsetzungen?
- Welche genderbezogenen Wirkungen könnte die Maßnahme haben?
- Welche Personengruppen sind von der Maßnahme unmittelbar und mittelbar betroffen? Wie sind Frauen, Männer und andere Geschlechter dabei zahlenmäßig vertreten?
- Welche Wirkungen könnte das Vorhaben auf die unterschiedlichen Lebenssituationen, Interessen und Alltagspraktiken der Geschlechter haben?

- Wer profitiert von der Maßnahme direkt und indirekt (ökonomisch; z. B. bei der Verlagerung von Arbeit in den unbezahlten Privatbereich etc.)
- Welches sind die Ursachen der festgestellten Unterschiede? (Rollenbilder, Normen, Werte, Einkommen etc.)
- Welche Daten und welche Erkenntnisse/welches Wissen ist verfügbar?
- Welche weiteren Daten und Informationen werden benötigt (z. B. geschlechter-disaggregierte Daten (idealerweise nicht nur sex-, sondern auch gender-disaggregiert) um die Auswirkungen der Maßnahme zu analysieren)?
- Welcher Forschungsbedarf ergibt sich daraus?

Ein Problem bei der GIA kann darin bestehen, dass die erforderlichen Informationen zur Beantwortung der Fragen nicht verfügbar sind. Das erschwert eine kurzfristige Bewertung, verweist aber auf die Notwendigkeit, diese Daten zu beschaffen. Das Verfahren ist nicht unaufwändig und setzt eine entsprechende Expertise voraus (Genanet o. D.). Im Hinblick auf die Lokalisierung innerhalb eines DGM Prozesses bietet es sich insbesondere an, die GIA in die Maßnahmenplanung zu integrieren.

Gender Trainings

Als Maßnahmen in der Phase der Umsetzung bieten sich Gender-Trainings für Teammitglieder und Führungskräfte an. Dabei lassen sich zwei Formen unterscheiden: Zum einen sind fachliche Fortbildungsworkshops sinnvoll, die Inhalte vermitteln wie, etwa, mit welchen Strategien eine emanzipative Geschlechterpolitik verwirklicht werden kann bzw. welche Instrumente und Methoden es dafür gibt. Zum andern können Gender-Trainings selbsterfahrungsorientierte Reflexionsangebote sein, in denen die Teilnehmenden dafür sensibilisiert werden, eigene, meist unbewusste Geschlechterrollen und -bilder zu erkennen und zu hinterfragen. Beide Formen der Gender-Trainings stellen wichtige Ergänzungen für die – an der strukturellen Ebene ansetzenden – Strategien des Gender Mainstreaming dar, indem sie auf individueller Ebene bei Teammitgliedern und Führungskräften Wissen vermitteln, aber auch zur Auseinandersetzung mit eigenen Einstellungen anregen und so Voraussetzungen für die Akzeptanz struktureller Veränderungen schaffen.

Gender Budgeting

Das „Gender Budgeting" geht auf einen Beschluss des Europäischen Parlaments im Juli 2003 zurück, der öffentliche Stellen verpflichtet, ihre Haushalte unter geschlechtsspezifischen Gesichtspunkten aufzustellen. Gemäß dem Beschluss sind die Mitgliedsstaaten aufgefordert, „die Auswirkungen von makroökonomischen und ökonomischen Reformpolitiken und der Anwendung von Strategien, Mechanismen und Korrekturmechanismen zur Beseitigung geschlechterspezifischer Ungleichgewichte in Schlüsselbereichen auf Männer und Frauen zu überwachen und zu analysieren, um einen breiteren wirtschaftlichen und sozialen Rahmen zu schaffen, in dem Gender Budgeting positiv umgesetzt werden kann" (Altgeld et al. 2017).

Damit ist Gender Budgeting Bestandteil des GM, das die gleichstellungsrelevante Verteilung von Ressourcen bewertet. Zu diesen zählen insbesondere Geld, Zeit, bezahlte bzw. unbezahlte Arbeit. Das Ziel von Gender Budgeting ist die Gleichstellung von Frauen und Männern bei der Ressourcenverteilung. Ein solchermaßen umfassendes Verständnis von Gender Budgeting ist notwendig, damit eine in sich schon genderdiskriminierende Beschränkung auf die Ressource Geld vermieden und die meist von Frauen erbrachten Reproduktionsleistungen berücksichtigt werden (vgl. Abschnitt 5.3.3). Gerade diese unbezahlten Reproduktionsleistungen laufen ansonsten Gefahr, übersehen zu werden. Im Rahmen eines DGM-Kreislaufs kann Gender-Budgeting sowohl im Rahmen der kennzahlengestützten Vorab-Analyse als auch im Rahmen der Ergebnisevaluation eingesetzt werden.

Gender Planning

Ursprüngliches Ziel des Gender Planning ist die Umsetzung von GM in der räumlichen Planung. Das Instrument hilft Planer*innen, ein Projekt während der Entwicklungs- und Umsetzungsphase daraufhin zu überprüfen, ob in den Vorhaben die unterschiedlichen Sichtweisen von Frauen und Männern berücksichtigt sind bzw. ob die künftige Nutzung von Stadtteilen, Gebäuden, öffentlichen Räumen oder Verkehrswegen Frauen und Männern gleichermaßen gerecht wird. Bei der Maßnahmenbewertung wird zwischen horizontaler und vertikaler Chancengleichheit unterschieden. Horizontale Chancengleichheit ist dann anzustreben, wenn beide Geschlechter die gleichen Bedürfnisse haben. Sie sollen dann auch gleiche Angebote bekommen. Wenn die Geschlechter dagegen unterschiedliche Bedürfnisse haben, brauchen sie geschlechtsspezifische Angebote. In diesem Fall ist das Ziel die vertikale Chancengleichheit (Altgeld et al. 2017).

Auch im betrieblichen Bereich kann Gender-Planning zum Einsatz kommen – etwa wenn Gebäude neu- oder umgebaut oder Bereiche umstrukturiert werden. Hierbei ist es sinnvoll, Gender Planning bereits in der Konzeptionsphase des Vorhabens anzusiedeln.

8.3.4 Spezifische Interventionen mit dem Ziel der Vereinbarkeit von Beruf und Care-Aufgaben

Wie an mehreren Stellen dieses Bandes deutlich geworden ist, stellt die Vereinbarkeit von Erwerbstätigkeit und Care-Aufgaben für viele Menschen eine kontinuierliche Herausforderung dar. Für die Betroffenen ist sie oft ein ausschlaggebendes Argument für die Aufnahme einer Teilzeittätigkeit – mit entsprechenden Konsequenzen für Einkommen und Risikoabsicherung. Besonders brisant war die Situation zu Beginn der Corona-Pandemie Anfang 2020, als die Betreuung bzw. der Unterricht in Kindertageseinrichtungen und Schulen weitestgehend eingestellt wurde (Fuchs-Schündeln/Stephan 2020). Aufgrund der traditionellen Rollenverteilung waren und sind Frauen von entsprechenden Konflikten besonders stark betroffen. Vor diesem Hintergrund erscheint es geboten, im Rahmen eines DGM auch das Thema „Vereinbarkeit" zu fokussieren. Einige zentrale Maßnahmen zur Vereinbarkeit werden nachfolgend aufgeführt, wobei die Überschriften auf ihre Zuordnung zum DGM-Zyklus hinweisen. Der Abschnitt schließt mit einem Hinweis auf die Möglichkeit zur Teilnahme am Zertifizierungsangebot der Service GmbH berufundfamilie.

Commitment und Betriebsvereinbarung

Wie in Kapitel 7 ausgeführt, ist es eine Aufgabe von Betriebs- und Personalrät*innen, auf das Thema Vereinbarkeit von Familie und Erwerbsleben hinzuwirken. Als verbindliche Basis für entsprechende Regelungen empfiehlt es sich, eine entsprechende Betriebs- bzw. Dienstvereinbarung abzuschließen.

Bedarfsanalyse

In der Regel ist auf Basis der vorhandenen Personaldaten im Betrieb nicht erkennbar, welche Mitarbeitenden parallel zu ihrer Arbeit Care-Aufgaben erbringen und wie dringlich der Bedarf an Unterstützung ist. Insbesondere die Pflege älterer und hilfebedürftiger Angehöriger scheint oft noch ein Tabuthema im Arbeitskontext zu sein (z. B. Suhr 2013). Daneben kann die Betreuung von Kindern mit dringenden Unterstützungsbedarfen einhergehen, etwa im Fall von Alleinerziehenden. Aber auch Väter, die sich gern stärker in die Erziehung ihrer Kinder einbringen würden, dabei aber die Sorge haben, dass ihre beruflichen Leistungen von Kolleg*innen und Vorgesetzten deswegen als schlechter wahrgenommen werden, haben oft entsprechende Unterstützungswünsche. Die Beispiele machen deutlich, dass eine spezifische Analyse des vorhandenen Bedarfs in Form einer Mitarbeitendenbefragung oft notwendig ist. Regelmäßige Wiederholungen entsprechender Bestandsaufnahmen können zur Weiterentwicklung der Familienfreundlichkeit beitragen und zur Evaluation der bisherigen Aktivitäten genutzt werden.

Interne und externe Kommunikation

Hat sich ein Unternehmen einmal dazu entschlossen, eine Kultur der Familienfreundlichkeit zu etablieren und zu pflegen, ist es sinnvoll, dieses positive Bild nach innen und außen zu kommunizieren. Eine Möglichkeit, sich als attraktive*r Arbeitgeber*in zu präsentieren, besteht darin, in Stellenausschreibungen auf entsprechende Angebote hinzuweisen und so für Bewerber*innen attraktiv zu sein.

Im Rahmen der internen Kommunikation mit den Beschäftigten kommt Familienfreundlichkeit etwa dadurch zum Tragen, dass Teamleiter*innen Vereinbarkeitsthemen im Rahmen regelmäßiger Mitarbeitendengespräche thematisieren. Daneben können Kommunikationswege wie Intranet, Schwarzes Brett, Firmennachrichten oder Events genutzt werden, um über Vereinbarkeitsangebote im Unternehmen zu informieren.

Führungsförderung

Bei der Umsetzung von Maßnahmen zur Vereinbarkeit von Beruf und Familie kommt den Führungskräften auf den mittleren und unteren Führungsebenen ein maßgebliches Erfolgspotenzial zu: durch ihren direkten Kontakt mit den Beschäftigten können sie Unterstützungsbedarfe am ehesten wahrnehmen, aktuelle Wünsche abfragen und konkrete Angebote machen. Auch hat das eigene Verhalten in Bezug auf ein ausgewogenes Verhältnis von Beruf und Familie Modellcharakter und senkt die Hemmschwelle für Mitarbeiter*innen, diesbezügliche Bedarfe anzusprechen.

Maßnahmen im Rahmen der familienfreundlichen Arbeitszeitgestaltung

- *Teilzeit:* Wie in Kapitel 3 ausgeführt, werden Teilzeitangebote in der Mehrzahl von Frauen genutzt, besonders dann, wenn Kinder betreut, oder Angehörige gepflegt werden müssen. Gleichzeitig wünschen sich heute auch viele Männer, sich stärker im Carebereich engagieren zu können und sind an der Reduzierung von Arbeitszeiten interessiert (Juncke et al. 2021). Wenn Familienaufgaben dagegen wegfallen oder sich die Lebenssituation ändert, wollen viele Teilzeitbeschäftigte wieder mehr arbeiten. Eine familien- und lebensphasenorientierte Personalpolitik bietet Chancen, stellt aber Unternehmen häufig vor Herausforderungen. Aus diesem Grund ist es sinnvoll, wenn Unternehmen entsprechende Arbeitszeitbedürfnisse und -pläne frühzeitig ansprechen, um Stellenpläne danach ausrichten zu können.

- *Schichtarbeit:* Eine familienfreundliche Gestaltung von Schichtarbeit lässt sich z. B. durch Jobsharing erreichen. Dabei teilen sich Kolleg*innen mit ähnlichen Vereinbarungswünschen ihre Schichten oder sie stimmen sich hinsichtlich der Gestaltung anderweitig ab. Auch Zeitkonten sind bei Schichtarbeit möglich, indem durch Sonderschichten, Überstunden oder Ausgleichszeiten Zeitguthaben aufgebaut und entweder stunden-, tage- oder wochenweise wieder abgebaut werden.
- *Arbeitszeitkonten:* Neben der Möglichkeit, flexibel auf Auftragsschwankungen reagieren und die Belegschaft bedarfsgerecht einsetzen zu können, stellen Arbeitszeitkonten geeignete Instrumente dar, die Vereinbarkeit von Beruf und Familie zu erleichtern. Beschäftigte können durch Überstunden oder Sonderschichten Zeit ansparen, um diese für Familienaufgaben nutzen zu können. Umgekehrt können auch Minusstunden angesammelt und später abgearbeitet werden. Wichtig dabei ist ein transparentes Zeiterfassungssystem sowie eine entsprechende Betriebsvereinbarung.
- *Homeoffice und mobile Arbeit:* Die Corona-Pandemie hat gezeigt, dass viele Aufgaben gut von zu Hause erledigt werden können. Auch die Einrichtung eines Telearbeitsplatzes kann die Vereinbarkeit erleichtern. Neben der Eignung der Arbeitsaufgabe für mobile Arbeit und der ergonomischen Gestaltung des Telearbeitsplatzes ist es wichtig, die Arbeit so zu organisieren, dass der regelmäßigen Live-Kontakt mit den Kolleg*innen und Führungskräften aufrechterhalten bleibt und sich Beschäftigte nicht „abgekoppelt“ oder ausgegrenzt fühlen.

Maßnahmen in Form von Kinderbetreuungsangeboten

Neben der Etablierung einer eigenen Betriebskindertageseinrichtung, die meist nur größeren Unternehmen möglich ist, gibt es auch für kleinere Betriebe Möglichkeiten der Unterstützung. Betriebe können sich beispielsweise an den Betreuungskosten beteiligen, oder für Ausnahmefälle (Ausfall der üblichen Betreuung) den Aufenthalt des Kindes im Betrieb gestatten. Auch eine Erkrankung von Kindern ist für viele Eltern eine Herausforderung, die sich abmildern lässt, wenn Unternehmen hier über die gesetzliche Freistellung hinaus zusätzliche Gleitzeitregelungen, Freischichten, Arbeitszeitkonten oder Homeoffice-Möglichkeiten eröffnen. In den Ferien, in denen oftmals Schließzeiten von Betreuungseinrichtungen überbrückt werden müssen, können Unternehmen ihre Beschäftigten unterstützen, indem sie durch Kooperation mit lokalen Institutionen wie Jugendämtern, Kirchen, Vereinen Ferienprogramme anbieten.

Maßnahmen in Form von Beratung und Vermittlung

- *Familiendienste:* Unternehmen können ihre Beschäftigten u. a. dadurch unterstützen, dass sie ihnen bei der Suche nach Betreuungslösungen behilflich sind. Eine Vermittlung privater oder öffentlicher Anbieter*innen von Familiendiensten (Babysittern, Tagesmüttern, Au-Pairs) oder Beratung zu Vermittlungsangeboten stellen hier geeignete Möglichkeiten dar.
- *Pflegelotsen:* Viele Angehörige wissen nicht, welche der in Abschnitt 7.3.3 aufgeführten Unterstützungsansprüche sie im Pflegefall haben. Unternehmen können Beschäftigten Zugang zu entsprechenden Informationen, Beratungs- oder Unterstützungsangeboten verschaffen, indem sie Ansprechpersonen im Betrieb benennen, die möglichst eigene Erfahrungen mit einer Pflegesituation gemacht haben. Für diese Ansprechpersonen empfiehlt sich eine Weiterbildung zum betrieblichen Pflegelotsen oder Pflegeguide. Bei Bedarf vermitteln sie auch Kontakte zu Beratungsstellen und Dienstleistern.
- *Haushaltsnahe Dienstleistungen:* Haushaltsnahe Tätigkeiten werden in der Regel von den Auftraggebenden privat finanziert. Arbeitgeber*innen können aber unterstützen, indem sie ihren Beschäftigten Zugang zu professionellen Dienstleistungsanbietenden verschaffen und sie mit einem steuerfreien Zuschuss entlasten.

Audit berufundfamilie GmbH

Mit dem Ziel, Unternehmen, Institutionen und Hochschulen bei der Umsetzung einer familien- und lebensphasenbewussten Personalpolitik zu beraten und familiengerechte Forschungs- und Studienbedingungen zu fördern, hat die gemeinnützige Hertie-Stiftung das Audit berufundfamilie initiiert. Mit diesem Dienstleistungsangebot soll eine nachhaltige Verankerung von Maßnahmen zur Vereinbarkeit von Beruf, Studium und Familie ermöglicht werden. Das Audit versteht sich als strategisches Managementinstrument für die Verwirklichung der genannten Ziele und umfasst das in Abbildung 41 (nächste Seite) dargestellte, mehrstufige Verfahren, das deutliche Parallelen zum DGM-Prozess aufweist und sich demnach gut in diesen integrieren lässt.

8.3.5 Spezifische Interventionen im Zusammenhang mit der Herkunft von Beschäftigten

Bedeutung der betrieblichen Integration

Angesichts aktuell bestehender Fachkräfte-Engpässe wird die Anwerbung und Beschäftigung aus dem Ausland für viele Betriebe ein immer wichtigeres

Abb. 41: Ablauf der Zertifizierung für das Audit berufundfamilie der Hertie GmbH (eigene Darstellung in Anlehnung an berufundfamilie 2022)

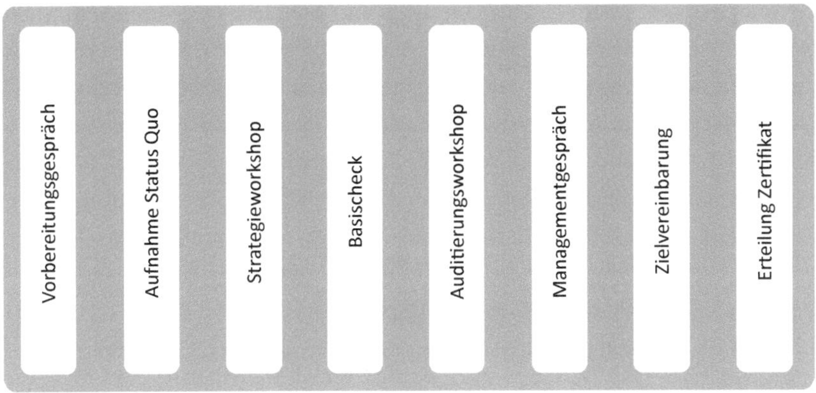

Thema. Neben einer Reihe rechtlicher Regelungen, die von Arbeitgebenden bei einer Beschäftigung ausländischer Fachkräfte zu berücksichtigen sind, ist eine systematische und bedürfnisorientierte Organisation des Integrationsprozesses *die* wesentliche Voraussetzung dafür, dass sich die Mitarbeiter*innen an ihrem neuen Arbeitsplatz wohl-, dem Betrieb zugehörig fühlen und den Wunsch verfolgen, dauerhaft dort zu verbleiben. Nicht nur sprachliche und institutionelle Barrieren erschweren es oftmals, dass sich Menschen mit Migrationserfahrung an ihrem neuen Arbeitsort willkommen fühlen; darüber hinaus können kulturelle Differenzen sowie unzureichendes gegenseitiges Wissen über diese das Gefühl der Zugehörigkeit erheblich behindern und zum Abbruch der Zusammenarbeit führen. Das Management migrationsbezogener Vielfalt stellt sich daher als besondere Herausforderung dar und erfordert eine sorgfältige, umfassende, bedürfnisorientierte und systematische Planung und Umsetzung.

Stelle eines/einer Integrationsbeauftragten

Im Zusammenhang mit der Schaffung von Strukturen im Kontext des DGM-Zyklus ist es für die Belange einer kulturbezogenen Schwerpunktsetzung empfehlenswert, die Stelle eines/einer Integrationsbeauftragten bzw. Integrationsmanager*in zu schaffen. Zu den Aufgaben einer solchen Position zählt die Planung und Umsetzung sämtlicher Maßnahmen, die es den neuen Arbeitnehmenden erleichtert, im Unternehmen Fuß zu fassen. Dazu gehört zunächst die Erstellung eines Einarbeitungsplans – gemeinsam mit den Bereichsvorgesetzten und den Betroffenen, sowie ferner die Weitergabe von Informationen zu notwendigen Behördengängen, zu Anerkennungsverfahren der im Ausland erworbenen Qualifikationen. Die Unterstützung von Familienangehörigen bei der Suche nach einem Arbeitsverhältnis, die Weitergabe von Informationen zu geeigneten Kindertageseinrichtungen und Schulen, die Vermittlung von Sprachkursen und die Unterstützung bei der Wohnungssuche zählen ebenfalls zum Verantwortungsprofil von Integrationsbeauftragt*innen. Weitere Aufgaben bestehen darin, unterstützende Maßnahmen im Unternehmen zu etablieren und zu koordinieren, wie z. B. die Organisation von Schulungen für Führungskräfte, die Etablierung eines Pat*innenkonzepts im Unternehmen sowie die Evaluation der unternommenen Integrationsbemühungen. Bezogen auf den DGM-Zyklus zählt die Schaffung der Stelle eines/einer Integrationsbeauftragten zur Phase der Strukturbildung. Je nachdem, wie groß das Unternehmen ist, wie vielfältig die Aufgaben und wie weit das DGM bereits vorangeschritten ist, können diese Aufgaben eines/einer Integrationsbeauftragten von DGM-Koordinator*innen mit übernommen, oder aber von verschiedenen Stellen ausgeübt werden. Im letzteren Fall sollten die entsprechenden Personen eng zusammenarbeiten.

Erstellung eines Integrationskonzepts

Spätestens im Anschluss an die Beauftragung eines/einer Integrationsmanager*in ist es an der Zeit, ein mittelfristiges Integrationskonzept zu erstellen. Dieses enthält aus dem Leitbild abgeleitete, strategische Ziele, eine allgemeine Übersicht über die Aufeinanderfolge der im Rahmen des Integrationsmanagements notwendigen Schritte sowie deren geplante Dauer und voraussichtliche Kosten. Zu den Prozessschritten zählt vor allem die Bildung einer Integrationsgruppe, bestehend aus den Führungskräften der Bereiche, in denen das Konzept verwirklicht werden soll sowie allen Personen, die mit dem Thema Integration im Unternehmen befasst sind oder über spezifische Kenntnisse verfügen. Im Konzept sollten die Aufgaben des Gremiums, die Rollen der Teilnehmenden, die Regeln der Zusammenarbeit sowie die Häufigkeit der Treffen festgelegt werden. Weitere Bestandteile des Konzepts beziehen sich auf das methodische Vorgehen und die Ziele der Bedarfserhebung, den Umgang mit den Ergebnissen, die Details der Maßnahmenplanung sowie die Art und Weise der Evaluation. Ergänzend zu den spezifischen Wünschen und Vorstellungen der Beschäftigten mit und ohne Migrationserfahrung, die zu einem späteren Zeitpunkt partizipativ ausgearbeitet werden, gibt es im Integrationsmanagement eine Reihe von Interventionen, die sich bewährt haben und daher bereits in der Konzeptionsphase mitbedacht werden können. Die wichtigsten Ansätze werden in den folgenden Abschnitten beschrieben.

Führungskräfte-Trainings zur Förderung der interkulturellen Kompetenz

Führungskräfte sind aufgrund ihrer besonderen Verantwortung für eine gelingende Zusammenarbeit in (interkulturellen) Teams sowie für die damit in Zusammenhang stehende erfolgreiche Integration von Mitarbeiter*innen aus dem Ausland besonders herausgefordert, mit interkulturellen Differenzen konstruktiv umzugehen. Ähnlich wie für die in Abschnitt 8.3.3 beschriebenen Gendertrainings gilt auch für die Förderung der interkulturellen Kompetenz, dass diese auf einer kognitiven wie auch der emotionalen Ebene ansetzen sollte. Während es im ersten Fall darum geht, die Gewohnheiten, Rituale und Kommunikationsmuster anderer Kulturen kennen und verstehen zu lernen, damit Irritationen und Missverständnisse möglichst vermieden werden, ist es im zweiten Fall das Anliegen, andere kulturelle Hintergründe zu akzeptieren und eigene kulturelle Standards zu relativieren. Harms et al. (2010) empfehlen hierfür die Durchführung von Rollenspielen und Simulationen mit dem Ziel, Handlungsstrategien für den eigenen Arbeitskontext zu entwickeln.

Patenschafts- und Mentoringprogramme

Oft werden die Begriffe Mentoring und Patenschaft synonym verwendet und in der Tat sind die Grenzen fließend. Beide Modelle stimmen darin überein, dass sie eine 1:1-Betreuung vorsehen, bei der eine Person die Aufgabe der Beratung innehat. Dennoch gibt es zwischen beiden Ansätzen fundamentale Unterschiede (Rahnfeld 2019: 59 ff.).

So steht beim Mentoring die Beratung in einer neuen Lebensphase durch eine Person mit mehr Lebenserfahrung im Mittelpunkt. Ein Mentoringprogramm stellt bestimmte Themen in den Mittelpunkt. Die Mentoren und Mentorinnen werden entsprechend vorbereitet und das Programm wird professionell begleitet. Die Beratungsinhalte eines Mentoringprogramm liegen weniger in der Einführung und Unterstützung alltäglicher Aufgaben. Vielmehr stehen Themen des kollegialen Austauschs im Mittelpunkt. So werden beispielsweise in einem Mentoringprogramm für international angeworbene Pflegefachkräfte ggf. auch kulturell, religiös oder ethnisch verstandene Unterschiede thematisiert (DFK/KDA 2021; Rahnfeld 2019: 61).

Patenschaftsmodelle dagegen eigenen sich insbesondere für die Begleitung während der Einarbeitungsphase neuer Mitarbeitender. Pat*innen kommen idealerweise aus demselben Team und sind auf der gleichen Hierarchieebene angesiedelt, wie die neue Kraft. Pat*innen übernehmen ihre Aufgabe freiwillig und begleiten neue Kolleg*innen ab dem ersten Arbeitstag für mindestens sechs Monate, bei Bedarf auch länger. Sie zeigen und erklären die formalen Abläufe und Prozesse am jeweiligen Arbeitsplatz und soweit möglich im ganzen Unternehmen. Sie helfen dabei Anschluss an das Team zu finden und klären über informelle Regeln auf. Anfangsunsicherheiten und Ängste bei den neuen Mitarbeitenden können so leichter abgebaut, mögliche Sprachbarrieren leichter ausgeglichen werden. Ausgrenzung wird erschwert. Diese Art der Willkommenskultur hilft dabei, die unternehmensangemessene Einarbeitung zu erleichtern, als auch dabei, auf Seiten der neuen Kraft einen individuellen Lernprozess zu ermöglichen (DFK/KDA 2021; Rahnefeld 2019: 59 f.).

Gesundheitslots*innen

Beschäftigten mit Migrationserfahrung sind viele Regeln, Aufgaben und Angebote in Unternehmen – etwa im Arbeitsschutz oder hinsichtlich Beteiligungsmöglichkeiten im BGM u. a. m. – oftmals nicht bekannt. Gesundheitslots*innenansätze wollen hier Abhilfe schaffen, indem sowohl engagierte inländische als auch Beschäftigte mit Migrationserfahrung im Unternehmen zu sogenannten interkulturellen betrieblichen Gesundheitslots*innen ausgebildet werden. Ihre Aufgabe ist es, Strukturen, Anforderungen, Rechte und Angebote des Arbeitsschutzes und der Gesundheitsförderung durch muttersprachliche und kultursensible Informationen und Hilfestellungen zu vermitteln und Beteiligung zu fördern (Harms et al. 2010).

Solche Lots*innen müssen für ihre Aufgaben geschult werden, wobei neben den Fachinhalten zu den Grundlagen des Arbeitsschutzes und des BGM auch kulturelle Kompetenzen vermittelt und die Auseinandersetzung mit der eigenen Rolle angeregt werden sollten. Zu den Beratungsinhalten der Lots*innen zählt neben der Aufklärung der genannten Inhalte die persönliche Kontaktanbahnung zwischen den neuen Beschäftigten und wichtigen Ansprechpartner*innen im Betrieb, wie z. B. den Fachkräften für Arbeitssicherheit, den Betriebsmediziner*innen, den Vertreter*innen des Betriebsrates und weiteren Funktionstragenden. Daneben empfehlen Harms et al. (2015) die Gewinnung von Beschäftigten mit Migrationserfahrung als Sicherheitsbeauftragte.

Vermeidung struktureller Diskriminierung

Wie Uslucan und Yalcin (2012) ausführen, gibt es belastbare empirische Belege für die Annahme, dass die Einstellungspraxis vieler Entscheidungstragender in Unternehmen von negativen Stereotypen über Migrant*innen beeinflusst wird. Daher ist es im Sinne einer erfolgreichen Arbeitsmarktintegration von Menschen mit Migrationshintergrund wichtig, dass sie diese erste Hürde überwinden und die Möglichkeit bekommen, sich auf dem Arbeitsmarkt zu beweisen.

Eine Möglichkeit, Menschen mit Migrationserfahrung den Zugang zum

Arbeitsmarkt zu erleichtern, stellen anonymisierte Bewerbungsverfahren dar. Bei solchen Verfahren steht die tatsächliche Qualifikation der Bewerbenden im Fokus, indem grundsätzlich standardisierte Bewerbungsformulare verwendet werden. Auf Fotos, Zeugnissen oder andere Angaben, die Rückschlüsse auf Geschlecht, Alter, Herkunft oder Familienstand ermöglichen, wird zunächst verzichtet. Auf diese Weise bekommen auch Menschen mit Migrationshintergrund eine faire Chance, sich unter Beweis zu stellen. Die Umsetzung der anonymisierten Bewerbungen liegt in der Hand der Unternehmen, deren Interesse vor allem darin bestehen sollte, offene Stellen mit den fähigsten Personen zu besetzen – unabhängig von etwaigen Vorlieben oder Vorurteilen der Personalverantwortlichen.

8.3.6 Spezifische Interventionen im Zusammenhang mit der Inklusion von Menschen mit Behinderungen und chronischen Erkrankungen

Vereinzelt vorliegende, empirische Befunde legen die Vermutung nahe, dass die Bereitschaft vieler Arbeitgebender, Menschen mit Behinderungen zu beschäftigen, von der Sorge begleitet ist, dass letztere den gegebenen und evtl. steigenden Leistungsanforderungen nicht gewachsen sein könnten, oder dass häufige krankheitsbedingte Ausfälle Unzufriedenheit in den Teams hervorrufen könnten, wenn Arbeit von Kolleg*innen mit übernommen werden muss (z. B. An et al. 2011). Insofern sind Interventionen und Programme, die dazu dienen, positive Erfahrungen mit der Beschäftigung von Menschen mit Behinderungen und chronischer Erkrankung zu generieren, von erheblicher Bedeutung. Die folgenden Ausführungen stellen einige dieser Programme vor.

Betriebliches Eingliederungsmanagement

Wie in Abschnitt 7.3.4 erläutert, sind Arbeitgebende seit dem 1. Mai 2004 verpflichtet, bei längerer bzw. häufigerer krankheitsbedingter Abwesenheit von Beschäftigten, den Ursachen der Arbeitsunfähigkeit nachzugehen, künftige Arbeitsunfähigkeitszeiten zu vermeiden bzw. zu verringern und mit den Betroffenen klären, wie der Arbeitsplatz erhalten und die Beschäftigungsfähigkeit wiederhergestellt werden kann. Bei der praktischen Umsetzung der Wiedereingliederung von Beschäftigten nach langer krankheitsbezogener Abwesenheit ist grundsätzlich zwischen dem fallbezogenen Prozess und der Organisation auf betrieblicher Ebene zu unterscheiden, die erforderlich ist, um fallbezogene Prozesse systematisch und professionell zu realisieren.

Der fallbezogene Prozess

Wie Abbildung 42 deutlich macht, unterteilt Seel (2017: 292) den BEM-Prozess in sieben Phasen.

Abb. 42: Vorgehen bei der Umsetzung von BEM im Einzelfall (eigene Darstellung nach Seel 2017: 287)

1. Feststellung der Arbeitsunfähigkeit von mehr als sechs Wochen
2. Erstkontakt mit der/dem betroffenen Mitarbeiter*in
3. Erstgespräch mit der/dem betroffenen Mitarbeiter*in
4. Fallbesprechung: Erörterung von Handlungsbedarf u. Unterstützungsmöglichkeiten
5. Vereinbarung konkreter Maßnahmen der betrieblichen Eingliederung
6. Umsetzung der Maßnahmen
7. Wirksamkeitsprüfung

Eine zentrale Rolle bei einem gelingenden BEM-Prozess spielt das Vertrauen der betroffenen Person in die Eingliederungsbereitschaft des Betriebs. Ohne dieses Vertrauen ist es schwierig, die erforderliche Zustimmung und Mitwirkung herzustellen. Daher ist es wichtig, dass beim Erstkontakt zu der betroffenen Person ausreichende, verständliche und sachliche Informationen hinsichtlich der Zielsetzung, des Ablaufs und des Datenschutzes im BEM-Prozess vermittelt werden. Lange (2011: 70) empfiehlt, für den Erstkontakt die schriftliche Form zu wählen, weil dadurch ein standardisiertes Vorgehen für alle Betroffenen sichergestellt werden kann. Ferner empfiehlt sie, dass eine Person aus dem BEM-Team als BEM-Berater*in zur Verfügung steht, um die betroffene Person während des gesamten Prozesses zu begleiten. Wenn diese*r BEM-Berater*in von der betroffenen Person selbst gewählt werden darf, erhöht dies die Akzeptanz des Verfahrens erheblich. Das Erstgespräch mit dieser*m BEM-Berater*in hat bezüglich der Klärung offener Fragen sowie den Vertrauensaufbau einen bedeutenden Stellenwert. An der Fallbesprechung nehmen alle Mitglieder des BEM-Teams teil. Neben dem bzw. der BEM-Berater*in sind dies in der Regel der*die Betriebsmediziner*in, die direkte Führungskraft, die Beschäftigtenvertretung, ggf. die Schwerbehindertenvertretung, die Fachkraft für Arbeitssicherheit und ein*e Vertreter*in der Personalverwaltung. Je nach Bedarf kann es im Einzelfall sinnvoll sein, externe Partner*innen – insbesondere die Rehabilitationsträger*innen – hinzuzuziehen. Inhaltlich umfasst die Situationsanalyse die Gegenüberstellung von Anforderungsprofil (Arbeitsplatzanforderungen) und Fähigkeitsprofil (Leistungsfähigkeit und Ressourcen der betroffenen Person). Aus möglichen Diskrepanzen zwischen beidem werden die erforderlichen Maßnahmen abgeleitet. Dabei sollte sich die Rangfolge der Maßnahmen am Erhalt des Arbeitsplatzes orientieren. Erst wenn dieser nicht möglich ist, kommen weitere Veränderungen wie Angebot eines vergleichbaren Arbeitsplatzes, Versetzung auf einen fähigkeitskonformen Arbeitsplatz oder die Schaffung eines fähigkeitsgerechten Arbeitsplatzes in der genannten Reihenfolge in Frage. Um sicherzustellen, dass festgelegte Maßnahmen nicht im Sand verlaufen, sondern kontinuierlich evaluiert und ggf. angepasst werden, ist es wichtig, dass der bzw. die Betroffene kontinuierlich begleitet und ein Abschlussgespräch im BEM-Team durchgeführt werden. Letzteres umfasst die Entscheidungsfindung zur Beendigung des BEM. Diese ist Bestandteil der Ergebnissicherung und sorgt für einen ausreichenden Informationsfluss.

BEM als betriebliches Managementsystem

Wenn – wie in größeren Betrieben – BEM-Prozesse häufiger umzusetzen sind, empfiehlt Seel (2017) die Etablierung eines betrieblichen Managementsystems, das Prozesse standardisiert und durch die wiederholte Beteiligung derselben Akteur*innen Professionalität durch Erfahrungslernen sichert. Dabei ist es wichtig, die Verantwortlichkeiten für den Prozess insgesamt, sowie für einzelne Prozessschritte festzulegen. Laut Seel (2017: 290f.) sollte ein entsprechend standardisiertes Verfahren Regelungen zu folgenden Punkten vorsehen:

1. Ablauf von BEM-Prozessen
2. Verantwortlichkeiten für den Prozess sowie für einzelne Teilschritte
3. Mitwirkungspflichten der betroffenen Beschäftigten
4. Sicherstellung des Datenschutzes
5. Ergebniskontrolle, Evaluation der Fälle mit dem Ziel der Ableitung von Verbesserungspotenzialen für die betriebliche Gesundheitssituation
6. Dokumentationsformen und -pflichten.

Anknüpfungspunkte des BEM an das DGM

Angesichts der Tatsache, dass zum BEM-Team ein Großteil der Personen zählen, die auch im Steuerkreis eines DGM vertreten sind, liegt es nahe, die Synergien beider Prozesse zu nutzen. Eine prominente Schnittstelle zwischen beiden Systemen besteht in der Erkenntnisgewinnung über sich häufende Ursachen für BEM-Fälle bzw. Langzeiterkrankungen. Werden diese im Rahmen eines standardisierten BEM-Systems gezielt erfasst, gesammelt und ausgewertet, lassen sich Ursachenprofile für typische krankheitsfördernde Konstellationen erstellen, die im Rahmen eines DGM zum Diskussionsthema sowie zum Gegenstand von Veränderungen gemacht werden können. Auf diese Weise lässt sich ein kontinuierlicher Verbesserungsprozess der betrieblichen Arbeitsbedingungen realisieren.

Unterstützte Beschäftigung

Eine vielversprechende und sowohl für Arbeitgebende als auch Arbeitnehmende gleichermaßen entlastende Möglichkeit, Menschenmit Behinderungen in den Betrieb zu inkludieren, ist die „Unterstützte Beschäftigung". Die dabei vorgesehene, professionelle Begleitung des Beschäftigungsverhältnisses trägt dazu bei, dass auf beiden Seiten Vorbehalte abgebaut, eine Beschäftigung erprobt und bei Konflikten oder Missverständnissen auf eine vermittelnde Instanz zurückgegriffen werden kann. Die Ziele der unterstützten Beschäftigung liegen demnach in der Ermöglichung und Erhaltung einer angemessenen, geeigneten und sozialversicherungspflichtigen Beschäftigung. Nutzer*innen einer unterstützten Beschäftigung sind insbesondere

- Menschen mit Behinderungen, die nach dem Besuch einer Förderschule keinen Ausbildungsplatz gefunden haben,
- Menschen mit Behinderungen, die aus einer Werkstatt für behinderte Menschen (WfbM) auf den allgemeinen Arbeitsmarkt wechseln wollen,
- Menschen, die erst als Erwachsene eine Behinderung bekommen haben und einen Wechsel in eine WfbM vermeiden wollen.

Das Vorgehen gliedert sich in drei Phasen, bestehend aus einer Erprobungsphase, einer zweijährigen, ausnahmsweise dreijährigen individuellen Qualifizierung direkt im Betrieb sowie einer anschließenden, erforderlichenfalls langfristigen Berufsbegleitung.

Die Erprobungsphase dient der allgemeinen Berufsorientierung und umfasst Probearbeiten, eine Eignungsdiagnostik, die Suche nach geeigneten Qualifizierungsplätzen und die Feststellung des Unterstützungsbedarfs.

Ziel der individuellen betrieblichen Qualifizierung ist, dass die Programmteilnehmenden in Begleitung einer beratenden Person geeignete betriebliche Tätigkeiten erproben und sich auf ein sozialversicherungspflichtiges Beschäftigungsverhältnis vorbereiten. Dabei sollen sie auch berufsübergreifende Lerninhalte und Schlüsselqualifikationen erwerben und ihre Persönlichkeit weiterentwickeln. Die Einarbeitung als individuelle betriebliche Qualifizierung (InbeQ) erfolgt damit bereits auf einem konkreten Arbeitsplatz

Die letzte Phase dient der Stabilisierung, indem das Erlernte an einem konkreten Arbeitsplatz im betrieblichen Alltag angewendet wird, mit der Perspektive, dort dauerhaft zu arbeiten. In dieser Phase steht den Programmnutzer*innen die Berufsbegleitung so lange zu, wie sie diese wegen Art oder Schwere ihrer Behinderung benötigen, um den Arbeitsplatz zu sichern. Dies gilt bei Bedarf ein ganzes Arbeitsleben lang (Betanet 2022; Oschimansky et al. 2018).

8.4 Zwischenfazit zur Umsetzung von DGM

Im vorliegenden Kapitel wurde ein praxisbezogenes Vorgehensmodell für die Umsetzung von DGM in Betrieben präsentiert. Dieses, aus 10 Schritten bestehende Konzept ist grundsätzlich themenoffen formuliert, so dass jedes Unternehmen, das ein DGM initiieren möchte, bei der Umsetzung eigene Schwerpunkte setzen kann. Dies gilt sowohl für die Wahl der zu bearbeitenden Themen als auch für die Ausrichtung auf bestimmte Belegschaftskollektive. Ergänzend zu dem in Teil 8.2 präsentierten idealtypischen Prozessmodell wurden in Teil 8.3 spezifische Interventionsmöglichkeiten zusammengestellt, die sich auf ausgewählte Gruppierungen richten.

Anhand der Ausführungen in Kapitel 8 ist deutlich geworden, dass die Planung, Umsetzung und Evaluation von DGM in Betrieben und Organisationen ein komplexes Vorhaben darstellt, das – wenn es gelingen soll – die Berücksichtigung spezifischer Qualitätsprämissen verlangt. Zu den wichtigsten zählen:

- das Commitment der obersten Entscheidungsverantwortlichen,
- die Ausrichtung am Bedarf der diversen Belegschaften,
- die strukturelle Verankerung durch die Definition von Zuständigkeiten und Verantwortlichkeiten,
- die Unterstützung des unteren und mittleren Managements – sowohl verstanden als Unterstützung der Prozesse *durch* die betroffenen Führungskräfte als auch verstanden als Unterstützung *dieser Personen selbst*,
- die aktive Beteiligung der vielfältigen Beschäftigtengruppen an der Bedarfserhebung sowie der Entwicklung von Maßnahmen,
- ein systematisches und langfristiges Vorgehen.

Gerade für Organisationen, die noch am Anfang der Implementierung eines professionellen DGM stehen, empfiehlt es sich, zunächst überschaubare und realisierbare Ziele zu setzen, abgegrenzte Themen zu bearbeiten oder sich auf ausgewählte Vielfaltsdimensionen zu begrenzen, anstatt sich zu viel auf einmal vorzunehmen und auf halbem Wege zu scheitern. Um ein DGM langfristig erfolgreich betreiben zu können, ist es besser, die Motivation auf allen Ebenen durch kleine aber stetige Erfolge zu befördern, als an zu großen Plänen zu scheitern. Vor allem den Entscheidungsverantwortlichen muss klar sein, dass es sich bei der Umsetzung von DGM nicht um die Verteilung von Gratifikationen an die Beschäftigten handelt, sondern um ein gemeinsames Bemühen aller betrieblichen Ebenen, die eigene Organisation weiterzuentwickeln und hierfür Anstrengungen zu unternehmen.

Ein weiteres – sowohl in Zusammenhang mit Gesundheit wie auch Vielfalt stehendes und vielfach diskutiertes – Thema bezieht sich auf die Frage, wie kleinere und mittlere Unternehmen (KMU) entsprechende Konzepte verwirklichen können. Denn mit abnehmender Unternehmensgröße wird der Umsetzungsgrad von Betrieblichem Gesundheitsmanagement geringer (Faller 2018b), und es gibt Anhaltspunkte, dass dies auch für das Diversity Management gilt (Köppel 2010). Dies lässt darauf schließen, dass in kleineren Betrieben spezifische Hürden gegenüber einer langfristigen, systematischen Implementierung entsprechender Managementsysteme existieren. Zu diesen zählen neben kurzfristigeren Kalkulationshorizonten und limitierteren Budgets auch ein geringerer Personalbestand mit weniger Spezialisierungswissen sowie spontanere Entscheidungen. Gleichzeitig weisen KMU gerade mit Blick auf Gesundheit und die Akzeptanz von Vielfalt auch starke Potenziale auf, etwa eine höhere Interaktionsdichte, eine engere soziale Verbundenheit, ein direkterer Kontakt zwischen den Hierarchieebenen und schnellere Entscheidungen (Haag/Roßmann 2015).

Um dem spezifischen Unterstützungsbedarf in KMU nachzukommen, haben sich im Bereich des betrieblichen Gesundheitsmanagements Netzwerkansätze etabliert, bei denen sich mehrere Unternehmen zusammenschließen und gemeinsam von einer externen koordinierenden und beratenden Institution unterstützt werden. In der Praxis gibt es unterschiedlichste Organisations- und Gestaltungsformationen solcher Netzwerke (Skarabis et al. 2022). Mit entsprechenden Unterstützungsangeboten besteht insofern auch für KMU eine Chance, ein fundiertes Gesundheitsmanagement zu implementieren, das darüber hinaus um Ansätze zugunsten von Vielfalt erweitert werden sollte.

9. Professionelles Handeln im Kontext gesellschaftlicher Verantwortung

Wie der vorliegende Band zeigt, ist die Einführung und dauerhafte Verankerung von DGM keine triviale Angelegenheit. Diese Feststellung gilt nicht nur mit Blick auf die Komplexität des Vorgehens und der dabei zu berücksichtigenden Anforderungen, sondern mehr noch in Bezug auf die Konfrontation mit Unsicherheiten sowie uneindeutigen oder nicht vorhersehbaren Situationen. Wie generell für innovative Projektvorhaben auf Organisationsebene handelt es sich auch bei DGM um ein Interventionsfeld, das sich durch eine eingeschränkte Standardisierbarkeit auszeichnet. Akteur*innen und Entscheidungstragende sind gefordert, mit unerwarteten Situationen umzugehen und hierfür adäquate Lösungen und Bewältigungsstrategien zu entwickeln.

Eine weitere, zentrale Herausforderung geht auf den Umstand zurück, dass im Rahmen des DGM immer wieder Abwägungen zu treffen und Prioritäten zwischen widersprüchlichen Zielen zu setzen sind. Die in diesem Band mehrfach angesprochene Ambivalenz zwischen marktwirtschaftlichen Erwägungen und ethischen Idealen, mit der sich Aktivitäten des Gesundheits- und Diversity-Managements grundsätzlich gegenüber sehen, kann auch der vorliegende Ansatz nicht auflösen. Plädiert wird vor diesem Hintergrund aber dafür, dass Entscheidungen sowohl von Seiten der Verantwortlichen als auch der beratenden und koordinierenden Expert*innen bewusst und auf Grundlage einer kritischen Auseinandersetzung mit den jeweils zugrunde liegenden Prämissen getroffen werden. Um beispielsweise entscheiden zu können, welche Dimensionen von Verschiedenheit im Rahmen des DGM thematisiert werden sollen, welche Formen der Ungleichheit als ungerecht gelten oder welche Konsequenzen aus festgestellten Gesundheitsrisiken gezogen werden, ist es erforderlich, dass die Beteiligten wissen, auf welche Argumentationen, Überzeugungen, Interpretationen und Werte sie sich beziehen.

Dies macht deutlich, dass es für eine adäquate Umsetzung und Gestaltung von DGM nicht ausreicht, dieses lediglich als Problem des „How to do" zu verstehen. Vielmehr weisen die Anforderungen bei der Umsetzung von DGM die Charakteristika professionellen Handelns auf, indem sie ein reflektiertes und bewusstes Vorgehen auf Seite derjenigen einfordern, die DGM Prozesse steuern und koordinieren. Denn „reflexive, wissenschaftsbasierte Professionalität findet ihren Ausdruck sowohl in analytischen als auch in prozesssteuernden

Kapazitäten der Handelnden, deren Autonomie stets situativ in der Bearbeitung des Falls konstituiert bzw. realisiert wird“ (Dewe/Otto 2011: 1144).

Zusätzlich zu den unmittelbar intendierten Veränderungsdynamiken, die professionelles DGM auf Ebene der Organisation erzeugt, kann DGM auch auf weiteren gesellschaftlichen Ebenen wirksam werden. So ermöglicht die betrieblich initiierte Auseinandersetzung mit den Themen Gesundheit und Verschiedenheit auf der individuellen Ebene der mit DGM konfrontierten Beschäftigten neue Erfahrungen, regt Reflexionsprozesse an und motiviert ggf. zu verändertem Handeln. Daneben wirken Organisationen als Intermediäre zwischen Gesellschaft und Individuum und werden als solche nicht nur von ihrer (gesellschaftlichen) Umwelt beeinflusst – sie gestalten sie durch ihre eigene Veränderung auch mit (vgl. Abschnitt 2.3). Am Beispiel der infolge der Corona-Pandemie sprunghaft angestiegenen Verbreitung von mobiler Arbeit und Homeoffice sowie des dadurch erzeugten neuen Verständnisses einer verstärkt eigenverantwortlichen Arbeitsgestaltung wird dies augenfällig. Auch mit Blick auf weitere, hochgradig prominente Themen von Gesundheit und Vielfalt – etwa die Integration von Fachkräften aus dem Ausland – und damit verbundene Fragen des gesellschaftlichen Umgangs mit kulturellen Divergenzen – sind diese Einflussmöglichkeiten von erheblicher Bedeutung.

Gesellschaftliche Einwirkungsmöglichkeiten des DGM bestehen darüber hinaus zu Fragen sozialer und gesundheitlicher Ungleichheit und dem Abbau sozialer Spaltung – indem zum Beispiel in Betrieben über die gängigen Kategorien hinausgehende Diversitätsdimensionen berücksichtigt werden. Wie in Abschnitt 2.2 sowie in Kapitel 3 deutlich wurde, zeigen sich im vermeintlichen Kollektiv der Erwerbstätigen zunehmend Brüche in Form von sozialem Abstieg bis hin zu existenzieller Bedrohung. Nach Dörre (2006) nehmen in der Folge Bedrohungsgefühle auch und gerade in besser situierten Kreisen zu: „Die Angst vor Statusverlust ist ein wichtiger Ursachenherd für Prekarisierungsängste und soziale Desintegration, der innerhalb der ‚Zone der Normarbeit‘ angesiedelt ist“. Die Gefahr, dass sich diese Ängste gegen gesellschaftlich stigmatisierte Outsidergruppen wenden und rechtspopulistischen Orientierungen den Weg bereiten, wird zunehmend sichtbar (Habermas 2022: 21; Heitmeyer 2006; 2018).

Wenn es stattdessen gelingt, mit Hilfe von DGM in Organisationen einen gegen solche destruktive Logiken gerichteten Impuls zu setzen und einen Beitrag zur gesundheitlichen und sozialen Integration zu leisten, ist sehr viel erreicht.

Literatur

Abdul-Hussain S (2006) Gendertheoretische Ansätze. https://erwachsenenbildung.at/themen/gender_mainstreaming/theoretische_hintergruende/gendertheoretische_ansaetze.php

Abels G (o.D.) Gleichstellungspolitik. https://www.bpb.de/kurz-knapp/lexika/das-europalexikon/177021/gleichstellungspolitik/

Abrams D, Hogg MA (2010) Social Identity and Self-Categorization. In: Dovidio J, Hewstone M, Glick P, Esses VM (Eds.) The SAGE Handbook of Prejudice, Stereotyping and Discrimination. London: Sage Publications: 179–193.

Adams R, Reiss B, Serlin D (2015) Disability. In: Adams R, Reiss B, Serlin D (Hrsg.) Keywords for Disability Studies. New York: New York University Press. https://doi.org/10.18574/nyu/9781479812141.001.0001

Alemann Av, Riegraf B, Weber L (2019) Komplexe Ungleichheitslagen in Organisationen: Empirische Beispiele aus dem Themenfeld Gleichstellungs- und Vereinbarkeitspolitiken. In: Seeliger M, Gruhlich J, Intersektionalität, Arbeit und Organisation (Hrsg.). Weinheim/Basel: Beltz Juventa: 84–98.

Allport GW (1954) The nature of predjudice. New York: Basic Books.

Altgeld T (2010) Personelle Vielfalt und BGM – Integration zweier Managementsysteme – geht das? In: Badura B, Schröder H, Klose J, Macco K (Hrsg.) Fehlzeiten-Report 2010: Vielfalt managen: Gesundheit fördern – Potenziale nutzen. Berlin: Springer: 46–56.

Altgeld T (2016) Diversity und Diversity Management/Vielfalt gestalten. In: BzgA (Hrsg.) Leitbegriffe der Gesundheitsförderung und Prävention. https://doi.org/10.17623/BZGA:224-i127-1.0

Altgeld T, Maschewski-Schneider U, Köster M (2017) Geschlechtergerechte Gesundheitsförderung und Gender Mainstreaming. in: BzgA (Hrsg.) Leitbergriffe der Gesundheitsförderung. https://leitbegriffe.bzga.de/alphabetisches-verzeichnis/geschlechtergerechte-gesundheitsfoerderung-und-gender-mainstreaming/

An S, Roessler RT, McMahon BT (2011) Workplace Discrimination and Americans With Psychiatric Disabilities: A comparative Study. Rehabilitation Counseling Bulletin 55 (1): 7–19.

Andrades EM (2016) Zehn Jahre Erfahrungen mit dem AGG in der unabhängigen Antidiskriminierungsberatung. Mit Recht gegen Diskriminierung? In: IQ Fachstelle Interkulturelle Kompetenzentwicklung und Antidiskriminierung (Hrsg.) Alles schon fair? Mit Recht zu einem inklusiven Arbeitsmarkt! Dossier zu 10 Jahren Allgemeines Gleichbehandlungsgesetz (AGG). München.

Antonovsky A (1979) Health, stress and coping. London: Jossey-Bass.

Arndt S (2014) Rassismus und Wissen. In: Hentges G et al. (Hrsg.) Sprache – Macht – Rassismus. Berlin: Metropol: 17–34.

Ashton J, Grey P, Barnard K (1986) Healthy Cities – WHO's New Public Health Initiative. Health Promotion 1 (3), pp 319–324.

Ausschuss für Betriebssicherheit (2015) Gefährdungen an der Schnittstelle Mensch – Arbeitsmittel – Ergonomische und menschliche Faktoren, Arbeitssystem. TRBS 1151. Dortmund/Berlin/Dresden: BAuA.

Aust A, Rock J, Schabram G, Schneider U, Stilling G, Tiefensee A (2018) Wer die Armen sind. Der Paritätische Armutsbericht. Berlin: DPWV.

BA – Bundesagentur für Arbeit (2022a) Entwicklungen in der Zeitarbeit: Berichte: Blickpunkt Arbeitsmarkt (Januar 2022). Nürnberg: BA.

BA – Bundesagentur für Arbeit (2022b) Situation Älterer am Arbeitsmarkt: Berichte: Blickpunkt Arbeitsmarkt (April 2022). Nürnberg: BA.

Bäcker G, Schmitz J (2017) Atypische Beschäftigung in Deutschland. Ein aktueller Überblick. Düsseldorf: Hans-Böckler-Stiftung.

Badura B, Ducki A, Schröder H, Klose, Meyer M (Hrsg.) (2018) Fehlzeiten-Report 2018: Sinn erleben – Arbeit und Gesundheit. Heidelberg: Springer-Verlag.

Badura B, Greiner W, Rixgens P, Ueberle M, Behr M (2008) Sozialkapital. Grundlagen von Gesundheit und Unternehmenserfolg. Heidelberg: Springer.

Badura B, Ritter W, Scherf M (1999) Betriebliches Gesundheitsmanagement. Berlin: edition sigma.

Baitsch C, Nagel E (2014) Organisationskultur – das verborgene Skript der Organisation. In: Wimmer R, Meissner JO, Wolf P (Hrsg.) Praktische Organisationswissenschaft. 2., überarb. u. erw. Aufl. Heidelberg: Carl Auer Verlag: 267–288.

Bakker AB, Demerouti E (2007) The job demands-resources model: state of the art. J Manage Psychol 22: 309–328.

Bakker AB, Demerouti E (2014) Job demands – resources theory. In: Chen PY, Coopers CL (Hrsg.) Work and wellbeing. Wellbeing: a complete reference guide. Bd. III. Chichester: Wiley-Blackwell: 37–64.

Bakker AB, Demerouti E (2017) Job demands – resources theory: Taking stock and looking forward. Journal of Occupational Health Psychology 22 (3): 273–285. https://doi.org/10.1037/ocp0000056

Baretto M, Ellemers N, Fiske ST (2010) „What did you say, and who do you think you are?“ How power differences affect emotional reactions to prejudice. Journal of Social Issues 66 (3): 477–492.

Barthelmes I, Bödeker W, Sörensen J, Kleinlercher K-M, OdoyJ (2019) iga.Report 40. Wirksamkeit und Nutzen arbeitsweltbezogener Gesundheitsförderung und Prävention. Zusammenstellung der wissenschaftlichen Evidenz 2012 bis 2018. Dresden: iga.

BAuA – Bundesanstalt für Arbeitsschutz und Arbeitsmedizin (2016) Arbeitszeitreport Deutschland 2016. Dortmund: Bundesanstalt für Arbeitsschutz und Arbeitsmedizin.

BAuA – Bundesanstalt für Arbeitsschutz und Arbeitsmedizin (2018) BiBB/BAuA-Erwerbstätigenbefragung. https://www.bibb.de/de/65740.php.

BAuA – Bundesanstalt für Arbeitsschutz und Arbeitsmedizin (o. D.) Dokumente zu den einzelnen Berufskrankheiten. https://www.baua.de/DE/Angebote/Rechtstexte-und-Technische-Regeln/Berufskrankheiten/Merkblaetter.html

Bauer J, Hauser A (2006) Prinzip Menschlichkeit: Warum wir von Natur aus kooperieren. Hamburg: Hoffmann und Campe.

BDA – Bundesvereinigung der Deutschen Arbeitgeberverbände (2021) Arbeitsforschung 2021+: Welche Forschungsfragen bewegen die Arbeitgeber und wie sieht die Arbeitswelt der Zukunft aus? Zeitschrift für Arbeitswissenschaft 75: 127–136.

Beauftragter der Bundesregierung für die Belange von Menschen mit Behinderungen (2008) Die UN-Behindertenrechtskonvention: Übereinkommen über die Rechte von Menschen mit Behinderungen. Bonn: BMAS.

Beauvoir Sd (2019) Das andere Geschlecht. 20. Aufl. Reinbek b. Hamburg: Rowohlt.

Becker J, Faller G (2019) Arbeitsbelastung und Gesundheit von Erwerbstätigen mit Migrationshintergrund. Bundesgesundheitsblatt 62: 1083–1091, https://doi.org/10.1007/s00103-019-02992-0

Becker M (2015) Systematisches Diversity Management: Konzepte und Instrumente für die Personal- und Führungspolitik. Freiburg i. Br./München: Haufe Lexware.

Becker M (2016) Was ist Diversity Management? In: Fereidooni K, Zeoli AP (Hrsg.) Managing Diversity: Die diversitätsbewusste Ausrichtung des Bildungs- und Kulturwesens, der Wirtschaft und Verwaltung. Wiesbaden: Springer Fachmedien: 261–317.

Beham B (2016) Die Umsetzung von Diversity Management in deutschen Unternehmen. In: Genkova P, Ringeisen T (Hrsg.) Handbuch Diversity Kompetenz. Wiesbaden: Springer: 467–481. doi: 10.1007/978-3-658-08594-0_42

Beigang S, Fetz K, Kalkum D, Otto M (2017) Diskriminierungserfahrungen in Deutschland. Ergebnisse einer Repräsentativ- und einer Betroffenenbefragung. Baden-Baden: Nomos.

Bendel O (2021) Diversity. https://wirtschaftslexikon.gabler.de/definition/diversity-123254/version-384595

Berkman L, Kawachi I (2000) Social Epidemiology. Oxford: University Press.

Berufundfamilie Service GmbH (2022) Zukunftsfähige Personalpolitik gestalten. https://www.berufundfamilie.de/images/dokumente/Broschuere_berufundfamilie.pdf

Betanet GmbH (2022) Unterstützte Beschäftigung. www.betanet.de

Beutke M, Kotzur P (2015) Faktensammlung Diskriminierung. Gütersloh: Bertelsmann Stiftung.

BG RCI – Berufsgenossenschaft Rohstoffe und chemische Industrie (2016) Verantwortung im Arbeitsschutz: Rechtspflichten, Rechtsfolgen, Rechtsgrundlagen. A 006. Heidelberg: BG RCI.

BIH – Bundesarbeitsgemeinschaft der Integrationsämter und Hauptfürsorgestellen (2018) Fachlexikon A–Z: Werkstatt für behinderte Menschen (WfbM). https://www.bih.de/integrationsaemter/medien-und-publikationen/fachlexikon-a-z/

BKK (2007) BKK Gesundheitsreport 2007. Gesundheit in Zeiten der Globalisierung. Essen: BKK.

Blickhäuser A, Bargen vH (2007) Fit for Gender Mainstreaming. http://gendertoolbox.eu/toolbox/5.%20Materialien/5.%20Materialien%20PDF/5.2.1%20Gender-Budgeting_d.pdf

Blickle G (2007) Zur Ethik der Arbeit in Organisationen. In Schuler H (Hrsg.) Lehrbuch Organisationspsychologie. 4. aktualisierte Auflage. Bern: Hans Huber: 143–154.

BMAS – Bundesministerium für Arbeit und Soziales (2022) Schutz vor Gewalt und Belästigung in der Arbeitswelt. Pressemeldung vom 21.12.2022. https://www.bmas.de/DE/Service/Presse/Meldungen/2022/schutz-vor-gewalt-und-belaestigung-in-der-arbeitswelt.html

BMAS – Bundesministerium für Arbeit und Soziales/Geschäftsstelle Nationale Weiterbildungsstrategie, BMBF – Bundesministerium für Bildung und Forschung (2021) Umsetzungsbericht Nationale Weiterbildungsstrategie. Berlin: BMAS/BMBF.

BMBF – Bundesministerium für Bildung und Forschung (2016) Mediamanual. https://www.mediamanual.at/mediamanual/workshop/cultural/einfuehrung/index.php.

BMFSFJ – Bundesministerium für Familie, Senioren, Frauen und Jugend (2021) Mehr Frauen in Führungspositionen in der Privatwirtschaft. https://www.bmfsfj.de/bmfsfj/themen/gleichstellung/frauen-und-arbeitswelt/quote-privatwitschaft/mehr-frauen-in-fuehrungspositionen-in-der-privatwirtschaft-78562

Böhle F (2011) Interaktionsarbeit als wichtige Arbeitstätigkeit im Dienstleistungssektor. WSI Mitteilungen (9): 456–461.

Böhle F, Stöger U, Weihrich M (2015) Wie lässt sich Interaktionsarbeit menschengerecht gestalten? Zur Notwendigkeit einer Neubestimmung. Arbeits- und Industriesoziologische Studien 8 (1): 37–54.

Böhle F, Weihrich M (2020) Das Konzept der Interaktionsarbeit. Zeitschrift für Arbeitswissenschaft 74: 9–22.

Böhme C, Stender K-P (2020) Gesundheitsförderung und Gesunde – Soziale Stadt – Kommunalpolitische Perspektive. BzgA – Bundeszentrale für gesundheitlich Aufklärung (Hrsg.): Leitbegriffe. https://doi.org/10.17623/BZGA:224-i043-2.0

Bosma H, Boxtel MMPJv, Ponds RWHM, Houx PJ, Burdorf A, Jolles J (2002) Mental work demands protect against cognitive impairment: MAAS prospective cohort study. Experimental Aging Research, 29: 33–45.

Bourdieu P (1987) Die feinen Unterschiede: Kritik der gesellschaftlichen Urteilskraft. Berlin: Suhrkamp.

Bräuhöfer M, Rieder P (2021) Diversity Management im Unternehmen. In: Sinh-Weber A (Hrsg.) CSR und Inklusion. Berlin/Heidelberg: Springer: 63–78.

Brenke K, Beznoska M (2016) Solo-Selbständige in Deutschland – Strukturen und Erwerbsverläufe. Forschungsbericht 465. Berlin: BMAS.

Brenscheidt S, Siefer A, Hinnenkamp H, Hünefeld L, Lück M, Kopat F (2020) Arbeitswelt im Wandel: Zahlen – Daten – Fakten. Ausgabe 2020. Dortmund: BAuA.

Bretschneider-Hagemes M (2017) Scientific Management reloaded. Wiesbaden: Springer.

Bröcheler M (2019) Haushaltsnahe Dienstleistungen für Familien. Planegg: Verlag Neuer Merkur.

Brodersen S, Lück P (2017) iga.Barometer 2016: Erwerbstätigenbefragung zum Stellenwert der Arbeit. Iga-Report 36. Berlin: Initiative Gesundheit und Arbeit.

Brzoska P, Reiss K, Razum O (2010) Arbeit, Migration und Gesundheit. In: Badura B, Schröder H, Klose J, Macco K (Hrsg.) Fehlzeiten-Report 2010: Vielfalt managen: Gesundheit fördern – Potenziale nutzen. Berlin: Springer: 129–139.

Buck H, Kistler E, Mendius HG (2002) Demographischer Wandel in der Arbeitswelt: Chancen für eine innovative Arbeitsgestaltung. Stuttgart: Fraunhofer IRB.

Bührmann AD (2018) Diversität. Socialnet Lexikon. Bonn: socialnet, 02. 05. 2018. Verfügbar unter: https://www.socialnet.de/lexikon/Diversitaet

Bundesregierung (2022a) Neue Wege zur Fachkräftesicherung. https://www.bundesregierung.de/breg-de/aktuelles/fachkraeftestrategie-2133284

Bundesregierung (2022b) Mehr Menschen mit Behinderungen in reguläre Arbeit bringen. https://www.bundesregierung.de/breg-de/suche/inklusiver-arbeitsmarkt-2154512

Bund-Länder-Demografieportal (2022) Erwerbsbevölkerung nach Altersgruppen. https://www.demografie-portal.de/DE/Service/Impressum/Impressum.html;jsessionid=D17A219D832CE608C1618060677E59E9.intranet251

Bungart J (2017) Von zunehmender Bedeutung: Unterstützungen bei psychischen Erkrankungen im Betrieb. In: Faller G (Hrsg.) Lehrbuch Betriebliche Gesundheitsförderung. Bern: Hogrefe: 331–343.

Butler J (2007) Gender Trouble: Feminism and the Subversion of Identity. Oxfordshire: Routledge.

Carbon Trust, Vodafone Institute (2021) Homeworking report. https://www.vodafone-institut.de/wp-content/uploads/2021/07/Homeworking-Report-2021.pdf

Charta der Vielfalt e. V. (2022) Charta der Vielfalt. https://www.charta-der-vielfalt.de/

Clasen J, Busch C, Vowinkel J, Winkler E (2013) Arbeitssituation und Gesundheit von geringqualifizierten Beschäftigten in kulturell diversen Belegschaften. Gruppendynamik und Organisationsberatung 44: 91–110.

Clausen T, Meng A, Borg V (2020) Is Work Group Social Capital Associated With Sickness Absence? A Study of Workplace Registered Sickness Absence at the Work Group Level. Saf Health Work 11 (2): 228–234. https://doi.org/10.1016/j.shaw.2020.04.001

Conrad S (2012) Kolonialismus und Postkolonialismus: Schlüsselbegriffe der aktuellen Debatte. Aus Politik und Zeitgeschichte. https://www.bpb.de/shop/zeitschriften/apuz/146971/kolonialismus-und-postkolonialismus-schluesselbegriffe-der-aktuellen-debatte/

Corona Datenplattform (2021) Themenreport 02, Homeoffice im Verlauf der Corona-Pandemie, Ausgabe Juli 2021, Bonn.

Dannenbeck C (2015) Paradigmenwechsel Disability Studies? Für eine kulturwissenschaftliche Wende im Blick auf die Soziale Arbeit mit Menschen mit besonderen Bedürfnissen. In: Waldschmidt A, Schneider W (Hrsg.) Disability Studies, Kultursoziologie und Soziologie der Behinderung: Erkundungen in einem neuen Forschungsfeld, Bielefeld: transcript: 104–125. https://doi.org/org/10.1515/9783839404867

Dederich M (2015) Körper, Kultur und Behinderung: Eine Einführung in die Disability Studies. Bielefeld: transcript: 17–54. https://doi.org/10.1515/9783839406410

Demerouti E, Bakker AB, Nachreiner F, Schaufeli WB (2000) A model of burnout and life satisfaction among nurses. J Adv Nurs 32: 454–464.

Demerouti E, Bakker AB, Nachreiner F, Schaufeli WB (2001) The job demands-resources model of burnout. J Appl Psychol 86: 499–512.

Demerouti E, Nachreiner F (2019) Zum Arbeitsanforderungen-Arbeitsressourcen-Modell von Burnout und Arbeitsengagement – Stand der Forschung. Z. Arb. Wiss. 73, 119–130. https://doi.org/org/10.1007/s41449-018-0100-4

Deutscher Bundestag (2001) Gesetzentwurf der Bundesregierung: Entwurf eines Gesetzes zur Reform des Betriebsverfassungsgesetzes (BetrVerf-Reformgesetz). Deutscher Bundestag Drucksache 14/5741.

Deutscher Bundestag (2017) Gesetzentwurf der Bundesregierung: Entwurf eines Gesetzes zur Neuregelung des Mutterschutzrechts. Deutscher Bundestag Drucksache 18/11782.

Deutscher Bundestag (2018) Antwort der Bundesregierung auf die Kleine Anfrage der Abgeordneten Susanne Ferschl, Matthias W. Birkwald, Sylvia Gabelmann, weiterer Abgeordneter und der Fraktion DIE LINKE. Bt-Drs. 19/4280 vom 12. 09. 2018.

Dewe B, Otto H-U (2011) Professionalität. In: Otto H-U, Thiersch H (Hrsg.) Handbuch Soziale Arbeit: Grundlagen der Sozialarbeit und Sozialpädagogik. 4., vollst. neubearb. Aufl. München: Reinhardt. https://doi.org/10.2378/OT4A.ART115

DFK – Deutsches Kompetenzzentrum für internationale Fachkräfte, KDA – Kuratorium Deutsche Altershilfe e.V. (2021) Patenschaften und Mentoringprogramm: Persönliche Begleitung im Beruf. https://dkf-kda.de/werkzeugkoffer-wi/patenschaft-mentoring/

DGUV – Deutsche Gesetzliche Unfallversicherung (2011) Gemeinsames Verständnis zur Ausgestaltung des Präventionsfeldes „Gesundheit im Betrieb" durch die Träger der gesetzlichen Unfallversicherung und die Deutsche Gesetzliche Unfallversicherung (DGUV). Stand September 2011, verabschiedet vom Vorstand der DGUV am 29.11.2011. https://www.dguv.de/medien/inhalt/praevention/fachbereiche_dguv/fb-gib/gemein_verst_gib.pdf

DGUV – Deutsche Gesetzliche Unfallversicherung (2021) Statistik Arbeitsunfallgeschehen 2020. Berlin: DGUV.

DGUV – Deutsche Gesetzliche Unfallversicherung (o.D.) Biologische Gefährdungen. https://www.dguv.de/de/praevention/themen-a-z/biologisch/index.jsp

Dietrich A, Hahn D (2012) Partizipative Strategien zwischen Chancengleichheit, Individualisierung und Verantwortung. In: Rosenbrock R, Hartung S (Hrsg.) Handbuch Partizipation und Gesundheit. Bern: Hans Huber: 114–126.

DIHK – Deutscher Industrie- und Handelskammertag, BMFSFJ – Bundesministerium für Familie, Senioren, Frauen und Jugend (2022) Checkheft familienorientierte Personalpolitik für kleine und mittlere Unternehmen. Berlin: DIHK, BMFSFJ.

DIW – Deutsches Institut für Wirtschaftsforschung (2022) DIW-Glossar: Erwerbspersonen. https://www.diw.de/de/diw_01.c.411984.de/presse/glossar/erwerbspersonen.html

Dörre K (2006) Prekäre Arbeit und soziale Desintegration. https://www.bpb.de/shop/zeitschriften/apuz/29490/prekaere-arbeit-und-soziale-desintegration/

Dorst M (2006) Grundgedanken der Cultural Studies. In: Universität Trier (Hrsg.) Methodologische Forderungen der cultural-Studies. http://luhmann.uni-trier.de/index.php?title=Grundgedanken_der_Cultural_Studies

Douglas E (2021) Deutschlands heikler Umgang mit Behinderten-Werkstätten. https://www.dw.com/de/deutschlands-heikler-umgang-mit-behinderten-werkst%C3%A4tten/a-56924837

Dragano N (2007) Gesundheitliche Ungleichheit im Lebenslauf. APuZ. https://www.bpb.de/shop/zeitschriften/apuz/30183/gesundheitliche-ungleichheit-im-lebenslauf/

DRV (2022) Die häufigsten Fragen rund um die Rente. Deutsche Rentenversicherung Bund

Duden (2016) Wirtschaft von A bis Z: Grundlagenwissen für Schule und Studium, Beruf und Alltag. 6. Aufl. Mannheim: Bibliographisches Institut 2016. Lizenzausgabe Bonn: Bundeszentrale für politische Bildung 2016.

Eckert A (2017) Von der „freien Lohnarbeit" zum „informellen Sektor"?: Alte und neue Fragen in der Geschichte der Arbeit. In: Geschichte und Gesellschaft 43 (2): 297–307.

Eggers MM (2011) Anerkennung und Illegitimierung. Diversität als marktförmige Regulierung von Differenzmarkierungen. In: Broden A, Mecheril P (Hrsg.) Rassismus bildet. Bildungswissenschaftliche Beiträge zu Normalisierung und Subjektivierung in der Migrationsgesellschaft. Bielefeld: transcript: 59–85.

Ehlert M (2021) Teilnahme an Weiterbildung. Bundeszentrale für politische Bildung. https://www.bpb.de/kurz-knapp/zahlen-und-fakten/datenreport-2021/bildung/329705/teilnahme-an-weiterbildung/

EIGE – European Institute for Gender Equality (2021) EIGE-2021 Gender Equality Index 2021 Report: Health. https://eige.europa.eu/publications/gender-equality-index-2021-report/gender-differences-household-chores

Elsik W (2011) Körper. Macht. Organisation. In: Masterlehrgang Outdoor-Training und Development (Hrsg.) Interkulturelles Lernen aus handlungsorientierter Perspektive. Tagungsband. Wien: Eigenverlag: 63–75.

EU Kommission (2005) Geschäftsnutzen von Vielfalt: Bewährte Verfahren am Arbeitsplatz. Brüssel: Publications Office der EU Kommission, Generaldirektion Beschäftigung, Soziales und Integration.

Evans J (o. D.) Digitalisierung und Diversity – Vielfalt als Erfolgsfaktor nutzen. https://www.ihk-berlin.de/blueprint/servlet/resource/blob/3908890/f22054798864a9f2724c9f73786b3ef6/ihk-positionspapier-zu-digitalisierung-diversity-data.pdf.

Faber U, Faller G (2017) Hat BGF eine rechtliche Grundlage? Gesetzliche Anknüpfungspunkte für die Betriebliche Gesundheitsförderung in Deutschland. In: Faller G (Hrsg.) Lehrbuch Betriebliche Gesundheitsförderung. Bern: Hogrefe: 57–76.

Fachanwalt (2022) Kündigungsschutz ab 55 Jahren im Tarifvertrag und Kündigung älterer Arbeitnehmer. https://www.fachanwalt.de/magazin/arbeitsrecht/kuendigungsschutz-ab-55

Faller G (2013) Gesundheitsfördernde Führung – eine machbare Utopie. In: Jahrbuch für kritische Medizin und Gesundheitswissenschaften (49): 105–121.

Faller G (2018a) Beschäftigungsverhältnisse im Haushalt: Blinde Flecken im Arbeitsschutz und in der Forschung. Soziale Sicherheit (11) 410–414.

Faller G (2018b) Umsetzung Betrieblicher Gesundheitsförderung/Betrieblichen Gesundheitsmanagements in Deutschland: Stand und Entwicklungsbedarfe der einschlägigen Forschung. Das Gesundheitswesen 80 (3): 278–285. https://doi.org/10.1055/s-0042-100624

Faller G (2020a) Atypische Beschäftigung – ein Handlungsfeld für Prävention und Gesundheitsförderung bei der Arbeit. Public Health Forum, 28 (2) 117–120.

Faller G (2020b) Wearable und App: Was kommt auf uns zu? Gute Arbeit, 32 (12) 2020, 25–30.

Faller G (2020c) Arbeitsschutz und Betriebliche Gesundheitsförderung. Health in All Policies auf betrieblicher Ebene. In: Böhm K, Bräunling S, Geene R, Köckler H (Hrsg.) Gesundheit als gesamtgesellschaftliche Aufgabe. Das Konzept. Health in All Policies und seine Umsetzung in Deutschland. Wiesbaden: Springer Fachmedien: 121–129.

Faller G (2023a) Digiales BGM. In: Dockweiler C, Stark L, Albrecht J (Hrsg.) Digitalisierung in der settingbezogenen Gesundheitsförderung und Prävention. Baden-Baden: Nomos. Im Druck.

Faller G (2023b) Gefährdungsbeurteilung psychischer Belastungen bei der Arbeit: Offene Fragen und pragmatische Lösungen. sicher ist sicher 74 (5). Im Druck.

Faller G (2023c) Gefährdungsbeurteilung psychischer Belastungen bei der Arbeit. Public Health Forum (3). In Vorbereitung.

Faller G, Becker J (2019) Prävention, Gesundheitsförderung und Verminderung geschlechtsbezogener Ungleichheit von Gesundheitschancen. Arbeit 2019; 29 (1): 25–52. https://doi.org/10.1515/arbeit-2020-0003

Faller G, Geiger L (2021) Beschäftigungsverhältnisse in Privathaushalten: Zwischen Arbeitsmarktintegration und T-Effekt? In: Sicher ist sicher 72 (3): 138–143.

Faller G, Walter-Klose C, Betscher S, Becker J (2022) Community Health als neuronales Netz. In: Department of Community Health (Hrsg.) Community Health: Grundlagen, Methoden, Praxis. Weinheim/Basel: Beltz Juventa: 22–35.

Feldes U, Niehaus W, Faber U (2021) Werkbuch BEM – Betriebliches Eingliederungsmanagement: Strategien für Betriebs- und Personalräte. 2., überarb. Aufl. Frankfurt/M.: Bund.

Fereidooni K, Massumi M (2017) Affirmative Action. In: Scherr A et al. (Hrsg.) Handbuch Diskriminierung. Wiesbaden: Springer Fachmedien: 701–720.

Fereidooni K, Zeoli AP (2016) Managing Diversity: Einleitung. In: Fereidooni K, Zeoli AP (Hrsg.) Managing Diversity. Wiesbaden: Springer: 9–15.

Firouzbakht M, Tirgar A, Oksanen T et al. (2018) Workplace social capital and mental health: a cross-sectional study among Iranian workers. BMC Public Health. 18 (1): 794. https://doi.org/10.1186/s12889-018-5659-3

Fiske ST, Russell AM (2018) Cognitive Processes. In: Dovidio J, Hewstone M, Glick P, Esses VM (Eds.) The SAGE Handbook of Prejudice, Stereotyping and Discrimination. London: Sage Publications: 115–130.

Franzkowiak P, Hurrelmann K (2018) Gesundheit. In: BZgA (Hrsg.) Leitbegriffe der Gesundheitsförderung und Prävention. https://doi.org/10.17623/BZGA224-i023-1.0

Frei F (1993) Die kompetente Organisation. Zürich: vdf.

Frevert U (1988) Bürgerinnen und Bürger. Geschlechterverhältnisse im 19. Jahrhundert. Göttingen: Vandenhoeck & Ruprecht.

Friczewski F (1994) Gesundheitszirkel als Organisations- und Personalentwicklung: Der Berliner Ansatz". In: Westermayer G, Bähr B (Hrsg.) Betriebliche Gesundheitszirkel. Göttingen/Stuttgart: Verlag für Angewandte Psychologie: 14–24.

Friczewski F (2017) Partizipation im Betrieb: Gesundheitszirkel & Co. In: Faller G (Hrsg.) Lehrbuch Betriebliche Gesundheitsförderung. 3. Aufl., Huber: Göttingen: 243–252.

Fuchs M (2017) Sozialkapital: nicht nur produktiv, sondern auch gesund! In: Faller G (Hrsg.) Lehrbuch Betriebliche Gesundheitsförderung. Bern: Hogrefe: 165–176.

Fuchs-Schündeln N, Stephan G (2020) Bei drei Vierteln der erwerbstätigen Eltern ist die Belastung durch Kinderbetreuung in der Covid-19-Pandemie gestiegen. IAB-Forum vom 18. August 2020.

Gächter A (2017) Diversity Management als Anti-Diskriminierungsstrategie. In: Scherr A et al. (Hrsg.) Handbuch Diskriminierung. Wiesbaden: Springer: 657–681.

Gardenswartz L, Rowe A (2003) Diverse Teams at Work. Society for Human Resource Management.

Garms-Homolová V (2021) Sozialpsychologie der Informationsverarbeitung über das Selbst und die Mitmenschen. Psychologie für Studium und Beruf. Berlin, Heidelberg: Springer. https://doi.org/10.1007/978-3-662-62922-2_4

Gauggel B (2011) Organisationales Sozialkapital: eine Ressource für Gesundheit und Wohlbefinden? Eine empirische Studie in zwölf Justizbehörden in Nordrhein-Westfalen. Dissertation. Wuppertal: Universität Wuppertal. http://elpub.bib.uni-wuppertal.de/servlets/DerivateServlet/Derivate-4151/dd1108.pdf

Gefken A (2012) Sozialkapital und soziale Ungleichheit – Theorien und Forschungsstand. Working Paper SW 2012-2 der Professur für Soziologie des sozialen Wandels, Fachbereich Sozialökonomie, Hamburg: Universität Hamburg.

Geiger L, Faller G, Blättner B (2022) Beschäftigte in Privathaushalten: Ein Handlungsfeld für Community Health. In: Department of Community Health (Hrsg.). Community Health: Grundlagen, Methoden, Praxis. Weinheim/Basel: Beltz Juventa: 348–359.

Geisenberger T, Glaser T (2017) Analysen zum Einfluss unterschiedlicher Faktoren auf den geschlechtsspezifischen Lohnunterschied. Statistische Nachrichten (6).

Genanet – Leitstelle Gender, Umwelt, Nachhaltigkeit (o. D.) Instrumente für die Gender Analyse. https://www.genanet.de/instrumente.

Genkova P, Schreiber H (2022) Diversity attitudes and sensitivity of employees and leaders in the German STEM-sector. Frontiers in Psychology. https://doi.org/10.3389/fpsyg.2022.960163

Gerlinger T, Lenhardt U, Schmidt PF (2021) Gesundheitsförderung und Prävention. Prokla 205; 51 (4): 611–629.

Giddens A (1984) The Constitution of Society. Berkeley: University of California Press.

Gildemeister R (2004) Doing Gender. Soziale Praktiken der Geschlechterunterscheidung. In: Becker R, Kortendiek B (Hrsg.) Handbuch Frauen- und Geschlechterforschung. Theorie, Methoden, Empirie. Wiesbaden: VS Verlag: 132–141.

GKV Spitzenverband (2020) Kriterien zur Zertifizierung von Kursangeboten in der individuellen verhaltensbezogenen Prävention nach § 20 Abs. 4 Nr. 1 SGB V, Stand: 23. 11. 2020. https://www.zentrale-pruefstelle-praevention.de/wp-content/uploads/2021/06/Kriterien_zur_Zertifizierung_23-11-2020.pdf.

Glasl F (2013) Konfliktmanagement. Ein Handbuch für Führungskräfte, Beraterinnen und Berater. 11. Auflage. Bern/Stuttgart: Haupt.

Goffman E (2018) Stigma: Über Techniken der Bewältigung beschädigter Identität. Frankfurt/M.: Suhrkamp. (1. Aufl. 1975)

Graue B (2022a) Gesetz zum Schutze der arbeitenden Jugend (Jugendarbeitsschutzgesetz). In: Wedde P (Hrsg.) Arbeitsrecht. Frankfurt/M.: Bund Verlag: 1151–1216.

Graue B (2022b) Gesetz zum Schutz von Müttern bei der Arbeit, in der Ausbildung und im Studium (Mutterschutzgesetz – MuSchG). In: Wedde P (Hrsg.) Arbeitsrecht. Frankfurt/M.: Bund Verlag: 1415–1509.

Graus E, Özgül P, Steens S (2021) Künstliche Intelligenz: Die Zukunft der Arbeit anhand von Erkenntnissen aus der Unternehmenspraxis gestalten. ROA. ROA External Reports Nr. November 2021.

Grobe T, Braun A (2021) Barmer Gesundheitsreport 2021. Berlin: Barmer.

Grobe T, Frerk T (2020) Barmer Gesundheitsreport 2020. Berlin: Barmer.

Gronau A, Stender S, Fenn S (2019) Gesundheit in der Arbeitswelt 4.0. In: Badura B, Ducki A, Schröder H, Klose J, Meyer M (Hrsg.) Fehlzeiten-Report 2019. Berlin: Springer Nature: 319–329.

Grossmann R, Bauer G, Scala K (2015) Einführung in die systemische Organisationsentwicklung. Heidelberg: Carl Auer Verlag.

Grossmann R, Scala K (2006) Gesundheit durch Projekte fördern. Ein Konzept zur Gesundheitsförderung durch Organisationsentwicklung und Projektmanagement. 4. Aufl. Weinheim/ München: Juventa.

Gümbel M, Nielbock S (2012) Die Last der Stereotype. Geschlechterrollenbilder und psychische Belastungen im Betrieb. Düsseldorf: Hans-Böckler-Stiftung.

Haag P, Roßmann P (2015) KMU – Stärken und Schwächen, Chancen und Risiken. In: Haag P, Roßmann P (Hrsg.) Management kleiner und mittlerer Unternehmen: Strategische Aspekte, operative Umsetzung und Best Practice. Berlin u. a.: De Gruyter, Oldenbourg: 1–18. https://doi.org/10.1515/9783110413939-003

Habermas J (2022) Ein neuer Strukturwandel der Öffentlichkeit und die deliberative Politik. Berlin: Suhrkamp.

Hägele (2019) Abschlussbericht zur Dachevaluation der Gemeinsamen Deutschen Arbeitsschutzstrategie. 2. Strategieperiode. GDA.

Harms M, Salman R, Bödeker W (2010) Interkulturelles Betriebliches Gesundheitsmanagement: Konzept und praktische Erfahrungen. In: Badura B, Schröder H, Klose J, Macco K (Hrsg.) Fehlzeiten-Report 2010: Vielfalt managen: Gesundheit fördern – Potenziale nutzen. Berlin: Springer: 153–161.

Hartmann C (2020) Zahlen und Fakten: Europa – Migration. Bonn: bpb – Bundeszentrale für politische Bildung. https://www.bpb.de/mediathek/reihen/zahlen-und-fakten-europa-filme/306233/zahlen-und-fakten-europa-migration/

Hartung S (2012) Partizipation – wichtig für die individuelle Gesundheit? Auf der Suche nach Erklärungsmodellen. In: Rosenbrock R, Hartung S (Hrsg.) Handbuch Partizipation und Gesundheit. Bern: Huber: 57–78.

Hasselmann O (2021) Kurzbericht Sonderauswertung 2021: New Work & Führung. Berlin: iga.

Hauff vM (2021) Nachhaltige Entwicklung. Grundlagen und Umsetzung. 3., überarb. u. erw. Aufl. Oldenbourg: DeGruyter.

Hays-Thomas R (2004) Why now? The contemporary focus on managing diversity. In: Stockdale MS, Crosby FJ (Eds.) The psychology and management of workplace diversity. Blackwell Publishing: 3–30.

Hecker D, Galais N, Moser K (2006) Atypische Erwerbsverläufe und wahrgenommene Fehlbelastungen. In: Forschungsbericht Fb 1075. Dortmund, Berlin, Dresden: BAuA.

Heitmeyer W (2006) Deutsche Zustände. Frankfurt/M.: Edition Suhrkamp.

Heitmeyer W (2018) Autoritäre Versuchungen. Frankfurt/M.: Edition Suhrkamp.

Hielscher V (2014) Technikeinsatz und Arbeit in der Altenpflege: Ergebnisse einer internationalen Literaturrecherche. iso-Report (1), Saarbrücken: Institut für Sozialforschung und Sozialwirtschaft e. V.

Hien W (2022) Humanität, Gesundheit und Verantwortung in der Arbeitswelt. Public Health Forum 30 (1): 34–36.

Hinnenkamp V (2008) Missverständnisse in der interkulturellen Kommunikation. In: Eichler A et al. (Hrsg.) Missverständnisse – Stolpersteine der Kommunikation. Begleitband zur gleichnamigen Ausstellung im Museum für Kommunikation. Heidelberg: Edition Braus: 110–111.

Hochschild AR (1983) The managed heart. Commercialization of human feeling. Berkeley: University of California Press.

Hori D, Takao S, Kawachi I, Ohtaki Y, Andrea CS, Takahashi T, Shiraki N, Ikeda T, Ikeda Y, Doki S, Oi Y, Sasahara S, Matsuzaki I (2019) Relationship between workplace social capital and suicidal ideation in the past year among employees in Japan: a cross-sectional study. BMC Public Health19 (1): 919. https://doi.org/10.1186/s12889-019-7244-9

House JS, Landis KR, Umberson D (1988) Social relationships and health. Science 241 (4865): 540–545.

Hünefeld L (2018) Atypische Beschäftigung und psychische Gesundheit. Projektnummer: F 2353. Zeitschrift für medizinische Prävention 53 (12): 32–37

Hünefeld L (2016) Psychische Gesundheit in der Arbeitswelt: Atypische Beschäftigung. Forschung Projekt F 2353. Dortmund, Berlin, Dresden: Bundesanstalt für Arbeitsschutz und Arbeitsmedizin.

ifo Institut (2022) Fachkräftemangel steigt auf Allzeithoch. Pressemitteilung – 2. August 2022. https://www.ifo.de/pressemitteilung/2022-08-02/fachkraeftemangel-steigt-auf-allzeithoch

IKK Classic (2021) Gesundheit im Handwerk: Daten, Fakten und Analysen 2021.

Ilmarinen J (2010) Arbeitsfähig in die Zukunft. In: Giesert M (Hrsg.) Arbeitsfähig in die Zukunft. Hamburg: VSA: 20–29.

Ilmarinen J, Lethinen S (2004) Past, Present and Future of Work Ability. People and Work – Research Reports 65, Finnish Institute of Occupational Health.

Ilmarinen J, Tempel J (2002) Arbeitsfähigkeit 2010 – Was können wir tun, damit Sie gesund bleiben? Hamburg: VSA-Verlag.

Inoue A, Tsutsumi A, Eguchi H, Kachi Y, Shimazu A, Miyaki K, Takahashi M, Kurioka S, Enta K, Kosugi Y, Totsuzaki T, Kawakami N (2020) Workplace social capital and refraining from seeking medical care in Japanese employees: a 1-year prospective cohort study. BMJ Open. 10 (8): e036910. https://doi.org/10.1136/bmjopen-2020-036910.

Institut für Arbeitsfähigkeit GmbH (o. D.) Der WAI-Fragebogen. https://www.wainetzwerk.de/de/der-wai-fragebogen-690.html

Isacson M (2019) Humanization of Work in Scandinavia 1960-1990. In: Kleinöder N, Müller S, Uhl K (Hrsg.) Humanisierung der Arbeit. Aufbrüche und Konflikte in der rationalisierten Arbeitswelt des 20. Jahrhunderts. Bielefeld: transcript: 305–327.

Johnson JV, Hall EM (1988) Job Strain, Work Place Social Support, and Cardiovascular Disease: A Cross-Sectional Study of a Random Sample of the Swedish Working Population. American Journal of Public Health 78 (10): 1336–1342.

Johnson JV, Hall EM, Theorell T (1989) Combined effects of job strain ans social isolation on cardiovascular disease morbidity and mortality in a random sample ot the Swedish male working poplation. Scandinavian Journal of Work, Environment and Health 15: 271–279.

Joiko K, Schmauder M, Wolff G (2010) Psychische Belastung und Beanspruchung im Berufsleben: Erkennen – Gestalten. 5. Aufl. Dortmund: BAuA.

Juncke D, Braukmann J, Krämer L, Stoll E (2021) Väterreport. Update 2021. Berlin: BMFSFJ.

Jungtäubl M, Weihrich M, Kuchenbaur M (2018) Digital forcierte Formalisierung und ihre Auswirkungen auf die Interaktionsarbeit in der stationären Krankenpflege. AIS-Studien, 11 (2): 176–191. https://doi.org/10.21241/ssoar.64872

Jureit U (2010) Karl Mannheim: Das Problem der Generationen, 1928. In: 100 (0) Schlüsseldokumente zur deutschen Geschichte des 20. Jahrhunderts. München: Bayerische Staatsbibliothek.

Kaba-Schönstein L (2018) Gesundheitsförderung 2: Entwicklung vor Ottawa 1986. BzgA – Bundeszentrale für gesundheitlich Aufklärung (Hrsg.) Leitbegriffe. https://doi.org/10.17623/BZGA:224-i034-1.0

Karasek RA (1979) Job Demands, Job Decision Latitude and Mental Strain: Implications for Job Redesign. Administrative Science Quarterly 24: 285–311.

Karasek RA, Brisson C, Kawakami N, Houtman I, Bongers P, Amick B (1998) The Job Content Questionnaire (JCQ): An instrument for internationally comparativee assessments of psychosocial job characteristics. Journal of Occupational Health Psychology 3 (4): 322–355.

Karim S (2021) Arbeit und Behinderung: Praktiken der Subjektivierung in Werkstätten und Inklusionsbetrieben, Bielefeld: transcript Verlag. https://doi.org/10.1515/9783839456071

Kendriza MJ (2010) Der Aufstieg des Normalarbeitsverhältnisses in Deutschland – vom Ausbruch des Zweiten Weltkriegs bis zur Ölkrise 1973. In: IZA Discussion Paper N. 5364 www.ftp.iza.org/dp5364.pdf

Keuchel S (2016) Zur Diskussion der Begriffe Diversität und Inklusion – mit einem Fokus der Verwendung und Entwicklung beider Begriffe in Kultur und Kultureller Bildung. In: Kulturelle Bildung Online. https://doi.org/10.25529/92552.382

Kieser A (2014) Managementlehren – von Regeln guter Praxis über den Taylorismus zur Human Relations-Bewegung. In: Kieser A, Ebers M (Hrsg.) Organisationstheorien. 7., aktual. u. überarb. Aufl. Stuttgart: Kohlhammer: 73–117.

Kieser A, Kubicek H (2020) Organisation. Berlin/Boston: De Gruyter.

Kittelmann M, Adolph L, Michel A, Packroff R, Schütte M, Sommer S (2021) Handbuch Gefährdungsbeurteilung: Teil 2 – Gefährdungsfaktoren. Dortmund/Berlin/Dresden: BAuA.

Kleinöder N, Müller S, Uhl K (2019) „Humanisierung der Arbeit". Aufbrüche und Konflikte in der rationalisierten Arbeitswelt des 20. Jahrhunderts. Bielefeld: transcript.

Klose A, Merx A (2010) Positive Maßnahmen zur Verhinderung oder zum Ausgleich bestehender Nachteile im Sinne des § 5 AGG. Berlin: Antidiskriminierungsstelle des Bundes.

Knesebeck Ov (2020) Soziales Kapital. In: BzgA (Hrsg.) Leitbegriffe der Prävention und Gesundheitsförderung. https://doi.org/10.17623/BZGA:224-i111-2.0

Knieps F, Pfaff H (2021) BKK Gesundheitsreport 2021. Berlin: MWV.

Kochan T, Bezrukova K, Ely R, Jackson S, Joshi A, Jehn K et al. (2003) The effects of diversity on business performance: Report of the diversity research network. Human Resource Management: Published in Cooperation with the School of Business Administration, The University of Michigan and in alliance with the Society of Human Resources Management, 42 (1), 3–21.

Kocher E (2022) Allgemeines Gleichbehandlungsgesetz (AGG). In: Wedde P (Hrsg.) Arbeitsrecht. 7. Aufl. Frankfurt/M.: Bund-Verlag.

Kocka J (2001) Thesen zur Geschichte und Zukunft der Arbeit. Aus Politik und Zeitgeschichte 51 (21): 8–13.

Kohte W (2019) Der rechtliche Rahmen des BEM-Suchprozesses. In: Stöpel F, Lange A, Voss J (Hrsg.) Betriebliches Eingliederungsmanagement in der Praxis. Freiburg u. a.: Haufe Group: 41–55.

Kolip P (2019) Praxishandbuch: Qualitätsentwicklung und Evaluation in der Gesundheitsförderung. Weinheim/Basel: Beltz Juventa.

Komlosy A (2014) Arbeit: eine globalhistorische Perspektive. 2. Aufl. Wien: Promedia.

Köppel P (2010) Diversity Management in Deutschland – eine Unternehmensbefragung. In: Badura B, Schröder H, Klose J, Macco K (Hrsg.) Fehlzeiten-Report 2010: Vielfalt managen: Gesundheit fördern – Potenziale nutzen. Berlin: Springer: 22–35.

Kramer V, Thoma A, Kunz M (2021) Medizinisches Fachpersonal in der COVID-19-Pandemie: Psyche am Limit. InFo Neurologie23 (6): 46–53. https://doi.org/10.1007/s15005-021-1975-8

Krankenkassen Zentrale (2021) Informationen zur Krankenversicherungspflicht in Deutschland. https://www.krankenkassenzentrale.de/wiki/krankenversicherungspflicht.

Krause A, Baeriswyl S, Berset M, Deci N, Dettmers J, Dorsemagen C, Meier W, Schraner S, Stetter B, Straub L (2015) Selbstgefährdung als Indikator für Mängel bei der Gestaltung mobil-flexibler Arbeit: Zur Entwicklung eines Erhebungsinstruments. Wirtschaftspsychologie 17 (1): 49–59.

Krause A, Dorsemagen C (2017) Neue Herausforderungen für die Betriebliche Gesundheitsförderung durch indirekte Steuerung und interessierte Selbstgefährdung. In: Faller G (Hrsg.) Lehrbuch Betriebliche Gesundheitsförderung. 3., vollst. überarb. u. erw. Aufl. Bern: Hogrefe: 153–164.

Kreckel R (2004) Politische Soziologie der sozialen Ungleichheit. 3., überarb. u. erw. Aufl. Frankfurt/M.: Campus Verlag.

Krell G (2010) Personelle Vielfalt in Organisationen und deren Management. In: Badura B, Schröder H, Klose J, Macco K (Hrsg.) Fehlzeiten-Report 2010: Vielfalt managen: Gesundheit fördern – Potenziale nutzen. Berlin: Springer: 1–10.

Kroll LE, Lampert T (2007) Sozialkapital und Gesundheit in Deutschland. Gesundheitswesen 69: 120–127. https://doi.org/10.1055/s-2007-971052

Kuczynski J (1982) Geschichte des Alltags des Deutschen Volkes. Band 3. Köln: Pahl-Rugenstein Verlag.

Kühl S (2011) Organisationen: Eine sehr kurze Einführung. Wiesbaden: VS Verlag.

Kühl S, Schnelle W (2001) „Macht gehört zur Organisation wie die Luft zum Leben": Macht und Machtspiele in Veränderungsprozessen. Quickborn/Chatou/Princeton N. J.: Metaplan.

Kuster F (2019) Philosophische Geschlechtertheorien zur Einführung. Hamburg: Junius Verlag.

Lampert T (2000) Sozioökonomische Ungleichheit und Gesundheit im höheren Lebensalter – Alters- und geschlechtsspezifische Differenzen. In: Backes GM, Clemens W (eds) Lebenslagen im Alter. Reihe Alter(n) und Gesellschaft, vol 1. VS Verlag für Sozialwissenschaften, Wiesbaden. https://doi.org/10.1007/978-3-322-97450-1_8

Lampert T, Hoebel J, Kuntz B, Fuchs J, Scheidt-Nave C, Nowossadeck E (2016) Gesundheitliche Ungleichheit im höheren Lebensalter. Hrsg. Robert Koch-Institut, Berlin. GBE kompakt 7 (1)

Lampert T, Kroll LE, Kuntz B, Ziese T (2011) Gesundheitliche Ungleichheit. https://doi.org/10.25646/1611

Lampert T, Kroll LE, Müters S, Schumann M (2017) Soziale Ungleichheit, Arbeit und Gesundheit. In: Badura B, Ducki A, Schröder H, Klose J, Meyer M (Hrsg.) Fehlzeitenreport 2017. Krise und Gesundheit – Ursachen, Prävention, Bewältigung. Berlin: Springer: 23–36.

Lampert T, Schmidtke C, Borgmann LS, Poethko-Müller C, Kuntz B (2018) Subjektive Gesundheit bei Erwachsenen in Deutschland. Journal of Health Monitoring 3 (2): 64–71. https://doi.org/10.17886/RKI-GBE-2018-068

Lange A (2019) Die BEM-Prozesse. In: Stöpel F, Lange A, Voß J (Hrsg.) Betriebliches Eingliederungsmanagement in der Praxis. 2. Aufl. Freiburg u. a.: Haufe: 57–95.

Lange D (2019) Eine neue Art, Autos zu produzieren? Arbeitskämpfe und betriebliche Gewerkschaftsinitiativen bei FIAT-Mirafiori zu Beginn der 1970er Jahre. In: Kleinöder N, Müller S, Uhl K (Hrsg.) Humanisierung der Arbeit. Aufbrüche und Konflikte in der rationalisierten Arbeitswelt des 20. Jahrhunderts. Bielefeld: transcript: 279–304.

Lazarus RS, Folkman S (1984) Stress, Appraisal, and Coping. New York: Springer.

Lenhardt U (2005) Bewertung der Wirksamkeit betrieblicher Gesundheitsförderung. Zeitschrift für Gesundheitswissenschaften 11 (1): 18–37.

Levy R, Sander G (2021) Weshalb diese Wandlungsresistenz der Geschlechterordnung in der Schweiz? Eine lebenslauftheoretische Perspektive. in: Scherger S, Abramowski R, Dingeldey I, Hokema A, Schäfer A (Hrsg.) Geschlechterungleichheiten in Arbeit, Wohlfahrtsstaat und Familie. Frankfurt/M.: Campus: 109–138.

Lück M, Hünefeld L, Brenscheid S, Bödefeld M, Hünefeld A (2019) Grundauswertung der BIBB/BAuA-Erwerbstätigenbefragung 2018. Dortmund, Berlin, Dresden: BAuA.

Luczak H (1998) Konzepte und Methoden der Arbeitsanalyse. In: Luczak H (Hrsg.) Arbeitswissenschaft. Berlin, Heidelberg: Springer: 25–51. https://doi.org/10.1007/978-3-662-05831-2_2

Luhmann N (1995) Funktionen und Folgen formaler Organisationen. 4. Aufl. Berlin: Duncker & Humblot.

Luhmann N (2011) Organisation und Entscheidung. 3. Auflage. Wiesbaden: VS Verlag.

Lutz N, Taeymans J, Ballmer C, Verhaeghe N, Clarys P, Deliens T (2019) Cost-effectiveness and cost-benefit of worksite health promotion programs in Europe: a systematic review. European Journal of Public Health, Vol. 29 (3): 540–546.

LVR – Landschaftsverband Rheinland (2022) FACT SHEET Inklusionsbetriebe. https://www.lvr.de/media/wwwlvrde/soziales/menschenmitbehinderung/1_dokumente/arbeitundausbildung/dokumente_229/fact_sheets/FACT_SHEET_Inklusionsbetriebe.pdf

Maetzel J, Heimer A, Braukmann J, Frankenbach P, Ludwig L, Schmutz S (2021) Dritter Teilhabebericht der Bundesregierung über die Lebenslagen von Menschen mit Beeinträchtigungen. Teilhabe – Beeinträchtigung – Behinderung: Bonn: BMAS.

Mannheim K (1928) Das Problem der Generationen. Kölner Vierteljahrshefte für Soziologie 7: 157–185, 309–330.

Marschall JS, Hildebrandt S, Sydow H, Nolting H-D (2016) Gesundheitsreport 2016: Schwerpunkt Gender und Gesundheit. Hamburg: DAK.

Matolycz E (2016) Pflege von alten Menschen. 2. Auflage. Berlin, Heidelberg: Springer.

Matuschek I (2016) Tecnisierung, Digitalisierung, Industrie 4.0. Expertise für die Kommission „Arbeit der Zukunft". Düsseldorf: Hans-Böckler Stiftung.

Meyer JP, Allen NJ (1991) A three-component conceptualization of organizational commitment. Hum Resour Manage Rev 1: 61–89.

Meyer M, Wing L, Schenkel A, Meschede M (2021) Krankheitsbedingte Fehlzeiten in der deutschen Wirtschaft im Jahr 2020. In: Badura B et al. (Hrsg.) Fehlzeiten-Report 2021. https://doi.org/10.1007/978-3-662-63722-7_27

Micklethwait J, Wooldridge A (1998) Die Gesundbeter Hamburg: Hoffmann und Campe.

Miesner J, Unruh A, Schmauder M (2022) Arbeitsschutz, Ergonomie und Risikomanagement im Lieferkettensorgfaltspflichtgesetz (LkSG). Betriebliche Prävention 134 (3): 131–137.

Mühlenbrock I (2017) Alterns- und altersgerechte Arbeitsgestaltung: Grundlagen und Handlungsfelder für die Praxis. Berlin/Dortmund/Dresden: BAuA.

Müller A (2019) Gestaltung von Arbeitstätigkeiten zum Erhalt der Arbeits- und Leistungsfähigkeit von älteren Beschäftigten trotz kognitiver Alternsverluste. In: Falkenstein M, Kardys C (Hrsg.) Arbeit, Kognition und Alter. Stuttgart: Kohlhammer Verlag: 119–128.

Müller R (2001) Arbeitsbedingte Gesundheitsgefahren und arbeitsbedingte Erkrankungen als Aufgaben des Arbeitsschutzes. Bremerhaven: Wirtschaftsverlag NW.

Müller S (2019) Das Forschungs- und Aktionsprogramm „Humanisierung des Arbeitslebens" (1974–1989). In: Kleinöder N, Müller S, Uhl K (Hrsg.) Humanisierung der Arbeit. Aufbrüche und Konflikte in der rationalisierten Arbeitswelt des 20. Jahrhunderts. Bielefeld: transcript: 59–88.

Murayama H, Nonaka K, Hasebe M, Fujiwara Y (2020) Workplace and community social capital and burnout among professionals of health and welfare services for the seniors: A multilevel analysis in Japan. J Occup Health. 2020 Jan;62 (1):e12177. https://doi.org/10.1002/1348-9585.12177. PMID: 33131153; PMCID: PMC7603434

Mustafić M, Krause A, Dorsemagen C, Knecht M (2021) Entwicklung und Validierung eines Fragebogens zur Messung der Qualität indirekter Leistungssteuerung in Organisationen (ILSO): Zeitschrift für Arbeits- und Organisationspsychologie (online first). https://doi.org/10.1026/0932-4089/a000386

Nerdinger FW (2019) Organisationsentwicklung. In: Nerdinger FW, Blickle G, Schaper N (Hrsg.) Arbeits- und Organisationspsychologie. Wiesbaden: Springer-Lehrbuch, 179–190.

Neuberger O (2021) Führen und führen lassen: Ergebnisse, Kritik und Anwendungen der Führungsforschung. 9. Aufl. Stuttgart: UTB.

Neuloh O (1953) Die praktische Bedeutung industriesoziologischer Forschung für den Betrieb: dargestellt an der Hawthorne-Studie. Soziale Welt 4 (2): 99–111.

Nigsch O (1997) Management – ein Weg zur gesellschaftlichen Generalsanierung? Soziale Welt 48 (4): 417–429.

Nöcker R (2007) Change Management. In: Weber A, Hörmann G (Hrsg.) Psychosoziale Gesundheit im Beruf. Stuttgart: Gentner: 390–395.

Notz G (2010) Unbezahlte Arbeit. In: Bundeszentrale für politische Bildung (Hrsg.) Frauen. https://www.bpb.de/themen/gender-diversitaet/frauen-in-deutschland/49411/unbezahlte-arbeit/

Obermaier R (2017) Industrie 4.0 als unternehmerische Gestaltungsaufgabe: Betriebswirtschaftliche, technische und rechtliche Herausforderungen. Heidelberg: Springer Nature.

Oertel J (2007) Generationenmanagement in Unternehmen. Wiesbaden: Deutscher Universitätsverlag.

Oldenburg C, Siefer A, Beermann B (2010) Migration als Prädiktor für Belastung und Beanspruchung? In: Badura B, Schröder H, Klose J, Macco K (Hrsg.) Fehlzeiten-Report 2010: Vielfalt managen: Gesundheit fördern – Potenziale nutzen. Berlin: Springer: 141–151.

Oschimansky F, Kaps P, Kowalczyk K (2018) Unterstützte Beschäftigung: Instrument der Wiedereingliederung und zum Erhalt der Beschäftigungsfähigkeit. In: Hans-Böckler-Stiftung. Working Paper der Inklusionsförderung 61/18.

Oschmianski F, Kühl J, Obermaier T (2014) Das Normalarbeitsverhältnis. www.bpb.de/politik/innenpolitik/arbeitsmarktpolitik/178192/normalarbeitsverhaeltnis

Osterhammel J (2009) Die Verwandlung der Welt. Eine Geschichte des 19. Jahrhunderts. München: CH Beck.

Parsons T (1958) Struktur und Funktion der modernen Medizin. Eine soziologische Analyse. In: König R, Tönnesmann M (Hrsg.) Probleme der Medizinsoziologie. Kölner Zeitschrift für Soziologie und Sozialpsychologie, Sonderheft 3. Opladen: Westdeutscher Verlag: 10–57.

Pascoe EA, Smart Richman L (2009) Perceived discrimination and health: a meta-analytic review. Psychol Bull. 135 (4): 531–554. https://doi.org/10.1037/a0016059

Pelletier KR (2009) A Review and Analysis of the Clinical and Cost-Effectiveness Studies of Comprehensive Health Promotion and Disease Management Programs at the Worksite: Update VII 2004–2008. In: Database of Abstracts of Reviews of Effects (DARE): Quality-assessed Reviews. York (UK): Centre for Reviews and Dissemination (UK); 1995–. https://www.ncbi.nlm.nih.gov/books/NBK71763/

Perko G, Czollek LC (2022) Lehrbuch Gender Queer und Diversity. 2., vollst. überarb. u. erw. Aufl. Weinheim/Basel: Beltz Juventa.

Peter R (2017) Von Handlungs- und Entscheidungsspielräumen, Belohnungen und betrieblicher Gerechtigkeit: Die Modelle Demand-Control und berufliche Gratifikationskrisen. In: Faller G (Hrsg.) Lehrbuch Betriebliche Gesundheitsförderung. 3., vollst. erw. u. überarb. Aufl. Bern: Hogrefe: 111–122.

Peter R, Siegrist J, Hallqvist J, Reuterwall C, Theorell T (2002) Psychosocial work environment and myocardial infarction: improving risk estimation by combining tow complementary job stress models in the SHEEP study. Journal of Epidemiology and Community Health 56 (4): 249–300.

Peters K (2011) Indirekte Steuerung und interessierte Selbstgefährdung: eine 180-Grad-Wende bei der betrieblichen Gesundheitsförderung. in: Kratzer N, Dunkel W, Becker K, Hinrichs S (Hrsg.) Arbeit und Gesundheit in im Konflikt: Analysen und Ansätze für ein partizipatives Gesundheitsmanagement. Berlin: edition sigma: 105–122.

Pettigrew TE, Tropp LR (2006) A Meta-Analytic Test of Intergroup Contact Theory. Journal of Personality and Social Psychology, 90, 751–783. https://doi.org/10.1037/0022-3514.90.5.751

Peukert A (2021) Gender still at work? Zur Relationierung von Erwerbs- und Familienarbeit in egalitären Arrangements. In: Scherger S, Abramowski R, Dingeldey I, Hokema A, Schäfer A (Hrsg.) Geschlechterungleichheiten in Arbeit, Wohlfahrtsstaat und Familie. Frankfurt/M.: Campus: 363–388.

Pieper R (1998) Das Arbeitsschutzrecht in der deutschen und europäischen Arbeits- und Sozialordnung. Grundlagen, Bestandsaufnahme und Bewertung der Reform. Bremerhaven: Wirtschaftsverlag NW.

Pieper R (2022) ArbSchR – Arbeitsschutzrecht. 7., erweiterte und überarbeitete Auflage. Frankfurt/M.: Bund-Verlag.

Pinl C (2002) Gender Mainstreaming – ein unterschätztes Konzept. https://www.bpb.de/shop/zeitschriften/apuz/26762/gender-mainstreaming-ein-unterschaetztes-konzept/

Polzer C, Müller A, Seiler K (2015) Veränderungen in der Arbeitswelt: Entwicklung atypischer Beschäftigungsverhältnisse und deren Auswirkung auf Arbeit und Gesundheit. In: LIA.nrw (Hrsg.). LIA transfer. Düsseldorf: 9–35.

Prasad A (2006) The Jewel in the Crown: Postcolonial Theory and Workplace Diversity. In: Konrad AM, Prasad P, Pringle JK (Hrsg.) Handbook of Workplace Diversity. London: SAGE Publications: 122–145.

Preisendörfer P (2016) Organisationssoziologie. 4., überarb. Aufl. Wiesbaden: VS Verlag.

Prümper J, Becker M (2011) Freundliches und respektvolles Führungsverhalten und die Arbeitsfähigkeit von Beschäftigten. In: Badura B, Ducki A, Schröder H, Klose J, Macco K (Hrsg.) Fehlzeiten-Report 2011: Führung und Gesundheit. Berlin/Heidelberg: Springer: 37–47.

Pscherer J (2018) Authentisches Selbstmanagement – Chance für Führungskräfte, Schutz für Mitarbeiter. In: Matusiewicz D, Nürnberg V, Nobis S (Hrsg.) Gesundheit und Arbeit 4.0. Heidelberg: medhochzwei, 133–137.

Rahnfeld C (2019) Diversity Management. Zur sozialen Verantwortung von Unternehmen. Wiesbaden: Springer VS.

Rau R (2004) Lern- und gesundheitsförderliche Arbeitsgestaltung: eine empirische Studie. Zeitschrift für Arbeits- und Organisationspsychologie 48 (4): 181–192.

Regnet E (2009) Ageing Workforce – Herausforderung für die Unternehmen. In: Rosenstiel Lv, Regnet E, Domsch ME (Hrsg.) Führung von Mitarbeitern. Handbuch für ein erfolgreiches Personalmanagement. 6. Aufl. Stuttgart: Schäffer/Poeschel: 686–698.

Reibling N (2021) Soziologische Perspektiven auf Gesundheit und Krankheit. In: Bundeszentrale für gesundheitliche Aufklärung – BzgA (Hrsg.) Leitbegriffe. https://doi.org/10.17623/BZGA:Q4-i116-3.0

Rennert D, Kliner K, Richter M (2020) Arbeitsunfähigkeit. In: Knieps F, Pfaff H (Hrsg.) BKK Gesundheitsreport 2020. Berlin: MWV: 75–164.

Rennert D, Kliner K, Richter M (2021) Arbeitsunfähigkeit. In: Knieps F, Pfaff H (Hrsg.) BKK Gesundheitsreport 2021. Berlin: MWV: 83–169.

Resch M (1997) Hausarbeit. In: Luczak H, Volpert W (Hrsg.) Handbuch Arbeitswissenschaft. Stuttgart: Schäffer-Poeschel: 669–673.

Resch M (1999) Arbeitsanalyse im Haushalt. Erhebung und Bewertung von Tätigkeiten außerhalb der Erwerbsarbeit mit dem AVAH-Verfahren. Zürich: Verlag der Fachvereine.

Reuhl B (2019) Berufskrankheiten in Bremen – neue Tendenzen. Arbeit und Wirtschaft 01: 120–127.

Richenhagen G (2004) Arbeitsschutz – Länger gesünder arbeiten – Handlungsmöglichkeiten für Unternehmen im demografischen Wandel. Bundesarbeitsblatt: Arbeitsmarkt und Arbeitsrecht 12: 8–16.

Richter F (2005) Lernförderlichkeit der Arbeitssituation und Entwicklung beruflicher Handlungskompetenz. Hamburg: Kovac.

Richter G, Schütte M (2017) Belastung ist neutral: Das Belastungs-Beanspruchungs-Modell. In: Faller G (Hrsg.) Lehrbuch Betriebliche Gesundheitsförderung. 3., vollst. erw. u. überarb. Aufl. Bern: Hogrefe: 123–129.

Richter P, Hacker W (1998) Belastung und Beanspruchung: Stress, Ermüdung und Burnout im Arbeitsleben. Psychologie und Praxis, 4: 310–321.

Rimser M (2014) Generation Resource Management. Nachhaltige HR-Konzepte im demografischen Wandel. Wiesbaden: Springer Gabler.

Rixgens P (2009) Messung von Sozialkapital im Betrieb durch den „Bielefelder Sozialkapital Index" (BISI). In: Badura B, Schröder H, Klose J, Macco K (Hrsg.) Fehlzeitenreport 2009: Arbeit und Psyche: Belastungen reduzieren – Wohlbefinden fördern. Berlin/Heidelberg: Springer: 263–271.

RKI – Robert Koch Institut (o. J.). Sozialer Status und soziale Ungleichheit. Alle Themen. http://www.rki.de/DE/Content/Gesundheitsmonitoring/Themen/Sozialer_Status/sozialer_status_node.html

Rohmert W (1984) Das Belastungs-Beanspruchungs-Konzept. Zeitschrift für Arbeitswissenschaft 38 (4): 193–200.

Rosenbaum H (1982) Formen der Familie. Untersuchung zum Zusammenhang von Familienverhältnissen, Sozialstruktur und sozialem Wandel in der deutschen Gesellschaft des 19. Jahrhunderts. Frankfurt/M.: Suhrkamp.

Rosenbrock R (1995) Public health as a social Innovation. Gesundheitswesen 57 (3): 140–144.

Rosenbrock R (1998) Die Umsetzung der Ottawa Charta in Deutschland: Prävention und Gesundheitsförderung im gesellschaftlichen Umgang mit Gesundheit und Krankheit, WZB Discussion Paper, No. P 98-201, Berlin: Wissenschaftszentrum Berlin für Sozialforschung (WZB).

Rospenda KM, Richman JA (2017) Harassment and Discrimination. In: Dovidio J, Hewstone M, Glick P, Esses VM (Eds.) The SAGE Handbook of Prejudice, Stereotyping and Discrimination. London: Sage Publications: 149–188.

Roth G (1996) Das Gehirn und seine Wirklichkeit – Kognitive Neurobiologie und ihre philosophischen Konsequenzen. 10. Aufl. Berlin: Suhrkamp.

Saß AC, Lange C, Finger JD et al. (2017) „Gesundheit in Deutschland aktuell" – Neue Daten für Deutschland und Europa. Hintergrund und Studienmethodik von GEDA 2014/2015-EHIS.

Journal of Health Monitoring 2 (1): 83–90. https://doi.org/10.17886/RKI-GBE-2017-012 ISSN 2511-2708

Sauer D (2013) Organisatorische Revolution: Umbrüche in der Arbeitswelt – Ursachen, Auswirkungen und arbeitspolitische Antworten. Hamburg: VSA.

Schattschneider I, Schaufel C (2022) Was bedeutet Gender Mainstreaming? Gleichstellungsportal Sachsen. https://www.gleichstellungsportal.de

Schelz H, Shahatit A (2015) Betriebsverfassung. In: BMAS – Bundesministerium für Arbeit und Soziales (Hrsg.) Arbeitsrecht/Arbeitsschutzrecht. Nürnberg: Verlag Bildung und Wissen: 403–550.

Scherr A (2016) Diskriminierung/Antidiskriminierung – Begriffe und Grundlagen. APuZ, https://www.bpb.de/shop/zeitschriften/apuz/221573/diskriminierung-antidiskriminierung-begriffe-und-grundlagen/.

Scherr A (2017) Soziologische Diskriminierungsforschung. In: Scherr A, El-Mafaalani A, Yüksel G (Hrsg.) Handbuch Diskriminierung. Wiesbaden: Springer: 39–58.

Schnell R, Stubbra V (2010) Datengrundlagen zur Erwerbsbeteiligung von Menschen mit Behinderung in der Bundesrepublik. (RatSWD Working Paper Series, 148). Berlin: Rat für Sozial- und Wirtschaftsdaten (RatSWD). https://nbn-resolving.org/urn:nbn:de:0168-ssoar-427473

Schneppendahl H (2022) Kündigungsschutzgesetz (KSchG). In: Wedde P (Hrsg.) Arbeitsrecht. Frankfurt/M.: Bund Verlag: 1217–1361.

Scholz C (2016) Strategisches Management. Reprint. Berlin: De Gruyter.

Scholz R (2005) Differenzen der Krise – Krise der Differenzen. Bad Honnef: Horlemann Verlag.

Schramm S, Clausen J (2020) Persönliche Treffen und virtuelle Konferenzen: Gelebte Praktiken und Erfahrungen in Unternehmen. Auswertung einer Prä-Corona Interviewreihe. CliDiTrans Werkstattbericht. Berlin: Borderstep Institut.

Schröder-Bäck P (2014) Ethische Prinzipien für die Public-Health-Praxis. Frankfurt/M.: Campus.

Schubert K, Klein M (2020) Das Politiklexikon. 7., aktual. u. erw. Aufl. Bonn: Dietz; Lizenzausgabe Bonn: Bundeszentrale für politische Bildung.

Schulz CJ (2016) Systemische Arbeit mit Teams unter Betrachtung von Mehrgenerationenaspekten als mögliche Ressource. Kontext 47 (3): 272–287.

Schulze S, Holmberg C (2021) Bedeutung und Belastung von Pflegekräften während der Corona-Krise. Public Health Forum 29 (1): 32–35. https://doi.org/10.1515/pubhef-2020-0114

Schulze-Buschoff K (2014) Teilhabe atypisch Beschäftigter: Einkommen, Sozialversicherungsrechte und betriebliche Mitbestimmung. Arbeit 23 (3): 211–224.

Schunck R, Reiss K, Razum O (2015) Pathways between perceived discrimination and health among immigrants: evidence from a large national panel survey in Germany, Ethnicity & Health, 20: 5, 493–510. https://doi.org/10.1080/13557858.2014.932756

Schwarzer B (2015) Ansätze für eine Diversity-sensible soziale Arbeit. In: Bretlaender B, Köttig M, Kunz T (Hrsg.) Vielfalt und Differenz in der Sozialen Arbeit. Stuttgart: Kohlhammer: 195–205.

Seel H (2017) Fernab von Fehlzeitengesprächen: Betriebliches Eingliederungsmanagement als Chance und Herausforderung. In: Faller G (Hrsg.) Lehrbuch Betriebliche Gesundheitsförderung. 3. Aufl., Bern: Hogrefe: 285–294.

Sichler R (2018) Organisationspsychologie. In: Decker O (Hrsg.) Sozialpsychologie und Sozialtheorie: Band 2: Forschungs- und Praxisfelder. Wiesbaden, Springer Fachmedien: 153–168.

Siegrist J (1996) Soziale Krisen und Gesundheit. Göttingen: Hogrefe.

Simon FB (2009) Einführung in die systemische Organisationstheorie. 2. Aufl. Heidelberg: Carl Auer Verlag.

Skarabis N, Bereczky-Löchli G, Faller G (2022) Gesund. Stark. Erfolgreich. Der gemeinsame Gesundheitsplan. Betriebliche Prävention, 134 (2): 97–100.

Slesina W (1994) Gesundheitszirkel – der „Düsseldorfer Ansatz“. In: Westermayer G, Bähr B (Hrsg.) Betriebliche Gesundheitszirkel. Göttingen/Stuttgart: Verlag für Angewandte Psychologie: 25–34.

Smith AN, Brief AP, Colella A (2010) Bias in Organizations. In: Dovidio J, Hewstone M, Glick P, Esses VM (Eds.) The SAGE Handbook of Prejudice, Stereotyping and Discrimination. London: Sage Publications: 441–456.

Sochert R (1998) Gesundheitsbericht und Gesundheitszirkel. Evaluation eines integrierten Konzepts betrieblicher Gesundheitsförderung. Wirtschaftsverlag NW, Bremerhaven.

Sökefeld M (2007) Problematische Begriffe: „Ethnizität", „Rasse", „Kultur", „Minderheit". https://epub.ub.uni-muenchen.de/29311/1/Martin_Soekefeld_Problematische_Begriffe_Ethnizitaet.pdf

Spallek J, Razum O (2016) Migration und Gesundheit. In: Richter M, Hurrelmann K (Hrsg.) Soziologie von Gesundheit und Krankheit. Wiesbaden: Springer VS: 153–167. https://doi.org/10.1007/978-3-658-11010-9_10

Stacey TR, Lundberg-Love (2012) The destructive consequences of discrimination. In: Paludi MA (Ed.) Women and careers in management. Managing diversity in today's workplace: Strategies for employees and employers: Praeger/ABC-CLIO: 191–200.

Statistisches Bundesamt (2020) Normalarbeitsverhältnis. www.destatis.de/DE/Themen/Arbeit/Arbeitsmarkt/Glossar/normalarbeitsverhaeltnis.html

Statistisches Bundesamt (2021) Anteil von Menschen im Rentenalter, die erwerbstätig sind, hat sich binnen 10 Jahren verdoppelt. Pressemitteilung Nr. N 041 vom 24. Juni 2021. https://www.destatis.de/DE/Presse/Pressemitteilungen/2021/06/PD21_N041_12.html

Statistisches Bundesamt (2022a) Erwerbstätigkeit Kernerwerbstätige in unterschiedlichen Erwerbsformen – Atypische Beschäftigung. Stand 01/2022. https://www.destatis.de

Statistisches Bundesamt (2022b) Demografischer Wandel. https://www.destatis.de/DE/Themen/Querschnitt/Demografischer-Wandel/_inhalt.html

Statistisches Bundesamt (2022c) Gut jede vierte Person in Deutschland hatte 2021 einen Migrationshintergrund. Pressemitteilung Nr. 162 vom 12. April 2022. https://www.destatis.de/DE/Presse/Pressemitteilungen/2022/04/PD22_162_125.html

Statistisches Bundesamt (2022d) Gesundheit, Pflege. https://www.destatis.de/DE/Themen/Gesellschaft-Umwelt/Gesundheit/Pflege/_inhalt.html

Statistisches Bundesamt (2022e) Gender Pay Gap 2021. Press release No. 088 of 7 March 2022: Hourly earnings of women again 18 % lower than those of men. Press release No. 088 of 7 March 2022.

Steinke M, Badura B (2011) Präsentismus: Ein Review zum Stand der Forschung. Dortmund/Berlin/Dresden: BAuA.

Stöpel F (2019) Orientierungspunkte für das BEM. In: Stöpel F, Lange A, Voss J (Hrsg.) Betriebliches Eingliederungsmanagement in der Praxis. Freiburg u. a.: Haufe Group: 23–40.

Suhr R (2013) Tabuthema „Beruf und Pflege". https://www.caritas.de/neue-caritas/heftarchiv/jahrgang2013/artikel/tabuthema-beruf-und-pflege

Sutorius R (2017) Projektmanagement Checkbook. Planegg: Haufe Lexware.

Tajfel H, Turner JC (1986) The social identity theory of intergroup behavior. In: Worchel S, Austin WG (eds.): Psychology of intergroup relations. Chicago: Nelson-Hall: 7–24.

Tannenhauer J, Pangert, Pernack E-F (2019) Die ASR V3a2 „Barrierefreie Gestaltung von Arbeitsstätten" und zugehörige „Ergänzende Anforderungen" in anderen ASR. Sicher ist Sicher 70 (6): 276–280.

Terre des femmes (o. D.) Geschichte: Frauenrechte sind Menschenrechte: Marie-Olympe de Gouges. https://www.frauenrechte.de/informationen/informationen2/frauenrechte-weltweit/507-geschichte-frauenrechte-sind-menschenrechte-marie-olympe-de-gouges.

Then FS, Luck T, Luppa M, Thinschmidt M, Deckert S, Nieuwenhuijsen K, Seidler A, Riedel-Heller SG (2014) Systematic review of the effect of the psychosocial working environment on cognition and dementia. Occupational and Environmental Medicine, 71: 358–365.

TK – Techniker Krankenkasse (2020) Gesundheitsreport 2020 – Arbeitsunfähigkeiten. Göttingen: aQua.

TK – Techniker Krankenkasse (2021) Gesundheitsreport 2021 – Arbeitsunfähigkeiten. Göttingen: aQua.

Trebesch K, Kulmer U (2008) Von der Organisationsentwicklung zum Change Management. Der Wandel in der Gestaltung. In: Ballreich R, Fröse MW, Piber H (Hrsg.) Organisationsentwicklung und Konfliktmanagement. Innovative Konzepte und Methoden. Bern: Haupt: 43–54.

Tuomi K, Ilmarinen J, Jahkola A, Katajarinne L, Tulkki A (2001) Arbeitsbewältigungsindex – Work Ability Index. Bremerhaven: Wirtschaftsverlag NW.

Ueberle M (2013) Sozialkapital, Mitarbeitergesundheit, Betriebserfolg: Zum Nachweis eines Zusammenhangs zwischen der individuellen und kollektiven Ausstattung mit Sozialkapital, der Gesundheit von Mitarbeitern und dem Betriebserfolg. Dissertation. Bielefeld: Universität Bielefeld.

UNESCO – Organisation der Vereinten Nationen für Bildung, Wissenschaft, Kultur und Kommunikation (2005) Übereinkommen über den Schutz und die Förderung der Vielfalt kultureller Ausdrucksformen. https://www.unesco.de/sites/default/files/2018-03/2005_Schutz_und_die_F%C3%B6rderung_der_Vielfalt_kultureller_Ausdrucksformen_0.pdf

Uslucan H-H, Yalcin CS (2012) Wechselwirkung zwischen Diskriminierung und Integration – Analyse bestehender Forschungsstände. Expertise im Auftrag der Antidiskriminierungsstelle des Bundes. Essen: Zentrum für Türkeistudien und Integrationsforschung.

Vahsen M (2008) Wie alles begann – Frauen um 1800. https://www.bpb.de/themen/gender-diversitaet/frauenbewegung/35252/wie-alles-begann-frauen-um-1800/

Viethen HP, Kiss-Nauenheim O, Scheddler A, Widlak H (2015) Arbeitsvertragsrecht. In: BMAS – Bundesministerium für Arbeit und Soziales (Hrsg.) Arbeitsrecht/Arbeitsschutzrecht. Nürnberg: Verlag Bildung und Wissen: 25–363.

Viethen HP, Mußhoff A (2015) Sozialer Arbeitsschutz, Schutz besonderer Personengruppen. In: BMAS – Bundesministerium für Arbeit und Soziales (Hrsg.) Arbeitsrecht/Arbeitsschutzrecht. Nürnberg: Verlag Bildung und Wissen: 601–724.

Vinberg S, Landstad BJ (2022) International Journal of Disability Management 9 (1) 1–10. https://doi.org/10.1017/idm.2014

Voigt P (2022) Gesetz zum Elterngelt und zur Elternzeit. In: Wedde P (Hrsg.) Arbeitsrecht. Kompaktkommentar zum Individualarbeitsrecht mit kollektivrechtlichen Bezügen. 7., überarb. Aufl. Frankfurt/M.: Bund Verlag: 525–582.

Voigt V (2013) Interkulturelles Mentoring Made in Germany: Zum Cultural Diversity Management in Multinationalen Unternehmen. Wiesbaden: Springer Fachmedien.

Wacker E (2016) „Beeinträchtigung – Behinderung – Teilhabe für alle." Bundesgesundheitsblatt – Gesundheitsforschung – Gesundheitsschutz 59 (9): 1093–1102.

Waldschmidt A (2020) Jenseits der Modelle. In: Brehme D, Fuchs P, Köbsell S, Wesselmann C (Hrsg.) Disability Studies im Deutschsprachigen Raum. Weinheim/Basel: Beltz Juventa: 56–73.

Walgenbach K (2014) Heterogenität – Intersektionalität – Diversity in der Einwanderungsgesellschaft. Stuttgart: UTB.

Watrinet C (2010) Der DiversityCulture Index™: Kernstück eines ganzheitlichen Diversity-Controllings. In: Badura B, Schröder H, Klose J, Macco K (Hrsg.) Fehlzeiten-Report 2010: Vielfalt managen: Gesundheit fördern – Potenziale nutzen. Berlin: Springer: 91–100.

Weber J, Angerer P, Müller A (2019) Individual consequences of age stereotypes on older workers: A systematic review. Zeitschrift für Gerontologie und Geriatrie 52 (Suppl. 3): 188–205.

Weber M (2021) Leidens- und behinderungsgerechte Beschäftigung. In: Stein vJ, Rothe I, Schlegel R (Hrsg.) Gesundheitsmanagement und Krankheit im Arbeitsverhältnis. München: Verlag CH Beck: 483–500.

Wedl J (2018) Diversity – Intersektionalität: Ein kurzer Vergleich anhand von zwei Modellen. In: Spahn A, Wedl J (Hrsg.) Schule lehrt/lernt Vielfalt: Praxisorientiertes Basiswissen und Tipps für Homo-, Bi-, Trans- und Inter*freundlichkeit in der Schule. Göttingen: Edition Waldschlösschen Materialien: 56–61.

Wegge J, Jungmann F, Liebermann S, Schmidt K-H, Ries B C (2011) Altersgemischte Teamarbeit kann erfolgreich sein. Sozialrecht und Praxis (7): 433–442.

Wellmann H, Mierich S (2021) Inklusion in Zeiten digitaler Transformation. Düsseldorf: Institut für Mitbestimmung und Unternehmensführung (I. M. U.) der Hans-Böckler-Stiftung.

Wetzel R, Aderhold J (2014) Klassiker der Organisationsforschung: Zappen durch 100 Jahre organisationstheoretisches Denken von Weber bis Weick. In: Wimmer R, Meissner JO, Wolf P (Hrsg.) Praktische Organisationswissenschaft. 2., überarb. u. erw. Aufl. Heidelberg: Carl Auer Verlag: 68–96.

WHO – World Health Organisation (1946) Verfassung der Weltgesundheitsorganisation. Unterzeichnet in New York am 22. Juli 1946. Deutsche Übersetzung. https://www.bundespublikationen.admin.ch/cshop_mimes_bbl/14/1402EC7524F81EDAB689B20597E1A5DE.PDF.

WHO – World Health Organisation (1986) Ottawa-Charta zur Gesundheitsförderung. https://www.euro.who.int/__data/assets/pdf_file/0006/129534/Ottawa_Charter_G.pdf.

WHO – World Health Organisation (2003) The solid facts. Second Edition. Copenhagen: WHO.

WHO – World Health Organisation (2005) Bangkok Charter for Health Promotion in a Globalized World. https://www.who.int/healthpromotion/conferences/6gchp/hpr_050829_%20BCHP.pdf?ua=1

Wilkinson RG (1996) Unhealthy Societies. The afflictions of inequality. London: Routledge.

Wilkinson RG, Pickett K (2010) The spirit level. Why greater equality makes societies stronger. 2nd ed. New York et al.: Bloomsberry Press.

Wimmer R, Meissner JO, Wolf P (Hrsg.) (2014) Praktische Organisationswissenschaft. 2., überarb. u. erw. Aufl. Heidelberg: Carl Auer Verlag.

Wintersberger H (1988) Arbeitermedizin in Italien. Berlin: edition sigma.

Wittig P, Nöllenheidt C, Brenscheidt S (2012) Grundauswertung der BIBB/BAuA-Erwerbstätigenbefragung 2012: Männer/Frauen in Vollzeit. Dortmund, Berlin, Dresden: BAuA.

Wyss K (2018) Die Studie „Stigma“ von Erving Goffman. Eine kritische Nachzeichnung. www.wyss-sozialforschung.ch.

WZB – Wissenschaftszentrum Berlin für Sozialforschung/SOEP Sozioökonomisches Panel (2021) Datenreport 2021. https://www.wzb.eu/de/publikationen/datenreport/datenreport-2021-ein-sozialbericht-fuer-die-bundesrepublik-deutschland.

Zepke G, Stieger C (2017) Kein Ersatz für Kommunikation: Die Mitarbeiterbefragung als Element im Diagnoseportfolio der BGF. In: Faller G (Hrsg.): Lehrbuch Betriebliche Gesundheitsförderung. 3. Aufl., Huber: Bern: 223–232.

Zick A (2017) Sozialpsychologische Diskriminierungsforschung. In: Scherr A, El-Mafaalani A, Yüksel G (Hrsg.) Handbuch Diskriminierung. Wiesbaden: Springer: 59–79.